U0136308

防海固圉

明代澎湖臺灣兵防之探索

何孟興　著

蘭臺出版社

目 錄

自　　序

　　澎湖群島，明代史書常稱呼「彭湖」或「彭湖山」，位處福建東面大海中，扼控今日臺灣海峽，並與對岸漳、泉二地遙遙相望，因戰略地位重要，故早在元帝國時便設有巡檢司以治理之。明開國以後亦承襲前制，然而，不久後卻因倭盜襲擾沿海，洪武帝實施海禁政策以因應之，澎湖便和東南沿海多數的島嶼相同，慘遭墟地徙民的命運，不僅巡檢司被撤廢掉，連島上居民亦被強制遷回內地！同時，亦因明政府實施海禁的緣故，民眾不得私自出海活動，孤懸海中的澎湖便漸受漠視，進而淡忘，久之，竟成了人們心中的陌生島嶼……。直至明代中葉嘉靖年間，澎湖因成倭盜入犯福建的集結處後，才又開始又引起世人的關心和注意，之後，明政府便曾派遣兵船前往該地巡弋。萬曆中期時，日本進兵朝鮮，中日間爆發戰爭，東南沿海告警，明政府因恐其襲取澎湖，並以此做為進犯內地的跳

板，遂在該地佈署固定性質的兵力－－即澎湖遊兵，於每年春、冬時往赴汛防，但稍後不久，卻因倭人撤兵朝鮮，隨即又對其進行裁軍的行動……。之後，不到十餘年之間，又因倭人侵據琉球、窺伺臺灣等一連串的舉動，致使明政府面臨極大的壓力，而再次增兵海防前哨的澎湖，同時，亦讓其旁側的臺灣，清楚地浮現在明人的海防視野之上！接下來，明政府又以澎湖攸關內地安危，遂決定將該地和對岸廈門的兵力進行整合，成立了浯澎遊兵，用以增強該地防務之功能，對付窺犯臺灣的倭人，但因該支水師在結構上有不小的缺失，導致澎、廈合一的跨海兵制，未能發揮太大的功能，故成立不到六年便遭明政府撤廢掉！隨後不久，便又爆發更嚴重的問題，跨海求市的荷蘭人，仗勢著強大的武力，登岸佔領澎湖，時間長達兩年，明人費了極大的氣力，才將島上築城自固的荷人逐走，並在該地進行了一場空前盛大的兵防佈署工作，包括設立澎湖遊擊、置兵二千餘人、構築城垣營房……等，但卻又經過不到數年的時間，便又更動戍防的型態，將全年駐防改為春冬汛防，並裁撤半數的兵力，而讓此次的佈防工作虎頭蛇尾地收場！

綜觀有明一代澎湖兵防佈署之過程，不僅其間更動頗為頻繁，且過程波折不斷，幾乎與明之國祚相始終！筆者以為，「孤處海外，鞭長莫及」應是澎湖兵防問題難解之主要原因，同時，亦是明政府澎湖兵防政策曲折多變、前後難以貫徹的重要源由！至於，會造成此問題之原因，除澎湖本身受限於地理位置和自然環境兩大因素的限制外，明政府的統治能力亦是重要原

因之一，亦即它無法找出一個合適的制度或方法，去有效地管理或監督當地的駐軍，以令其確實執行其任務工作。至於，前文提及的臺灣，明時稱作「東番」、「大員」或「小琉球」……等，便因倭人多次南下窺伺該地，讓明政府留意到此一比澎湖更偏遠的島嶼！臺灣，雖被明人視為是海島野夷的居住處所，但同時卻又是福建門外的海防要地，亦因如此，明政府認為，有必要對其進行監控，而起始時間大約是在萬曆中期以後。然而，臺灣雖係攸關福建之安危，但對明人而言，它的海防重要性，卻又遠不及鄰側的澎湖。因為，澎湖係福建水師的防禦信地，必須要牢固地守禦它，不讓敵人越雷池一步！而臺灣雖非水師之轄區範圍，但卻因「密邇福建」，若為敵寇所據則不堪設想，故明政府有必要做進一步地監控，而以該地不妨害內地安全做為處理之首要原則。其實，吾人若再進一步地去觀察澎湖，並拿它來和福建沿海兵防要島諸如臺山、礵山、海壇、南日、湄洲、金門、銅山……等做相比較，便可發現，該地絕對可稱是明代福建海防的最前線，亦是明軍唯一汛防跨過海峽東側者，除可屏障對岸的福建外，並可監控附近海上往來船隻的動態，其重要性自然非比尋常，而且，在明人眼中，澎湖亦是扮演監控臺灣動態的角色，周嬰的《遠遊篇》嘗言：「他若彭湖，內藩南郡，外控東番」，即是一明證。總之，吾人若從整體角度來看，不管是固守澎湖或監控臺灣，對明政府而言，目的都是為了保障沿海百姓的安全，達成福建不被外敵侵擾的目標，此亦是澎、臺二島在明代福建海防中所扮演的主要角色。

　　至於，此次本書所探討的內容，即是以明代澎湖和臺灣兵防相關問題做為主題，而書中所收錄的文章，包括有〈挑戰與回應：明代澎湖兵防變遷始末之省思〉、〈仗劍閩海：浯嶼水寨把總沈有容事蹟之研究〉、〈擣荷凱歌：論南居益於明天啟收復澎湖之貢獻〉、〈據險伺敵：明代澎湖築城議論之研究〉和〈防海固圍：論明代澎湖和臺灣兵防角色之差異性〉，以上都是筆者近年在國內期刊上發表過的文章，不僅係延續個人先前所出版《海中孤軍：明代澎湖兵防研究論文集》一書的探索領域，同時，亦是在該書出版之後，對明時澎、臺兵防問題所做的進一步探索心得。其次是，有關本書主標題──「防海固圍」四字的由來，它原係明人撰述與兵防相關篇章之用語，「防海」一詞意指海防相關之事務，例如海防專著《籌海圖編》便嘗稱：「防海之制謂之海防，則必宜防之於海，猶江防者必防之於江，此定論也」；至於，「固圍」則是指鞏固邊防如澎湖者，天啟五年（1625）時福建巡撫南居益便曾奏請，「今應專設遊擊一員，駐箚彭湖，以為經久固圍之圖，即以（彭湖、衝鋒）二遊兵、兩（遊兵）把總隸之」，即是一例。最後，需說明的是，因有此次文集出版的機會因緣，讓筆者得以重新審視前述五篇文章的內容，並將文中的贅詞、漏列註釋或其他誤謬不足之處加以補正，讓拙文內容來得愈加地周延和完整。此外，不同的學術刊物在序號或格式上稍有差異，為使本書各篇論文節次有共同之標準，並方便讀者的閱讀，個人亦將各文章節序號之代碼加以統一，依次為一、（一）、1……，特此說明。文末，筆

者要特別地感謝蘭臺出版社和盧瑞琴小姐，因為他們大力地幫忙，拙著才得以順利地問世，而能與讀者大眾進行交流的機會。

何 孟 興 于臺中‧霧峰
朝陽科技大學通識教育中心

導　　論

萬山不許一溪奔，攔得溪聲日夜喧。

到得前頭山腳盡，堂堂溪水出前村。

──宋‧楊萬里〈桂源舖〉

　　上面的這首詩，係宋人楊萬里所寫，[1]內容描述著他所見到的自然現象，亦即崇山峻嶺阻撓著溪流，不讓它向前奔馳而去，攔得那溪水日夜地在翻滾喧鬧著，然而，水流畢竟是山嶺攔不住的，待它流到前頭的山腳盡處時，已經變成了堂堂盛大的河川，並浩蕩地流出到前頭的村子。吾人若拿上述的這條溪流，來比喻時代的潮流亦十分地恰當，因為，時代的潮流同樣亦是難以阻擋，沛然莫之能禦，一切違反潮流的行徑舉措，皆如同

---

[1]　楊萬里，南宋人，字廷秀，號誠齋，江西吉州人，工詩文，撰有《誠齋集》等書。

崇山峻嶺般，不但沒有效果，且徒增騷亂困擾而已！同樣地，人類歷史發展的過程中，似乎亦存在著相近似的現象，亦即違反時代潮流的作為，不但難以成功，僅是徒增自身的困擾而已。

人類個體的力量，是擋不住時代潮流發展的趨勢，明初以來洪武帝實施海禁政策，閉關自守，禁民不得下海，即是一違背時代趨勢的好例。因為，他和他的繼承者終究還是要去面對他的敵人從東方大海上如浪潮般，一波又一波地襲捲而來的挑戰，這是他們無法逃避的問題，而有意思的是，明帝國的統治者在回應外敵挑戰的過程中，卻又不知不覺地被它的敵人牽引著，由陸地一步一步地走向海洋，由近岸離島走入大海之中，此一現象，尤以東南的福建最為明顯。因為，明帝國的海防佈署重心，經兩百餘年時間的推移，亦即從明初的洪武（1368-1398）至中晚期的萬曆（1573-1620）年間，已由近岸地帶逐步地移往大海之中的澎湖，連其旁側的臺灣亦浮現在明人兵防視界之中⋯⋯。

然而，明帝國禦敵防線在福建，會由陸地走入海洋之中，純然是被動的，係一連串面對海上敵人不斷挑戰下的結果，這些的挑戰包括日本人、葡萄牙人和荷蘭人，以及中國本土的海盜、走私者，他們接二連三地在中國的海域猖狂地活動，迫使明帝國不得不去正視它、面對它！甚至於，讓自給自足、封閉自大的明帝國，進而發展出一套因應海上外敵的措施。而上述的問題，不僅造成明帝國由陸地走入大海，連帶亦促使明帝國的海防重心，逐步地移向海洋之中！而值得注意的是，福建的

海防重心雖已移向海中，但閩地的明人在心態上，卻似乎不太
受此事的影響或是從中獲致觀念的啟發，他們對於海防佈署的
態度依舊是消極、保守的，面對海洋依然如先前般地缺乏積極，
或做進一步發展的計劃安排，而且，此一情況直至明代晚期時，
似乎並未有無多大地改變！有關此，茲舉廈門人池顯方做為例
子。池，諸生出身，係福建巡撫南居益的門生兼幕僚，曾親身
參與天啟（1621-1627）年間明軍驅逐佔據澎湖、要求互市的荷
蘭人。他曾於事後撰寫五言詩，稱頌南在此役中之貢獻，詩中
並曾語及，澎湖是閩南海上之門戶，戰略地位重要，亦即「版
章一寸地，亦是我門庭」，[2] 但是，對於收復後的澎湖以及被逐
走的荷人，他的態度主張竟然卻是「但得還吾舊，去者不必追」，
[3] 亦即收復朝廷失土與水師汛地的澎湖便已足夠了，至於，遁走

---

[2] 　池顯方，《晃巖集》（廈門市：廈門大學出版社，2009 年），卷之 2，〈五言古詩
　　（二）‧平紅曲（二）〉，頁 35。該詩全文如下：「珠貝與珍禽，欲以觀吾清。番
　　書不待辨，早已知夷情。焚寶橐奸細，萬里懾風霆。版章一寸地，亦是我門庭。
　　海上最多議，范公自有兵」。上文的「珠貝與珍禽，……萬里懾風霆」，係指天
　　啟三年閩撫南居益為了宣示其驅逐荷人的決心，並要讓閩省官員知曉堅定意
　　志，遂公然地搗碎荷人贈與的奇珍異寶，並將替其求市的池貴和洪燦二人公開
　　斬首示眾。至於，「海上最多議，范公自有兵」的語句，係形容南居益似北宋守
　　邊的范仲淹般地有謀略，胸中自有千萬甲兵。

[3] 　池顯方，《晃巖集》，卷之 2，〈五言古詩（二）‧平紅曲（四）〉，頁 36。茲抄錄
　　該詩全文供讀者參考，內容詳如下：「縮首仍彭穴，謂能避我師。樓船一夜渡，
　　漢兵何處飛。虎嶼無可負，乃更凜天威。三年伎倆盡，微壘夜帆歸。腥羶從茲
　　洗，海外立光輝。但得還吾舊，去者不必追」天啟二年時，荷人為尋求與明政
　　府進行直接互市，派遣大批船艦侵據澎湖，並在島上構築堡壘自固，後又因求
　　市不順，遂至漳、泉沿岸騷擾劫掠，至天啟四年才在渡海明軍的圍困、脅迫下

它處的荷人則不必追勦了。筆者認為，池上述的詩句頗能傳神地表達，明人在面對海上外來入侵敵犯時的態度和主張－－亦即只要守住原有的防線（或領地）就好了，敵人入犯將它逐走就夠了，毋須去乘勝追擊，拉大原先的防線（或領地）範圍！而此一「但得還吾舊，去者不必追」兵防佈署之心態特徵，似乎還尚未脫離明初洪武時福建海防所採取的「守勢」心態，以及「消極，以守代攻」的海防戰略思維。[4]

以上所述的內容，係筆者近年觀察明代福建海防變遷過程時所獲致的一些粗略心得，或許這些看法不是很周延成熟，可能尚有進一步調整的空間，同時，亦期盼學界先進能對上述見解有以賜教之。至於，接下來要談的是，在前文序中曾敘及的，

離開澎湖，轉赴臺灣謀求發展。而上文「彭穴」的「彭」，係指彭湖，明人或明代史書多以此來稱呼今日的澎湖，特此說明。

[4] 筆者個人認為，明初福建海防具有以下的三大特質，即「防倭」為海防的問題核心、「以守代攻」的守勢戰略，以及消極卻具創意的海防部署。其中，第二點的「以守代攻」的守勢戰略，係指明政府主要是採取「守」的思維模式，運用「防衛」或「守禦」的戰略觀念，來面對「主動」由海上進犯的敵倭，而此戰略思維主要源自於兩方面，一是受洪武帝「保境安民，不生事端」主張的影響，一是大海險惡難測的現實問題，軍事上不易採攻勢之弱點。至於，此一「以守代攻」的精神內涵究竟為何？例如「備倭之術，不過守、禦二者而已」－－此刊載於明代海防重要史籍《籌海圖編》中的話語，便甚能反映出明人守勢戰略的精神內涵，而所謂的「守」和「禦」，便是指裝備、充實自我力量以待不時之境侵犯之敵人，而不主動出境或積極去搜尋敵人加以撲殺，亦即有「來者禦之，去者毋追」或「毋恃敵之不來，恃吾有以待之」的取向意涵。有關上述的內容，請參見何孟興，《浯嶼水寨：一個明代閩海水師重鎮的觀察（修訂版）》（臺北市：蘭臺出版社，2006年），頁79-97。

本書共收錄了〈挑戰與回應：明代澎湖兵防變遷始末之省思〉、〈仗劍閩海：浯嶼水寨把總沈有容事蹟之研究（1601-1606年）〉、〈擣荷凱歌：論南居益於明天啟收復澎湖之貢獻〉、〈據險伺敵：明代澎湖築城議論之研究〉和〈防海固圉：論明代澎湖和臺灣兵防角色之差異性〉等五篇文章，而它們的內容主要是延續個人對明代澎湖、臺灣兵防相關問題所做的探討，希望能透過相關史料的覓尋、閱讀和排比分析，嘗試去重建昔時的歷史場景，並對相關史事及其背後意涵進行說明和論述，以下便將這些文章的重點做一扼要說明，讓讀者在閱讀本書之前，先有一個較具體的概念和輪廓。

　　首先是，〈挑戰與回應：明代澎湖兵防變遷始末之省思〉。該文主要是利用先前出版《海中孤軍：明代澎湖兵防研究論文集》一書的九篇論文，[5] 以及之後所發表的〈明末澎湖遊擊裁減

5　上述筆者所撰澎湖兵防研究論文，依其發表的時間，排序如下：〈兩難的抉擇：看明萬曆中期澎湖遊兵的設立（上）〉（收錄於《硓𥑮石：澎湖縣政府文化局季刊》第 57 期，澎湖縣政府文化局，2009 年 12 月。）、〈洗島靖海：論明初福建的「墟地徙民」措施〉（收錄於《興大歷史學報》第 22 期，國立中興大學歷史學系，2010 年 2 月。）、〈兩難的抉擇：看明萬曆中期澎湖遊兵的設立（下）〉（收錄於《硓𥑮石：澎湖縣政府文化局季刊》第 58 期，澎湖縣政府文化局，2010 年 3 月。）、〈金門、澎湖孰重？論明代福建泉州海防佈署重心之移轉（1368-1598 年）〉（收錄於《興大人文學報》第 44 期，國立中興大學文學院，2010 年 6 月。）、〈被動的應對：萬曆年間明政府處理澎湖兵防問題之探討（1597-1616 年）〉（收錄於《硓𥑮石：澎湖縣政府文化局季刊》第 61 期，澎湖縣政府文化局，2010 年 12 月。）、〈明末浯澎遊兵的建立與廢除（1616-1621 年）〉（收錄於《興大人文學報》第 46 期，國立中興大學文學院，2011 年 3 月。）、〈海中孤軍：明萬曆年間澎湖遊兵組織勤務之研究（1597-1616 年）〉（收錄於《硓𥑮石：澎湖縣政府

兵力源由之研究〉、[6]〈明末澎湖遊擊裁軍經過之探索〉二文做
為主要的素材，[7]欲進一步對明代澎湖兵防變遷始末的內涵特
質，做通盤性的論述和省思，並對其背後的意涵進行詮釋。至
於，此處所言的內涵特質，便是該文中所指的「叩門者」（即日
本人、葡萄牙人、荷蘭人、中國的海盜和走私者）的挑戰和「守
門者」（即明政府）的回應，亦即一場長達兩百餘年明政府及其
對手－－主要是倭人、葡人、荷人、本土海盜和走私者之間的
馬拉松式競賽，他們彼此間的鬥爭過程，構成了明代福建海防
變遷發展的主要內涵。尤其是，「守門者」閉關自為的企望、盼
想，卻無法阻擋「叩門者」相繼而來的侵犯和覬覦，而且，「守
門者」在無奈且苦惱地對抗「叩門者」侵擾時，卻不知不覺地
被它的敵人牽著鼻子，一步一步地走入了大海⋯⋯。換言之，「叩
門者」的主動挑戰與「守門者」的被動回應的過程，構成了明
代福建海防發展過程的主軸，同時，亦因守、叩二者的競爭，

文化局季刊》第 64 期，澎湖縣政府文化局，2011 年 9 月。）、〈鎮海壯舉：論明
天啟年間荷人被逐後的澎湖兵防佈署〉（收錄於《東海大學文學院學報》第 52
卷，東海大學文學院，2011 年 7 月。）和〈論明萬曆澎湖裁軍和「沈有容退荷
事件」之關係〉（收錄於《臺灣文獻》第 62 卷第 3 期，國史館臺灣文獻館，2011
年 9 月 30 日。）。上述的九篇論文，已於二○一二年八月時，依照史事發生年
代加以排序並結集成書，並以書名《海中孤軍－明代澎湖兵防研究論文集》，由
澎湖縣政府文化局協助出版問世。

6 有關拙撰〈明末澎湖遊擊裁減兵力源由之研究〉一文，收錄於國立中興大學文
學院，《興大人文學報》第 49 期（2012 年 9 月），頁 45-75。

7 拙文〈明末澎湖遊擊裁軍經過之探索〉，請參見澎湖縣政府文化局，《硓𥑮石：：
澎湖縣政府文化局季刊》第 69 期（2012 年 12 月），頁 77-95。

才促使明帝國的海防重心，由沿岸一步步地、不知覺地移向大海之中，而有明一代澎湖兵防之變遷經過，即此現象之最佳範例。因為，從整體上來看，澎湖兵防佈署之相關措置大多屬於被動的，它係「守門者」－－明政府受到外力的壓迫，亦即「叩門者」－－倭、夷、盜、販的主動挑戰之下，不得不去回應或解決問題的結果產物。至於，明代澎湖佈防內容變遷之過程，依其先後可分為「墟地化」、「任務化」、「固定化」、「內岸化」、「內地化」和「內岸化」等六個階段，其大致情形如下：明開國不久後，為斷絕倭盜侵擾犯境，實施海禁政策，孤懸海中的澎湖，在洪武二十年（1387）與多數島嶼際遇相同，慘遭墟地徙民的命運，明政府此一「墟地化」措施，讓澎湖退出歷史的舞臺，漸為人所淡忘而沉寂了百餘年……。嘉靖（1522-1566）中晚期，東南沿海爆發倭寇之亂，澎湖成倭盜入犯內地的跳板！明政府此不僅高度重視此事，並於亂平後派遣水師兵船，於春、冬汛期前往該地水域巡弋，此一「任務化」的軍事佈署，開啟日後澎湖兵防工作新的發展方向。萬曆二十年（1592）中日朝鮮之役爆發，閩海隨之告警，明政府恐倭人襲據澎湖而進犯內地，遂於二十五年（1597）時設立澎湖遊兵，因該遊不僅擁有固定之兵力、返港基地和經費餉源外，且汛防時間亦固定在每年春、冬二季（共約五個月），此舉讓澎湖的兵防工作進入到「固定化」的階段。之後，萬曆四十四年（1616）時，閩海情勢因倭人南下臺灣而再度緊張，明政府為增強澎湖的防務工作，並對其鄰側的臺灣進行監控，故將澎湖遊兵與對岸廈門的浯銅遊

兵，加以整合成為浯澎遊兵，並將指揮官提升為欽依把總，[8]其轄下設有澎湖、（澎湖）衝鋒二遊兵，其中，澎湖遊汛守澎湖，負責正面當敵之任務，衝鋒遊則扮演奇兵，在澎、廈海域間巡哨策應，此一正奇並置、戰術完整的佈防型態，與此時福建沿岸佈防情況無太大的差別，[9]讓海中的澎湖兵防走上「內岸化」的道路。不久，天啟二年（1622）東來求市的荷人，仗勢著強大的武力，登岸佔領澎湖，時間長達兩年之久，明人費了極大的氣力，才將島上築城自固的荷人逐走！尤其是，澎湖地處航道之上，荷人據此期間截控中流，斷絕海上交通往來，曾造成明人極大的困擾。明政府經此慘痛教訓後，下定決心擴大澎湖兵防佈署之規模，來保衛此一「失而復得」的海上要島，而此次佈防的內容，包括有設立澎湖遊擊、水師陸兵兼設、長年戍守澎湖、築城疊置營舍，以及鼓勵軍民屯耕等完備的措致，總兵力高達二,一〇四人（包含水師八五七人和陸兵一,二四七

8　明代，把總是中低階的將領，秩比正七品，並有「欽依」和「名色」的等級區別，欽依權力地位高於名色，一般而言，福建的水寨指揮官係欽依把總，而遊兵則為名色把總。史載，「用武科會舉及世勤高等請陞授，以都指揮體統行事，謂之『欽依』。……由撫院差委或指揮及聽用材官，謂之『名色』。」見懷蔭布，《泉州府誌》（臺南市：登文印刷局，1964年），卷25，〈海防·附載〉，頁10。

9　為何稱做「內岸化」？因為，澎湖此一正奇並置、戰術完整的佈防型態，與福建沿岸的地區無大的差異，如同福州同時擁有正兵的小埕寨和奇兵的海壇遊兵，興化有正兵的南日寨和奇兵的湄洲遊兵，漳州有正兵的銅山水寨和奇兵的南澳遊兵……等。澎湖兵防型態內岸化一事，同時亦說明著，明政府正努力嘗試加強對澎湖和澎、廈間海域的掌控，希望為對岸的內地百姓，提供較前更為安全的生活保障。

人），成為一個配備完整、獨立應戰的兵防要地，而此一「內地化」兵防佈署之模式，幾乎與福建沿岸陸上的戰略要處無甚大的差別！[10]然而，天啟五年（1625）澎湖盛大的佈防工作，卻因明政府無法找到一套有效的制度來監督當地駐軍，導致澎湖將弁貪瀆不法、胡作非為，無法發揮先前預期應有的功能，加上，北方滿人犯邊問題嚴重，明政府開銷龐大，財政窘困的閩省亦須分攤部分軍費。上述的這些因素，致使明政府對澎湖進行大規模的裁軍行動，最遲在崇禎六年（1633）便已裁撤澎湖遊擊轄下的澎湖把總及其部隊（人數約一，一○○人左右）；此外，澎湖的駐防時間亦由長年戍守改回春、冬二汛，佈防方式且由「陸師為主，固守島土」改回原先兵船防海禦敵的型態，同時，並改以澎湖遊擊標下的中軍把總來替代撤廢的澎湖把總所扮「正兵」之角色，來續與哨巡策應的「奇兵」——澎湖衝鋒遊兵把總相配合，亦即明政府讓職階較高的澎湖遊擊保留下來，繼續去領導標下和澎衝把總，並維持「正奇並置，戰術完整」的佈防型態來捍衛澎湖，此亦說明著，明政府固守澎湖的決心，不因澎湖遊擊的裁軍而改變，並且，欲延續並深化先前澎湖兵防型態走向「內岸化」的一貫目標。

其次是，〈仗劍闖海：浯嶼水寨把總沈有容事蹟之研究（1601-1606 年）〉。沈有容，安徽宣城人，字士宏，號寧海，

---

[10] 因為，即使是此時駐防在對岸泉州門戶——永寧的泉南遊擊，其所轄管的泉州府陸兵新、舊兩營，以及浯嶼、浯銅二寨遊水師，額兵總數亦不過約二,五○○人而已。

武舉出身，萬曆中晚期曾數度在福建水師任職，並建立不少的功勞。此外，相信對臺灣史有所涉獵者，多知沈有兩件事蹟與明代臺灣、澎湖歷史關係密切，一是萬曆三十年（1602）他冒著寒冬巨浪率軍渡過大海，前往臺灣勦除盤據於此的倭盜；另一則是他在萬曆三十二年（1604）率領大軍往赴澎湖，勸走來華求市的荷蘭人，今日澎湖天后宮遺有「沈有容諭退紅毛番韋麻郎等」殘碑，即是此段歷史的最佳見證。而上述這兩件四百多年前史事，都是他在泉州最重要水師兵船基地──「浯嶼水寨」指揮官任內完成的，亦因其事蹟如此地引人好奇注意，此便係筆者撰寫本文的主要動機由來，希望能對這位在明代臺灣史上佔有一席之地的傳奇人物，有更多、更深入的瞭解。其次是，若綜觀沈在浯寨任內的事蹟，便可以發現到，他是一位勇於任事、負責用心的水師將領，在浯寨指揮官五年任期中，努力去做好工作，善盡自身職責，期間共完成三件重要事情，一是東番（即今日臺灣）勦倭之役，維護海上交通治安，挫殺倭盜橫行的氣燄。二是浯寨遷建工程，將該水師基地由同安廈門移至晉江石湖，順利完成上級交辦任務，並為明政府省下不少經費。三是勸退前來澎湖求市的荷人，鞏固東南海疆邊陲，不戰而屈人之兵。此外，吾人亦從史料中得悉，沈的個性四海，與人親善，平日是位不隨便浪費公帑的將領，值遇征戰時則是一名智勇兼備、仁慈不擅殺的指揮官，而且，工作之外又熱心為百姓解決問題，「沈公堤」便是他在石湖築堤防沙護田，保護民眾生命財產的著名善舉。萬曆三十四年（1606）他要離任浯

寨指揮官時，石湖百姓曾為其搆建生祠，以感念其德澤地方，此對「志在功名」的沈而言，不啻是一項莫大的榮譽。尤其是，東番殲倭、澎湖退荷二事載於史冊而讓其名垂千古，同時，更相信生前「好名而不好利」的沈，假若地下有知，當感到十分地欣慰！

再次是，〈擣荷凱歌：論南居益於明天啟收復澎湖之貢獻〉。天啟二年（1622）時，東來求市的荷人二度佔領澎湖，不僅在島上構築堡壘以自固外，並派船騷擾劫掠沿海地區。因為，荷人船巨砲利、明軍難以力敵，同時，漳、泉官紳又恐軍事衝突會波及地方，加上，澎湖又孤處海中，交通往來不便，……在這些因素的影響下，不僅造成明政府不敢貿然對荷人用兵，同時，亦使不少人想透過通市的手段，來勸使荷人離開澎湖。但是，新任的福建巡撫南居益上任後，卻秉持「不惜任何代價，務必收復澎湖」的信念，努力去引導人們改變綏撫通市的想法，並且，堅定地主張，要採取武力驅逐佔據澎湖的荷人，而南居益此一決心和作為，可稱是明政府此次收復澎湖致勝的重要關鍵之一，諸如他警告「敢言撫者，斬！」搗碎荷人贈禮，斬殺求市荷使，廈門襲殺荷人，親赴前線視察，鼓舞將弁士氣，籌備征澎計劃，督促明軍分梯渡海，親授將領作戰方略……等，皆是其堅定逐荷復澎意志的有力展現。換言之，因為他的想法、決心和意志，還有謀略、計劃和作為，不僅，確立了明政府對付荷人的目標和方法，同時，亦直接影響了閩地官員對處理此事的看法；加上，明軍渡海復澎之役的工作進行，亦是由他一

手來主導。所以，澎湖能重回明帝國的懷抱，南居益之貢獻可謂不少。

更次是，〈據險伺敵：明代澎湖築城議論之研究〉。因為，明初洪武（1368-1398）年間，倭盜騷擾沿海，明政府實施墟地徙民措施，除將澎湖居民遷回內地，並將島上的巡檢司撤除，久之，該地漸成倭寇、海盜和私販的活動處所。至於，明人開始留意到澎湖戰略的重要性，源自嘉靖倭寇之亂時，並且，得悉該地是倭船進犯福建的重要集結處。萬曆初年時，有人便對澎湖未佈署兵力感到憂心，希望能派駐兵力來鎮懾該地的不法活動，但因距離遙遠、補給困難和該島地理環境……等現實問題的考量而作罷！二十三年（1595）時，因中、日雙方在朝鮮之衝突未解，福建沿海情勢持續地緊張，澎湖置兵的議題又再度被提出來，此際，並已觸及到築城屯守的構想，但因實施上有困難而未實現；三十年（1602）以後，亦繼續有人建議在澎湖構築城垣，來固守此一海外要島，但因明政府考慮經費過於龐大，而放棄此一構想。之後，因為，澎湖戰略地位重要，不斷有人建議該地需築城防守，甚至於要求設立參將來鎮守，然而，這些的主張皆遭到明政府否決，直至天啟二年（1622）時，情況才有重大的轉變！因為，荷人侵入了澎湖，除在風櫃尾（位在今日馬公島上）構築城堡以自固外，並前去泉、漳沿海地區劫掠騷擾。尤其是，荷人佔據澎湖後，截控中流，導致海上航行受阻、米價騰貴高漲、百姓驚恐不安……等嚴重的後果！此刻，明政府才讓深刻地體會到，澎湖對沿岸安危和交通往來的

重要性,故在驅走荷人離開澎湖後,亦即天啟五年(1625)時,除在該地佈署大量兵力外,並在穩澳山(今日馬公市朝陽里一帶)構築了堡城,內設有衙署、營舍和糧倉,方便官軍屯聚守禦,以利軍事工作的佈防,同時,又在西安、案山和風櫃尾三地築建銃城,用以保衛媽宮澳(今日馬公港碼頭一帶),藉以增強澎湖本島的防務工作。總之,明代澎湖築城的經過,由最初萬曆二十三年(1595)福建巡撫許孚遠提出此一構想,到天啟五年(1625)以後穩澳山堡城的出現,明人共經歷了三十年的時間才得以完成,而荷人據澎築城的刺激,又在其中扮演著十分關鍵的角色。

最後是,〈防海固圉:論明代澎湖和臺灣兵防角色之差異性〉。今日吾人常將臺灣和澎湖視為一體合稱為「臺澎」,如同對岸泉州相鄰的金門、廈門二島稱做「金廈」般,但是,臺、澎二地在鄭成功入臺之前,各自有其歷史發展的脈絡,兩者難以混為一談!不僅如此,它們連在明代福建海防中所扮演的角色亦不相同。其中,澎湖,不僅是明代泉州水師的防禦轄區,同時,又是福建海防的最前線,除可屏障漳、泉二地,又可監控臺灣之動態,其重要性非沿岸島嶼所能相比!因此,明人對於澎湖防務甚為重視,牢固地守住它是明政府的基本態度。至於,臺灣的情況則不大相同,明人視它為海島野夷居處之地,並不在水師防禦轄區之內,但因該地位近福建,係其咽喉門戶,假若敵人肆虐於此,沿海百姓則不得安寧;此一問題,在萬曆中期以後,隨著倭人窺伺臺灣而浮出檯面,不僅讓明政府惶恐

不安，同時，亦刺激它對臺灣做進一步的監控或防備，諸如派人前往偵察動態、設置浯澎遊兵、屯田臺灣，甚至於，提出設立郡縣的構想，都是針對此而來的！雖然如此，對明政府而言，臺灣的重要性仍遠不及旁側的澎湖。因為，澎湖係福建水師防守之重地，必須要牢固地守禦，臺灣則攸關福建沿岸之安危，以不妨害內地安全為原則，此亦是澎、臺二島在福建海防中所扮演之主要角色。總之，無論明政府究係採取「固守澎湖」的措置或是「監控臺灣」的動態，目的都是為了達成福建不被外敵所侵犯、沿海百姓安全獲得保障的目標。

挑 戰 與 回 應：
明代澎湖兵防變遷始末之省思[*]

一、前　　言

時代的巨流，往往是人類個別力量所難以左右的，明帝
國福建海域兵防發展的歷史過程，即是在印證此一現
象。其中，位處福建海中的澎湖，吾人綜觀其有明一代
兵防的變遷經過，其內涵特質可以做為詮釋上述現象的
範例。

——本文作者^{**}

＊　本文於二〇一三年發表時，因撰寫過程較為匆促，部分文句用詞似不十分地允
　　當，今利用本論文集的出版機會進行了調整和修正。另外，筆者為使讀者能更充
　　分地瞭解文中所述的內容，於文中增列了一些新的註釋，期盼透過上述的修改和
　　增補，讓拙文的內容能較先前發表時，來得更加地周延和完整。

＊＊　本文在《硓𥑮石：澎湖縣政府文化局季刊》第 72 期發表時，並無「本文作者」
　　四字，今筆者為強調上述這段話語——「時代的巨流，往往是人類個別力量所難

　　人類個體的力量，往往是擋不住時代的巨流。中國必須由陸地走向海洋，去面對由海上而來的敵人如浪濤般，一波又一波的挑戰，這便是歷史的潮流！吾人若回顧明帝國被動地回應海上外敵挑戰的整個過程，便是上述現象的最佳寫照，尤其是，位處東南方的福建，其海防佈署的重心，經兩百餘年時間的推移，由近岸地帶逐步地移往大海之中的澎湖，連其旁側臺灣亦浮現在明人的視界上，此可稱是上述現象——歷史潮流的極佳範例。而本文探討主題的澎湖，在明代福建海防重心移轉的過程中，因為，它的特殊地理位置而引人注目，並成為明政府海防佈署的重要地點，亦因如此，吾人若觀察澎湖兵防的變遷過程，便可間接地看出，明帝國被動回應海上外敵挑戰的整個經過，換言之，吾人透過對澎湖兵防變遷始末的認識，在瞭解明代福建的海防變遷及其背後的意涵特質上，有極大的助益和功用，此亦是筆者撰寫本文的主要動機之所在。

　　本文為清楚地論述有明一代澎湖兵防變遷的始末，即以「明代澎湖兵防變遷始末之省思」做為論述的主題，並使用了澎湖兵防變遷的經過、澎湖兵防變遷的特徵，以及澎湖兵防變遷的回顧等三個章節，對上述相關的問題進行探索和討論。首先是，

以左右的，明帝國福建海域兵防發展的歷史過程，即是在印證此一現象。其中，位處福建海中的澎湖，吾人綜觀其有明一代兵防的變遷經過，其內涵特質可以做為詮釋上述現象的範例」，係本文主要的中心思維，故增列「本文作者」等字，同時，並以標楷體粗體字將上述這段話獨立標出，而與底下新細明體細字的正文分隔開來，藉以強調此一部份之內容，特此說明。

澎湖兵防變遷的經過。筆者除對明初以來海防的相關措施及其源由，做一概略性說明外，並以墟地徙民、澎湖失聯、前線澎湖、跨海協防、澎湖內地化和澎湖裁軍等六個子題，來敘述明代兩百餘年澎湖兵防的變遷經過。其次是，澎湖兵防變遷的特徵。論述的重點，在探討明政府的海防思維和措置，包括明政府被動應付的處事心態，以及如何被外來的敵人牽著鼻子走入大海的過程……，其內容包括有：澎湖佈防型態演進的經過、澎湖佈防遲延挫折的原因，以及澎湖佈防動機心態的評析等三個子題的說明。最後是，澎湖兵防變遷的回顧。有關此，筆者目前對澎湖兵防變遷內涵的瞭解，其粗淺的心得是－－吾人若審視明代福建海防整個的變遷過程，它宛如是一場「守門者」與「叩門者」的馬拉松式競賽。其中，明政府就是「守門者」，而日本倭人（明人亦稱「島夷」，包括日本境內之統治者，以及來華進行走私或劫掠的不法者，被明政府視為主要的潛在敵人。）、葡萄牙人（明人稱呼「佛郎機夷」，來華要求通市或進行走私貿易。）和荷蘭人（明人稱「紅夷」、「紅毛夷」或「紅毛番」，來華要求通市或進行走私貿易。），以及中國本土的海盜、走私者（即私販）等則扮演著「叩門者」的角色，他們由海上如波浪般地侵擾著明帝國，一波又一波地挑戰「守門者」，守、叩二者彼此在福建沿海（以下簡稱「閩海」）進行一場馬拉松式的競賽，時間貫穿了整個明代，今日臺灣海峽便是重要的競技場，澎湖即是雙方決定勝負的重要場域……。

因為，上述「叩門者」的倭人、海盜、私販、葡人和荷人，

如接力賽式、不斷地由海上，前來挑戰實施海禁政策、閉關自守的明帝國，讓「守門者」的明政府窮於應付、左支右絀，而「叩門者」接二連三前來中國門口活動（包括走私貿易在內）、騷擾、劫掠甚至霸佔土地，此一問題，卻是明帝國無法逃避，而必須去面對解決的，明帝國心雖不甘，卻亦無可奈何！因為，明帝國無法去阻止外來者對它的野心、企盼和侵犯，亦即「時代的巨流，往往是擋不住的！」明帝國是難以抵擋上述這些外來者對它種種的想望和覬覦！同時，亦因明人自身閉關自守、自給自足的主觀企望，與上述「叩門者」渴望於中國處謀求利益的想法是大相逕庭的，而明政府為了要保護自身的利益，不得不去回應倭、盜、夷、販等外來者的挑戰，如此情況之下，「叩門者」的挑戰和「守門者」的回應，便成為明代福建海防發展過程的主軸；其中，閩海兵防要地的澎湖，它的兵防變遷中所顯露的內涵特質，恰正是成為詮釋上述的現象－－「叩門者」挑戰和「守門者」回應的極佳範例。因此，針對此問題，本文最末一章「澎湖兵防變遷的回顧」的內容中，即是要以－－「叩門者」挑戰與「守門者」回應做為討論的主題，來回顧整個明代澎湖兵防變遷的經過，並探索其背後的歷史意義。

澎湖，係上述「叩門者」進犯福建內地的前進跳板，明代史書稱其為「島夷所必窺」之地，[1]筆者近年興趣於明代東南海

---

[1] 文中的「島夷所必窺」一語，係出自萬曆年間章潢的《圖書編》，該書曾載稱：「海中有三山，彭湖其一也，山界海洋之外，突兀迂迴，居然天險，實與南澳、海壇並峙為三，島夷所必窺也。往（海盜）林鳳、何遷輝跳梁海上，潛伏于此。

防問題的探索，亦因澎湖戰略地位重要，故成平日留意的重點之一，並且，經過多年資料的蒐集、閱讀和排比分析，自三年多前起，便將個人對澎湖兵防探索的粗淺心得訴諸於文字，以篇名〈兩難的抉擇：看明萬曆中期澎湖遊兵的設立〉、〈金門、澎湖孰重？論明代福建泉州海防佈署重心之移轉（1368-1598年）〉、〈論明萬曆澎湖裁軍和「沈有容退荷事件」之關係〉、〈明末浯澎遊兵的建立與廢除（1616-1621年）〉、〈明末澎湖遊擊裁減兵力源由之研究〉……等，陸續地在國內期刊上發表，至今，共累計有論文十一篇。[2]此次，筆者撰寫〈挑戰與回應：明代澎

比倭、夷入寇亦往往藉為水國焉，險要可知矣。今南海[按：疑誤，當「澳」字]有重帥，海壇有遊兵，獨委此海賊，豈計之得乎？」（見該書（臺北市：臺灣商務印書館，1983 年），卷 57，〈海防・福建事宜〉，頁 21-22。）而上文的「島夷」二字，主要是指每年春、冬二季乘北風南犯中國的日本倭人。另外，「南海有重帥」，係指萬曆初年增置的南澳副總兵。最後，附帶說明的是，筆者為使文章前後語意更為清晰，方便讀者閱讀的起見，有時會在文中的引用句內「」加入文字，並用符號"（）"加以括圈，例如上文的「往（海盜）林鳳、何邊輝跳梁海上，潛伏于此……」。其次是，上文中出現〝[按：疑誤，當「澳」字]〞者，係筆者所加的按語，本文底下內容中若再出現按語，則省略為〝[疑誤，當「澳」字]〞。

2 筆者所撰澎湖兵防研究論文，依其發表的時間，排序如下：〈兩難的抉擇：看明萬曆中期澎湖遊兵的設立（上）〉（收錄於《硓𥑮石：澎湖縣政府文化局季刊》第 57 期，澎湖縣政府文化局，2009 年 12 月。）、〈洗島靖海：論明初福建的「墟地徙民」措施〉（收錄於《興大歷史學報》第 22 期，國立中興大學歷史學系，2010 年 2 月。）、〈兩難的抉擇：看明萬曆中期澎湖遊兵的設立（下）〉（收錄於《硓𥑮石：澎湖縣政府文化局季刊》第 58 期，澎湖縣政府文化局，2010 年 3 月。）、〈金門、澎湖孰重？論明代福建泉州海防佈署重心之移轉（1368-1598 年）〉（收錄於《興大人文學報》第 44 期，國立中興大學文學院，2010 年 6 月。）、〈被動的應對：萬曆年間明政府處理澎湖兵防問題之探討（1597-1616 年）〉（收錄於

湖兵防變遷始末之省思〉一文，便是以上述十一篇論文內容做為本文的主要素材，欲進一步對明代澎湖兵防變遷始末的內涵特質，做通盤性的論述和進一步的省思；而此處所言的內涵特質，便是前段所述──「叩門者」的挑戰和「守門者」的回應，亦即一場長達兩百餘年明政府及其對手──主要是倭人、海盜、荷人、葡人和私販的馬拉松式競賽，他們彼此間的競爭過程，亦是構成了明代福建海防變遷發展的主軸內容。尤其是，「守門者」閉關自為的企望、盼想，卻無法阻擋「叩門者」對它的侵犯、圖謀，而且，「守門者」在無奈且苦惱地對抗「叩門者」侵擾時，卻不知不覺地被它的敵人牽著鼻子，一步一步地走入了大海……！此一現象，亦應驗了筆者前文所稱的「歷史的潮

《硓𥑮石：澎湖縣政府文化局季刊》第 61 期，澎湖縣政府文化局，2010 年 12 月。）、〈明末浯澎遊兵的建立與廢除（1616-1621 年）〉（收錄於《興大人文學報》第 46 期，國立中興大學文學院，2011 年 3 月。）、〈海中孤軍：明萬曆年間澎湖遊兵組織勤務之研究（1597-1616 年）〉（收錄於《硓𥑮石：澎湖縣政府文化局季刊》第 64 期，澎湖縣政府文化局，2011 年 9 月。）、〈鎮海壯舉：論明天啟年間荷人被逐後的澎湖兵防佈署〉（收錄於《東海大學文學院學報》第 52 卷，東海大學文學院，2011 年 7 月。）、〈論明萬曆澎湖裁軍和「沈有容退荷事件」之關係〉（收錄於《臺灣文獻》第 62 卷第 3 期，國史館臺灣文獻館，2011 年 9 月 30 日。）、〈明末澎湖遊擊裁減兵力源由之研究〉（收錄於《興大人文學報》第 49 期，國立中興大學文學院，2012 年 9 月。）和〈明末澎湖遊擊裁軍經過之探索〉（收錄於《硓𥑮石：澎湖縣政府文化局季刊》第 69 期，澎湖縣政府文化局，2012 年 12 月。）。其中，前面的九篇文章包括〈兩難的抉擇〉、〈洗島靖海〉、……〈論明萬曆澎湖裁軍和「沈有容退荷事件」之關係〉諸文，並於去年（2012）八月時，依照史事發生年代加以排序並結集成書，以書名《海中孤軍－明代澎湖兵防研究論文集》，由澎湖縣政府文化局協助出版問世。

流」——人類個體力量難擋時代的巨流，「守門者」的明人必須由陸地走向海洋，去面對「叩門者」的敵人如浪濤般一波波地的挑戰！最後，希望本文的心得結論，能提供給相關研究者參考，文中若有論點偏頗誤謬之處，尚祈學界方家和澎湖鄉親批評指正之。

二、澎湖兵防變遷的經過

要敘說明代澎湖兵防變遷的經過之前，筆者有必要對其相關的背景，亦即對明初以來的海防相關措施及其源由，做一概略性的說明。首先是，明帝國剛成立不久時，元末群雄張士誠、方國珍餘黨，便勾結日本倭人騷擾沿海地區，[3] 而令明政府困擾不已。如何去防止倭寇的侵犯，便成了明初海防的問題核心。然而，一開始問題並未有效地解決，亦因如此，洪武帝遂展現巨大的氣魄，轉而在沿海推動墟地徙民的措置和建構海防的相關設施，兩者雙管齊下，欲徹底來根絕禍害。亦即一方面實施海禁政策，規定國人不得私自出海從事活動，並且，透過墟地徙民的方式，將沿海島民強制遷回內地。另一方面，則派遣信

3　元末群雄張士誠和方國珍的餘黨。張、方二人被明太祖朱元璋擊潰後，他們的徒眾多逃亡海上，繼續和明政府為敵，甚至勾結、引導日本倭寇入犯沿海地區，史載如下：「先是，元末瀕海盜起，張士誠、方國珍餘黨導倭（人）出沒海上，焚民居、掠貨財，北自遼海、山東，南抵閩、浙、東粵，瀕海之區無歲不被其害」。見谷應泰，《明史紀事本末》（臺北市：三民書局，1956 年），卷 55，〈沿海倭亂〉，頁 588。

國公湯和、江夏侯周德興二人，[4]各自前往江浙和福建沿海地區，[5]展開一波史上空前的兵防建設工作。因為，對洪武帝而言，湯、周既是同鄉故舊，又是開國功臣，加上二人年紀又大，[6]請他們勉為其難地前去擘建海防，便可知道，他本人對此事重視的程度。

　　至於，洪武帝命令湯、周二人往赴東南推動海防建設，尤其是佈防內容的安排，主要是受到方鳴謙海防主張的影響。方，一名明謙，字德讓，浙江台州黃巖人，方國珍弟國珉之子，元

4　湯和，字鼎臣，濠人，與洪武帝朱元璋同鄉，明代開國功臣，封信國公，卒時，追封東甌王，諡襄武。周德興，濠州人，明開國功臣，封江夏侯，史載如下：「周德興，濠人。與太祖同里，少相得。從定滁和。渡江，累戰皆有功，遷左翼大元帥。……洪武三年封江夏侯，歲祿千五百石，予世券。……德興至閩，按籍僉練，得民兵十萬餘人。相視要害，築城一十六，置巡（檢）司四十有五，防海之策始備」。見張其昀編校，《明史》（臺北市：國防研究院，1963年），卷132，列傳第20，〈周德興〉，頁1674-1675。

5　此次，湯和推動海防的地區，北起山東、經江蘇到浙江，但主要重點是在兩浙沿海。因為，明帝國京師（即今日南京市）位處直隸應天府，為全國政治的神經中樞，而且，該地又距海不遠，加上，江南又是政府重要財賦之區，至於，浙江則位處直隸東南方，係拱衛京畿的前線要地，且該地倭犯問題又甚為嚴重，兩浙關係明帝國海防之安危至為重大。另外，所謂的「兩浙」地區，係包括今日長江以南的江蘇省和浙江省全境，而兩浙沿海主要是指明時直隸的松江、蘇州二府，以及浙江境內的嘉興、寧波、台州、溫州等府。

6　有關此，清人陳壽祺《福建通志》嘗載稱：「倭寇上海，帝[即洪武帝]患之，顧謂湯和曰：『卿雖老，強為朕一行』。」見該書（臺北市：華文書局，1968年），卷86，〈海防‧歷代守禦〉，頁34。另外，周德興親赴閩海佈署兵防時，行前洪武帝亦囑咐道：「福建功未竟，卿雖老，尚勉為朕行」。見張其昀編校，《明史》，卷132，列傳第20，〈周德興〉，頁1675。

末時，隨其父、伯投降於朱元璋，之後，曾被封為明威將軍，並授廣洋衛指揮僉事一職。[7]有關方個人的主張，史載如下：

> （洪武十九年正月）征蠻前將軍信國公湯和班師還朝，乞骸骨。上[即洪武帝]尋諭曰：「卿彊建，為朕一行海上，為倭備」。初，倭寇浙東太倉衛。指揮僉事方鳴謙，故（方）谷珍[即方國珍]從子，習海事。上問以海事，（方鳴謙）對曰：「倭（自）海上來，則（在）海上備之爾。若量地遠近，置指揮衛、若（干守禦）千戶所，陸聚巡（檢）司弓兵，水具戰船，砦壘錯落，倭無所得入海門，入亦無所得傅岸魚肉之矣」。上曰：「然于何籍軍」？對曰：「兵興以來，軍勁民胭，民無所不樂為軍，若四民籍一軍，皆樂為軍也」。至是，和偕鳴謙往視要地，築城增戍，起（山東）登萊，歷江浙，凡五十九城，簡浙東丁壯三萬五千戍[疑誤字，應「築」]之。[8]

---

[7] 從史料看來，隨其父、伯投降的方鳴謙，曾受朱元璋寵信過，洪武十八年時，方本人即因宿衛宮禁有功勞，獲洪武帝賜宮中內廄的名駒五花馬，此事令其他的朝臣稱羨不已，方的浙江同鄉方孝孺，還曾為此撰文〈御賜廣揚衛方指揮明謙五花名馬詩序〉，以為紀念。然而，民間曾傳說，方後來因督造直隸金山衛城時惹禍上身，遭奸人詆諼而被革職處決；之後，洪武帝憬悟前失，蔭封他為江浙丙靈公，成為金山衛的城隍爺——「方大老爺」，並成為後人膜拜的對象。有關方個人的傳奇事蹟及其海防主張，請參見何孟興，〈明代海防指導者方鳴謙之初探〉，《止善學報》第 12 期（2012 年 6 月），頁 70-86。

[8] 談遷，《國榷附北游錄》（臺北市：鼎文書局，1978 年），卷 8，頁 661。上述文句「若（干）千戶所」括弧中的「干」字，係筆者疑原書有缺漏字而自行補上

方在上文中，提出三個重要的論點：一、倭自海上來，則在海上備禦之，此為其海防佈署的中心思維。就是對付倭犯的兵力佈防重點，是在海上而非陸地，亦即在沿海構築防線，包括岸上佈署軍衛、守禦千戶所和巡檢司，海中佈署水寨和兵船，[9]讓明軍在海上去迎擊由海上進犯的倭人。二、每於沿海適當距離處，在岸上設立軍衛、守禦千戶所和巡檢司，在海中佈署水寨和兵船，碁布錯落其間，讓進犯倭寇無法隨意登岸，縱使能夠登岸，亦無法隨意地劫掠百姓。三、沿海民戶家中有四丁者，抽調一人編入軍籍，用以戍守上述新設的衛、所及其堡城，以防倭犯侵擾。因為，在此之前，明政府對付倭寇的方式，僅是

者，特此說明。至於，文中的千戶所係指守禦千戶所，而非各衛轄下的千戶所。其次，文中的「水具戰船，砦壘錯落」，係指海上佈署戰船，設立水寨一事。另外，文中的「朒」，即縮小、不足之意。至於，文中的簡浙東丁壯三萬五千「戍」之，應「築」字，請參見夏燮《明通鑑》(長沙市：岳麓書社，1999 年)，卷 9，〈紀九〉，頁 329。另外，湯和強徵民戶四丁取一為軍，共得戍兵五萬八千餘人，則載於中央研究院歷史語言研究所校，《實錄》(見該書 (臺北市：中央研究院歷史語言研究所，1962 年)，〈明太祖實錄〉，卷 187，頁 2。)、《明史》(見該書，卷 132，列傳第 14，〈湯和〉，頁 1603。)……諸書，作者將湯和徵選丁壯三萬五千人築城，與強徵民戶四丁取一為軍，兩者互相混淆，有以致之。

[9] 所謂的「水寨」，即沿海水師的兵船基地。明時，在福建邊海共設有五座水寨，由北而南依序為福寧的烽火門水寨、福州的小埕水寨、興化的南日(山)水寨、泉州的浯嶼水寨和漳州的銅山水寨，明、清史書常稱其為福建「五寨」或「五水寨」。五水寨創設於明代前期，起初應係僅有烽火門、南日、浯嶼三寨，代宗景泰時才增設小埕、銅山而為五。請參見何孟興，《浯嶼水寨：一個明代閩海水師重鎮的觀察(修訂版)》(臺北市：蘭臺出版社，2006 年)，頁 11-28。

派遣兵船在海上巡捕而已，[10]期間並無一套海防佈署的中心思維，且缺乏完整、周密的禦敵計劃，至此，才有了重大的改變。清人陳壽祺《福建通志》卷八十六〈海防・歷代守禦〉中便認為，方的海防主張，對明政府影響十分地深遠，其文如下：

> 明初備倭，祗於海上巡捕。至此，始量地遠近，置衛築城，水、陸設防。嗣是，江夏侯[即周德興]、信國公[即湯和]遞有增置，法制周詳。鳴謙數語，實發其端為海防要策也。[11]

不僅如此，方鳴謙本人亦隨湯和前往兩浙地區，協助推動海防建設工作，其經過史載大致如下：「（湯）和乃度地於浙西、東並海，設衛、所五十有九，踰年而城成，浙東民四丁以上者戶取一丁，凡得五萬八千七百餘人【《明史》湯和傳】。秦 [誤字，

10　例如洪武三年六月，倭寇先犯山東，轉掠浙江，再寇擾福建沿海的郡縣，「福州衛出軍捕之，獲倭船一十三艘，擒三百餘人」（見中央研究院歷史語言研究所校，《明實錄》，〈明太祖實錄〉，卷53，頁12。）。又如七年夏六月時，倭擾山東沿海，洪武帝派遣靖海侯吳禎，「率沿海各衛兵捕至琉球大洋。獲倭寇入船。俘送京師」。見谷應泰，《明史紀事本末》，卷55，〈沿海倭亂〉，頁588。

11　陳壽祺，《福建通志》，卷86，〈海防・歷代守禦〉，頁34。因該文頗具價值，茲完整抄錄於下，以供讀者參考。「倭寇上海，帝[即洪武帝]患之，顧謂湯和曰：『卿雖老，強為朕一行』。和請與方鳴謙俱。鳴謙，國珍子也，習海事，常訪以禦倭策。鳴謙曰：『倭海上來，則海上禦之耳。請量地遠近，置衛、所，陸聚步兵，水具戰艦，則倭不得入，入亦不得傅岸，近海民四丁籍一，以為軍戍守之，可無煩客兵也』。帝以為然。案，明初備倭，祗於海上巡捕。至此，始量地遠近，置衛築城，水陸設防。嗣是，江夏侯、信國公遞有增置，法制周詳。鳴謙數語，實發其端為海防要策也」。

應「袁」]御史凱有〈和方指揮海上築城歌〉，今沿海海門、松門、新河等城，皆襄武[即湯和]督建而（方）鳴謙所營度者也」。[12]

至於，本文研究主題－－澎湖所在的福建地區，周德興在太祖洪武二十年（1387）抵達後，遂針對倭寇侵擾的問題，大舉推動包括有按籍抽兵、移置衛所、增設巡檢司和練兵築城……等一連串的海防建設，以下是《明實錄》有關此次兵防擘建的記載：

> 洪武二十年夏四月……戊子，（洪武帝）命江夏侯周德興往福建，以福（州）、興（化）、漳（州）、泉（州）四府民戶三丁取一，為緣海衛、所戍兵，以防倭寇。其原置軍衛非要害之所，即移置之。德興至福建，按籍抽兵，相視要害可為城守之處，具圖以進，凡選丁壯（一）萬

---

[12] 陳鍾英等修，《黃巖縣志》（臺北市：成文出版社，1975 年），卷 21，〈人物‧一行〉，頁 7。文中"【】"內的文字，係書中的原註，以下內容若在出現，意同。附帶一提的是，時任御史的袁凱，曾為方鳴謙海上築城一事，賦詩〈次方明謙指揮海上築城韻〉二首以為紀念，內容如下：「城堞遙連北斗斜，島夷從此識中華。諸侯幙府多春酒，上將歌謠雜暮笳。別去幾時還下榻，興來何日欲乘槎。為報安期頭白盡，更煩重覓棗如瓜」；「旗影翩翩整復斜，中天星月動光華。千群貔虎方屯戍，萬里魚龍聽鼓笳。聖主自多開國老，小夷休恃上天槎。卻煩上將頻思念，時問東門二畝瓜」。見常琬，《金山縣志》（臺北市：成文出版社，1983 年），卷之 19，〈藝文一〉，頁 13。文中的「幙」，通「幕」字；至於，「上將」則是指信國公湯和。

五千餘人，築城一十六，增置巡檢司四十有五，分隸諸
衛以為防禦。[13]

由上可知，周強制福州、興化、泉州和漳州沿海四府百姓，每
戶男丁三名取一人充為衛、所戍兵，[14]共徵得丁壯一五,○○○
餘人，不僅如此，周還相視沿海地理形勢後，移置原有衛、所
至要害處外，並在此築造了十六座軍事城壘，同時，又在沿海
增設巡檢司，[15]數目高達四十五處之多，以為備禦倭寇之用。
根據明人黃仲昭《（弘治）八閩通志》的說法，[16]洪武二十年
（1387）時，在福建沿岸共增設了福寧、鎮東、平海、永寧和
鎮海等五個軍衛，此外，又設立大金、定海、萬安、莆禧、崇
武、福全、金門、陸（一作「六」）鰲、銅山和玄鐘（一作「鍾」）
等十個守禦千戶所。除上述五衛十所外，之後，明政府又分別

---

[13] 中央研究院歷史語言研究所校，《明實錄》，〈明太祖實錄〉，卷181，頁3。

[14] 有關洪武年間，福建沿海民戶三丁取一，為緣海衛、所戍兵的記載，興化府莆
田縣人的丘添德即是一例，內容如下：「洪武初例：民戶三丁者，以一丁（前）
往（築）城平海衛[地在興化府莆田縣]，工畢，就隸戍籍[即納入衛所軍戶]，以
備倭寇。（丘添德之）大父甚憂之。添德毅然（前）往就役，以弟添從為從伯之
後。添德軍平海（衛），未幾，復調鎮海衛[地在漳州府漳浦縣]。其[即丘添德]
在轅門中營生所入，悉寓歸以（為）祀先裕後之計，及分以周其弟」。見周瑛、
黃仲昭著，《重刊興化府志》（福州市：福建人民出版社，2007年），卷之43，〈人
物列傳十‧孝友〉，頁1097-1098。

[15] 明承元制，設有巡檢司，係治安緝盜的機構，設有長官巡檢一人，下轄有若干
人數的弓兵，用以執行勤務，並歸地方府、縣管轄。

[16] 請參見黃仲昭，《（弘治）八閩通志》（北京市：書目文獻出版社，1988年），卷
之41至43，〈公署‧武職公署〉內容部分。

於二十三（1390）、二十七（1394）年又增設了高浦和中左千戶所，再加上，《八》書所遺漏二十一年（1388）前後創建的梅花千戶所，福建沿岸的守禦千戶所，當有十三個之多。不僅如此，周在增設衛、所和巡司的同時，亦意識到單靠岸上的防禦力量，仍不足抵禦由海上進襲的敵人，遂又決定在閩海岸島上，增設水師的兵船基地－－水寨，同時，藉由水寨的兵船負責海中巡防、哨守於外，來和岸上武力的衛、所、巡檢司相為表裏（附圖一：明代福建沿海衛所水寨分佈示意圖，筆者製。），「衛、所、巡（檢）司以控賊於陸，水寨防之於海，則知巡（檢）司衙門雖小，而與水寨同時建設，所以聯絡聲勢、保障居民」，[17]形成海中和陸地的兩道防線，共同肩負福建海防的重責大任，此一措置與上述方鳴謙「量地遠近，置指揮衛、若（干守禦）千戶所，陸聚巡（檢）司弓兵，水具戰船，砦壘錯落，倭無所得入海門，入亦無所得傅岸魚肉」的海防見解，可稱是一脈相承、前後呼應的。

由上可知，明政府為根除倭寇、海盜的襲擾，以方氏主張－－「倭（自）海上來，則（在）海上備之」做為佈防的主要思維，決定要在海上，而非在陸岸上去迎擊敵人，一面在陸岸上設置衛、所、巡司等武力，一面在海中佈署了水寨兵船，構成陸地和海中的兩道防線，加上，水寨兵源係徵調自附近的衛、

---

[17] 懷蔭布，《泉州府誌》（臺南市：登文印刷局，1964年），卷之24，〈軍制・巡檢弓兵〉，頁38。

所官軍，更有助於陸、海兵力相互地結合，發揮陸、海聯手制敵的功效，讓倭盜不得入海門，縱使登岸亦難有所獲！然而，上述禦敵的思維和措施，皆是明政府欲實現海岸防禦目標的一種手段，亦即執行守勢戰略的一種工具而已。因為，吾人若深究明政府的海防戰略思維，便可發覺到——「防止敵人來進攻，而非主動去攻擊敵人」的守勢戰略是其重要原則，其思維主要是源自於兩方面：一是洪武帝與中國鄰邦的相處態度，認為「得其地不足以供給，得其民不足以使令」，[18]保境安民、不生事端是其重要的主張。另一則是大海環境險惡莫測，難採攻勢戰略、遠征敵人，例如元世祖忽必烈大軍討伐日本慘敗的經驗，相信明人亦當知曉而引為借鏡。世宗嘉靖（1522-1566）年間，胡宗憲的《籌海圖編》〈禦海策〉中，[19]便曾指出：

> 備倭之術不過守、禦二者而已，未聞泛舟大海遠征島夷。雖以元世祖之威，伯顏宇木兒之勇，艨衝千里，旌旗蔽空，一遇颶作，萬人皆為魚鱉，此其明驗也。而況沙石起伏，洲渚驅阻，風候向背，潮汐高下，波濤洶湧，至

18　朱元璋，《皇明祖訓》（永康市：莊嚴文化事業有限公司，1996 年），〈祖訓首章‧四方諸夷〉，頁 5。

19　胡宗憲，字汝貞，安徽績溪人，嘉靖十七年進士。曾知益都、餘姚二縣，擢御史，巡按宣大。後，歷任浙江巡按、兵部右侍郎、兵部尚書……等要職，係嘉靖年間平定倭亂的重要領導者。嘉靖四十一年，胡因黨嚴嵩及奸欺貪淫等罪而遭逮問，四十四年卒於獄中。至萬曆初年，始追復其官，諡號襄懋。

> 到淺深，彼皆素所諳練，以我之迷而蹈彼之危，能為必
> 勝哉？[20]

上文中的「沙石起伏，洲渚驅阻，風候向背，潮汐高下，……」
等語，道盡了大海難以捉摸的景況，尤其是，「備倭之術不過守、
禦二者而已」此語，更能反映出明政府海防戰略思維的精髓所
在，亦即明政府係以「守」、「禦」來取代「攻」、「擊」做為佈
防的動機出發點，也就是裝備、充實自我力量，以待不時入境
侵犯的敵人，而不是主動出境或積極去搜尋敵人來加以撲殺，
俗諺所稱的「毋恃敵之不來，恃吾有以待之」，其語意頗能表達
此一戰略思維的精神意涵。總而言之，海上禦敵和守勢戰略可
稱是明帝國海防思維的兩大重要支柱，明代海防的相關措施多
與此二者關係密切，吾人若欲探究明代海防的佈署內容及其變
遷的特質，則不能不對上述海、守二者有所瞭解，以上是筆者
對明代海防的相關措施，及其源由所做的概略說明。

---

20 胡宗憲，《籌海圖編》（臺北市：臺灣商務印書館，1983 年），卷 12，〈經略二·
禦海洋〉，頁 9。文中的「島夷」，主要是指乘風入犯的倭人。另外，附帶一提的
是，《籌海圖編》作者雖名為胡宗憲，然實際撰者應為鄭若曾。根據研究，鄭撰
寫《籌》書始於嘉靖三十三年，後自撰刻於嘉靖四十年，並重刻刊於隆慶六年，
之後，又再三刻刊於天啟四年，此天啟刊本由胡維極重梓，竊改作者為其曾祖
父胡宗憲之版本。見王庸，〈明代海防圖籍錄〉一文，收錄在孟森，《明代邊防》
（臺北市：臺灣學生書局，1968 年），頁 206-208。

（一）墟地徙民

江夏侯周德興此次在福建擘建海防的時間，前後共計三年餘，對福建軍事的構築可稱是厥功甚偉，因為，他進行了一場大規模、完整而周密，且前所未見的海防建設計劃。除了前述的按籍抽兵、增置衛所巡司，設立水寨……等海防建設外，並對福建島嶼大舉推動墟地徙民的措施，亦即將沿海的島民強制遷回到內地居住，其目的主要是在透過遷徙島民的方式，來剷除元末殘餘的黨盜勢力，並斷絕其聲息、奧援的力量，並藉此達到徹底摧毀海中的島嶼－－做為私通倭寇的基地、藏匿海盜的窟穴，以及提供物質、訊息等多重角色的功能。而且，特別引人注意的是，墟地徙民的措置又和前述的水寨創設有所關聯。因為，吾人若從海防的角度去觀察，可發覺到墟地徙民，迫使沿岸島嶼的住民由海上回到內地岸上，水寨的設立則讓駐戍寨軍由陸岸上的衛、所來到海上岸島戍防。如此，沿岸島民和水寨官軍一進一出，讓邊海島嶼的住民做一次大換手，水寨官軍取代漁戶島民成為該區的新住民。以泉州的浯嶼水寨為例，此約在洪武二十年（1387）創設於九龍江海口外的水師重鎮，其官軍成員主要便是來自於附近的漳州、永寧二衛和福全、金門守禦千戶所，他們渡海來到浯洲嶼（即今日金門）西南方的浯嶼戍防，春、秋二季時還需由此駕駛兵船前往泉州外海遊弋巡防，偵捕乘風來犯的敵人。明政府經由「島民進內陸，寨軍出近海」的巧妙安排，透過兩者交替的作用，強化海上禦倭工作的進行，因為，一方面淨空的邊海島嶼，讓明政府較易掌

握沿岸的動態，減少昔日倭、盜私通島民進犯的情事；二方面是水寨官軍讓明政府軍事佈置的防線，由岸上的衛、所、巡司，向東邊大海延伸出去，不僅擴大禦敵的時間和空間的縱深，同時，衛、所駐防水寨的官軍取代島民百姓，成為福建海域第一線的住民後，對昔時進犯的海上敵寇或潛通倭、盜者而言，這些配備兵船的武裝人員，確能發揮一定程度的嚇阻作用。[21]

至於，福建沿海墟地徙民實施對象可稱是全面性的，除了嘉禾嶼（即廈門島）、浯洲嶼及其旁側的烈嶼外，[22]包括福寧的崇山、浮鷹山，福州的上竿塘山、下竿塘山、海壇山、小練山、草嶼、堂嶼、東草嶼、鹽嶼和雙嶼，興化的南匿嶼（即南日島）和湄洲（一作湄州）嶼，泉州的大、小嶝嶼和鼓浪嶼（一作古浪嶼）……皆在其中，[23]而本文探索主題的澎湖亦在其內。澎

21　請參見何孟興，〈洗島靖海：論明初福建的「墟地徙民」措施〉，《興大歷史學報》第 22 期（2010 年 2 月），頁 13-14。

22　上述的嘉禾、浯洲、烈嶼三島，是筆者目前所知少數未被墟地徙民的島嶼。因為，嘉、浯二島土地面積廣闊，不僅可以屯兵牧馬，且有港澳可泊靠船艦，而地點又貼近內岸（尤其是廈門），關乎內地安危甚深，假若不派兵駐防，一旦為倭、盜所據，後果不堪設想。這些可能都是其未被墟地徙民的因素，同時，亦是江夏侯周德興為何要在浯洲及其旁側的烈嶼，設立金門守禦千戶所以及官澳等五座巡檢司，佈署強大兵力的主要原因之一。

23　請參見何孟興，〈洗島靖海：論明初福建的「墟地徙民」措施〉，《興大歷史學報》第 22 期（2010 年 2 月），頁 8-9 和 17-18。另外，福建被墟地徙民的島嶼，於〈洗〉文中未述及者，目前新發現的，尚有以下二處：一、小練山，地在福清縣境內海中，以寇犯猝難備犯，與海壇山島民一同被內徙。見黃仲昭，《（弘治）八閩通志》，卷之 5，〈地理‧福州府‧福清縣〉，頁 11。二、浮鷹山，洪武二十一年周德興為防倭寇犯，奏遷其民於大金山。見同前書，卷之 12，〈地理‧福寧州‧

湖，地處福建東面大海中，早在元代便設置了巡檢司，但其島民的命運卻和其他島嶼相同，被強制遷入內地。明人黃仲昭《八閩通志》中，便指出（附圖二：明代珍貴史料－黃仲昭《八閩通志》內頁書影，筆者攝。）：

> 彭湖巡檢司：在（泉州）府城東南三十五都海島中。元時建，國朝洪武二十年徙其民於（府城）近郭，巡檢司遂廢。[24]

由上得知，澎湖墟地徙民時間是在洪武二十年（1387），巡檢司亦因島民被強制遷走後跟著一併被廢除掉，明人陳仁錫《皇明世法錄》卷七十五〈海防·彭湖圖說〉中便曾語及，澎湖東面的龍門港一帶，地表下尚留有當年島民被遷前的屋舍瓦磚遺跡，可知此處在明初時是一人口集中的聚落，其情況如下：

> 龍門，有原泉，掘地每至尺，多人家舊屋址、瓦磚，蓋國初時彭中聚落也。[25]

上述這段的內容，可稱是歷史的最佳見證。至於，黃仲昭《八》書中所述及的，「徙其民於（府城）近郭」，則是指澎湖島民被

本州〉，頁10。

24 黃仲昭，《（弘治）八閩通志》，卷之80，〈古蹟·泉州府·晉江縣〉，頁12。

25 陳仁錫，《皇明世法錄》（臺北市：臺灣學生書局，1965年），卷75，〈海防·彭湖圖說〉，頁12。

遷至晉江縣城一帶；[26]此外，可能尚有部分島民被遷往漳、泉其他地方，如泉州灣岸的蚶江。[27]

（二）澎湖失聯

因為，明初實施海禁政策後，百姓不可隨意私自出海從事活動，加上，沿海島民因墟地徙民措致被迫遷回到內地的關係，在海中的島嶼和部分的瀕海地區，[28]已很難見到百姓在此活動的蹤跡了。亦因如此，遠處在大海中的澎湖漸為世人所遺忘，而逐步地退出歷史的舞台，成為一個人們心中陌生且遙遠的島嶼，⋯⋯。此可由嘉靖中晚期《籌海圖編》卷一附圖〈福建沿海山沙圖‧福建五卷一十七〉中的澎湖山（附圖三：《籌海圖編》

---

[26] 此一說法，可由明人陳學伊〈諭西夷記〉中得到証實，其文稱：「吾泉（州）彭湖之去郡城[指泉州府城]，從水道二日夜程，⋯⋯。聞之彭湖在宋時編戶甚蕃，以濱海多與寇通，難馭以法；故國朝移其民於郡城南關外而虛[通「墟」]其地，今顧可以與夷市，自招寇耶？」見陳學伊〈諭西夷記〉，收入沈有容輯，《閩海贈言》（南投市：臺灣省文獻委員會，1994年），卷之2，頁34。文中的「夷人」，即明人所稱的紅夷、紅毛夷或紅毛番，亦即今日的荷蘭人。

[27] 清人杜臻曾指出，明政府認為澎湖島民「叛服不常，大出兵，驅其大族徙置漳、泉間。今蚶江諸處遺民猶存」。見氏著，《澎湖臺灣紀略》（臺北市：臺灣商務印書館，1983年），頁1。

[28] 明初，部分瀕海地區嘗因民人從倭為寇者，亦一併在墟地徙民之列，例如浙江的昌國縣。昌國，地處寧波府東南邊陲海角，因先前該地民眾曾從倭寇為盜。因此，昌國縣被明政府廢掉，並空墟其地，其民眾則被強制遷走，充為寧波衛軍卒，時間是在洪武二十年六月。請參見中央研究院歷史語言研究所校，《明實錄》，〈明太祖實錄〉，卷182，頁4。

附圖中的澎湖山，見圖正上方處。），[29]便將其標繪在興化府莆田縣平海衛的外海中，即可知一二；甚至於，到萬曆（1573-1620）中期時，尚有福建地方官員對澎湖地理環境十分地陌生，例如巡撫許孚遠在〈議處海壇疏〉中，[30]便曾言道（附圖四：明代珍貴史料－許孚遠《敬和堂集》內頁書影，筆者攝。）：

> 及查彭湖屬（泉州）晉江（縣）地面，遙峙海中，為東、西二洋暹羅、呂宋、琉球、日本必經之地。其山周遭五、六百里，中多平原曠野，膏腴之田，度可十萬（畝）。[31]

上文中，將地力瘠薄的澎湖，誤以為是膏腴肥土、可得耕田十萬畝的海島，並欲於此「設將屯兵、築城置營，且耕且守；據海洋之要害，斷諸夷之往來」？[32]不管是標定位址錯誤的海圖，或是閩撫許孚遠對澎湖不準確的認知，上述的這些現象－－對澎湖如此地陌生的現象，都可稱是受過去一、兩百年來的海禁政策和墟地徙民措施深刻影響之下的時代產物。

前已提及，明政府以海上禦敵和守勢戰略的兩大思維，進

29　胡宗憲，《籌海圖編》，卷1，附圖〈福建沿海山沙圖・福建五・卷一十七〉，無頁碼。

30　許孚遠，字孟中，浙江德清人，嘉靖四十一年進士，官至兵部左侍郎。卒時，贈南京工部尚書，後諡恭簡，撰有《敬和堂集》等書。許，原職為左通政使，萬曆二十至二十二年任福建巡撫一職。

31　許孚遠，《敬和堂集》（臺北市：國家圖書館善本書室微卷片，明萬曆二十二年序刊本），〈疏卷・議處海壇疏〉，頁56。

32　許孚遠，《敬和堂集》，〈疏卷・議處海壇疏〉，頁56。

行海防相關措施的佈署，除了海上的水寨兵船，配合岸上的衛、
所、巡司兵力，兩者互補結合，對沿海地區進行有效的防禦作
為，同時，又搭配墟地徙民的措舉，來斬斷進犯者的耳目、嚮
導和補給，上述的這些措施，確實為明代前期沿海百姓帶來海
波不驚的昇平景象，而此一成效，湯和、周德興二人實功不可
沒。有關此，萬曆時刊印的《福州府志》，即曾語道（附圖五：
明代史料－喻政《福州府志》內頁書影，筆者攝。）：

> 日本，古倭奴國，在東海中，……。國朝洪武二年，倭
> 寇山東懷安。明年再入，轉掠閩、浙，……。上[指洪武
> 帝]……令信國公湯和、江夏侯周德興分行海上，視要
> 害地築城，設衛、所，摘民為兵，戍之，防禦甚周，倭
> 不得間小小入，與我軍相勝敗。[33]

上文中「防禦甚周，倭不得間小小入，與我軍相勝敗」的話語，
亦可為湯、周二人在東南沿海佈防的貢獻及其成效，做了頗佳
的註腳。然而，隨著海疆無事、太平日久，人心怠玩、軍備廢
弛的現象，卻在五十年後便已尋常可見，例如英宗正統八年
（1443），朝廷頒給福建布政司右參政周禮的敕文中，便訓令
道：

---

[33] 喻政修、林材纂，《福州府志（萬曆癸丑刊本）》（北京市：中國書店，1992年），
卷之25，〈島夷・日本附〉，頁3-4。

> 福建緣海備倭官因循苟且，兵弛餉乏，賊至無措；況有
> 刁潑官軍朋構凶惡，偷盜倉糧，已命侍郎焦宏往理其事。
> 尚慮宏回之後，各官仍蹈前非，令爾[即周禮]前去嚴督
> 巡捕，遇有倭寇設法擒剿。其有似前刁潑者，與按察司
> 委官審實，軍發邊衛瞭望，官則奏聞區處。[34]

不僅如此，位處九龍江口外的浯嶼水寨（以下簡稱「浯寨」），
最遲亦在孝宗弘治二年（1489）以前，[35]便遭到福建地方當局
私下遷入江口處的廈門，[36]明初以來水寨守外扼險、禦敵海上

---

34 中央研究院歷史語言研究所校，《明實錄》，〈明英宗實錄〉，卷106，頁6。文中
　的焦宏，正統六年時，曾以戶部右侍郎一職鎮守福建，並兼領浙江、蘇州和松
　江等處，特此說明。

35 因為，嘉靖年間胡宗憲的《籌海圖編》都慨指，浯嶼水寨「不知何年建議遷入
　廈門[即廈門]地方」（見胡宗憲，《籌海圖編》，卷4，〈福建事宜・浯嶼水寨〉，
　頁23。），吾人今日要完全正確去斷定該寨遷入時間誠屬不易。但是，明人黃仲
　昭《八閩通志》卻載稱：「浯嶼水寨：在（泉州）府城西南同安縣嘉禾（嶼）。
　舊設於浯嶼，後遷今所，名中左所」（見該書之四十一，〈公署・武職公署〉，
　頁22。），因該書完成於弘治二年，而上文中又提及「後遷今所」，指浯寨當時
　已遷入中左所，由此可證明，浯寨遷入該處，應不晚於此時。請參見何孟興，《浯
　嶼水寨：一個明代閩海水師重鎮的觀察（修訂版）》，頁160-161。

36 有關此，嘉靖時金門人洪受便認為，浯嶼水寨內遷並非出於中央朝廷之命令，
　今日官府公文往來仍用「浯嶼」不以「廈門」稱呼該水寨，即是明證，其文如
　下：「浯嶼之地，特設水寨，……其移於廈門也，則在腹裡之地矣。（浯嶼水寨）
　所移之時，莫得詳考，或云在景泰中，然非由於上請也。故今之文移，恆稱浯
　嶼，不曰廈門云」。見洪受，《滄海紀遺》（金城鎮：金門縣文獻委員會，1970
　年），〈建置之紀第二・議水寨不宜移入廈門〉，頁7-8。而類似的情形，亦發生
　在南日水寨，該寨係由南日島，遷入對岸的吉了。請參見顧亭林，《天下郡國利
　病書》（臺北市：臺灣商務印書館，1976年），原編第26冊，〈福建・水兵〉，頁

的海防佈署思維，跟著被破壞掉。因為，內遷的水寨會造成外海聲息不通，水師官兵苟安內港，倭、盜突犯官軍馳援不及……等一連串的後遺症，[37] 不僅如此，亦導致了日後倭、盜乘機進據浯嶼，並以此為巢穴，再四出劫掠的嚴重後果。[38]

　　同時，亦因明政府對邊海的控制力逐漸地減弱，海上走私貿易遂愈加地猖獗起來，此事起因在於海禁政策讓走私有利可圖，沿海地方勢豪大族私置違法的通海大船，部分民眾為謀求生計亦附和之，私自武裝出海貿易，形成了海上武裝走私集團。此際，倭人和葡萄牙人亦加入走私買賣的行列，前來中國沿海活動。有關此，嘉靖二十六年（1547）時，浙江兼管福建海道副都御史朱紈便曾在奏疏中（參見附圖六：朱紈像，引自《甓餘雜集》。），[39] 痛陳地方勢豪和百姓小民違法走私的情形，以及私販勾結倭人、葡萄牙人走私猖獗的景況。內容如下：

55。

[37] 有關此，請參見何孟興，《浯嶼水寨：一個明代閩海水師重鎮的觀察（修訂版）》，頁 229-230。

[38] 有關此，請參見何孟興，〈明嘉靖年間閩海賊巢浯嶼島〉，《興大人文學報》，第 32 期（2002 年 6 月），頁 792-802。

[39] 朱紈，字子純，長洲人，正德十六年進士，除景州知州，調開州。嘉靖初年，遷南京刑部員外郎，歷四川兵備副使、廣東左布政使，二十五年擢為右副都御史巡撫南贛，明年七月，改調提督浙、閩海防軍務，巡撫浙江兼福建海道。紈至，嚴禁泛海通番，勾連主藏之徒，凡雙檣餘艘一切毀之。及紈入漳州平同安山寇，以忌者陰中嗾，御史周亮、給事中葉鏜奏請由巡撫改為巡視。二十八年三月，葡萄牙人行劫至詔安，紈擊擒私販李光頭等九十六人，復以便宜戮之。紈具狀聞，語復侵諸勢家，御史陳九德遂劾其擅殺，落紈職，命兵科都給事杜汝禎按問。紈聞之，竟憂恐，仰藥自殺。

臣[即朱紈]自贛州交代，行據福建都（指揮）、按（察）
二司、署都指揮僉事等官路正等會議呈稱：「今日通番接
濟[指與外人走私貿易]之姦豪[指地方勢豪大族]，在溫州
尚少，在漳、泉為多。……」等因到臣。……賊船、番
船則兵利甲堅，乘虛馭風，如擁鐵船而來；土著之民[指
百姓小民]公然放船出海，名為「接濟」，內外合為一
家，……。如今年正月內賊虜浯洲[即金門]良家之女，
聲言成親，就於十里外高搭戲臺，公然宴樂；又（同年）
八月內佛狼機夷[即葡萄牙人]通艘深入，發貨將盡，就
將船二隻起水於斷嶼洲公然修理，此賊、此夷目中豈復
知有官府耶！夷、賊不足怪也，又如同安縣養親進士許
福先被海賊虜去一妹，因與聯婣往來，家遂大富。……
夫所謂鄉官者，一鄉之望也；乃今肆志狼籍如此，目中
亦豈知有官府耶！[40]

不僅如此，之後，更因部分不肖的走私者（即私販）勾結倭人，
由海商變成海盜，劫掠沿海百姓財貨，終於演成了嘉靖中晚期
嚴重的倭寇之亂，荼毒東南沿海十數年。至於，前述因墟地徙
民而失聯、並漸為人所淡忘的澎湖，此時，已成為倭人、海盜
乘風進犯內地的跳板，以及海上剽掠船、貨的巢窟。例如嘉靖
三十二年（1553）時，「海寇窟穴澎湖，時出剽掠，大為民害」，

---

[40] 朱紈，〈閱視海防事〉，收入臺灣銀行經濟研究室編，《明經世文編選錄》（臺北
市：臺灣銀行，1971年），頁18-19。

[41]泉州知府童漢臣便曾訪查官民中有智勇者，[42]授以方略計謀，令其率軍前去埋伏，待海盜出現時，伺機攻勦之，擒獲賊寇若干人，之後，童又欲徵調大軍往赴澎湖壓制海寇的氣焰，海寇聞此消息，便喪膽遁逃而去。

因為，澎湖不僅是「（地）近琉球、呂宋諸番，（亦是）東倭（船隻）往來必停泊取水」之處，[43]同時又是北風盛發時，倭人南犯福建的前哨站，胡宗憲《籌海圖編》卷二〈倭國事畧〉中，便明白指出，倭人進犯福建的時間和地點（附圖七：明代史料－胡宗憲《籌海圖編》內頁書影，筆者攝。）：

> 日本即古倭奴國也，去中土甚遠，隔大海，依山島為國邑。……若其入寇，則隨風所之。東北風猛，則由（日本）薩摩（州）或由五島[位在平戶之西]至大、小琉球[大琉球即今日琉球，小琉球即今日臺灣]；而視風之變遷，北多則犯廣東，東多則犯福建【（若欲入犯時，倭船便在）彭湖島分綜，或之泉州（府）等處，或之（福州府之）梅花（守禦千戶）所、長樂縣等處。】。[44]

---

41 懷蔭布，《泉州府誌》，卷30，〈名宦二・明・泉州知府〉，頁18。

42 童漢臣，字南衡，浙江錢塘人，嘉靖十四年進士，三十二年任泉州知府，前後約計三年，嘉靖三十五年由熊汝達接任之。

43 臺灣銀行經濟研究室編，《漳州府志選錄》（南投市：臺灣省文獻委員會，1993年），頁4。

44 胡宗憲，《籌海圖編》，卷2，〈倭國事畧〉，頁31-34。文中的「綜」，係指船隻集結成隊之意。

上文提及，倭人乘北風南犯福建的路線，先以澎湖做為船隊集結的處所，之後，再由此分路進攻泉州等地，以及福州省城周邊要地的長樂、梅花等處（附圖八：《籌海圖編》倭人乘風由澎湖進犯福建路線示意圖，筆者製。），由此可知，最遲在嘉靖中晚期以前，明人已經知道，澎湖是倭寇進犯福建的重要關鍵處所。

嘉靖倭亂平定後，福建巡撫譚綸、總兵戚繼光等人因見浯嶼水寨遷入廈門後，[45]衍生倭、盜巢據浯嶼的問題，遂建議將該寨遷回原創舊址的浯嶼，另外，金門人的洪受亦建議將浯寨由廈門改遷至金門的料羅。[46]然而，譚、洪等人議遷浯寨的建議皆未遭採用，加上，該寨又僻處內港的廈門，難以偵知外海動態的缺失情形下，明政府為彌補此一海防的漏洞，便抽調泉州的浯寨以及漳州的銅山水寨中部分的水軍，於春、冬汛期前往泉、漳外海巡防，此時的澎湖海域亦是其一。此一景況，約始於嘉靖末年，經過隆慶（1567-1572）年間，再到萬曆初期，

---

[45] 譚綸，江西宜黃人，嘉靖二十三年進士，原職為福建布政司右參政兼按察司副使，陞為右僉都御史巡撫福建，四十二至四十三年任。譚，雖文人出身，但對軍事兵防甚有研究，閩撫任內還曾親上戰場與倭寇作戰，且又知人善任，勤倭名將戚繼光、俞大猷等人，皆出自其保薦。戚繼光，字元敬，號南塘，山東登州衛人，世襲登州衛指揮僉事，嘉靖中嗣職，嘗署都指揮僉事，備倭山東。之後，歷任浙江參將、福建副總兵、福建總兵、神機營副將、廣東總兵……等要職，撰有《紀效新書》、《練兵紀實》等書，係嘉靖年間抵禦倭寇的名將。

[46] 洪受，字鳳鳴，金門西洪人，嘉靖四十四年以歲貢歷國子監助教，後轉慶州通判，卒於官。撰有《滄海紀遺》，該書實為金門有方志之始。

情況改變並不大，就其型態而言，此時寨、遊兵船汛防澎湖僅係屬臨時調派、特定任務編組的性質，亦即「任務型」的兵力派遣而已。亦因如此，便有人認為，明政府派水軍春、冬遠汛澎湖，雖係遠謀卻為過計之舉，且流於形式化，不如將遠汛澎湖的兵船改為防守金門，來得較為實際妥當些！[47]

（三）前線澎湖

雖然，孤處大海之中的澎湖，是倭盜乘風進犯內地的跳板，但因明政府考慮到該島有許多不易克服的因素，[48]故遲遲未能在此處佈署固定員額的兵力，僅有任務編組的兵力派遣而已。為此，萬曆前期章潢編纂的《圖書編》內文中，還曾為此焦慮言道：

> 海中有三山，彭湖其一也，山界海洋之外，突兀迂迴，居然天險，實與南澳、海壇並峙為三，島夷[指倭人]所必窺也。往林鳳、何遷輝跳梁海上，潛伏于此。比倭夷入寇亦往往藉為水國焉，險要可知矣。今南海[疑誤，當

---

[47] 有關此，請參見洪受，《滄海紀遺》，〈詞翰之紀第九·建中軍鎮料羅以勵寨遊議〉，頁77-78。

[48] 有關明政府考量澎湖有許多難以克服的因素，故未在此佈署固定兵力的源由，本文會在下面「三、澎湖兵防變遷的特徵（二）、澎湖佈防遲延挫折的原因」的章節中做一說明。

「澳」字]有重帥，海壇有遊兵，獨委此海賊，豈計之得乎？[49]

因為，明代海上三山中的海壇和南澳二島皆已佈署固定的兵力。其中，位在閩、粵交界的南澳，在萬曆四年（1576）增設副總兵鎮守該地；[50]而福州的海壇，則早在隆慶四年（1570）即設有遊兵，[51]卻僅有澎湖無固定的防守兵力，「獨委此海賊，豈計之得乎？」然而，時局卻在萬曆二十年（1592）時發生了重大的變化，終於，讓澎湖佈防型態有了根本上的改變，開始擁有自身固定的武力！

萬曆二十年（1592）四月，日本大舉進兵侵犯朝鮮，六月明政府派軍前往馳援，於是爆發了中日朝鮮之役。明政府為恐倭軍採聲東擊西之計，[52]由海路襲攻東南諸省，[53]因之，閩海局

49　章潢，《圖書編》，卷57，〈海防‧福建事宜〉，頁21-22。文中的「南海有重帥」，係指萬曆初年增置的南澳副總兵。

50　南澳副總兵，一名漳潮副總兵，至於，設立之原因如下：「南灣者，在閩、廣交（界），鳳凰逼藪，（海盜）吳平、許朝光巢於山，（海盜）曾一本、林道乾游魂於海，至合（閩、廣）兩省會勦，始平。迨議善後，題設副總兵官，協守漳（州）、潮（州），拓地叛鎮，無事則玉斧彈壓，有事則金鉦窮追，兼制（閩、廣）兩省，秩亞驃姚，此將帥始末之大較也」。見袁業泗等撰，《漳州府志》（臺北市：漢學研究中心，明崇禎元年刊本），卷之15，〈兵防志‧兵防考〉，頁5。

51　有關海壇遊兵的創建及其變遷經過，請參見何孟興，〈海壇遊兵：一個明代閩海水師基地遷徙的觀察〉，《興大歷史學報》第19期（2007年11月），頁279-302。

52　有關倭人假藉侵略朝鮮襲犯中國的傳言，相關內容如下：「萬曆十九年五月，福建長樂縣民與琉球夷人，偕來赴（福建）巡撫趙公參魯臺報云，倭首闗白者名平秀吉[即豐臣秀吉]驍勇多謀，數年以來已併海中六十餘島，今已調兵刻期，約

勢亦隨緊張起來。由於，中、日雙方在朝鮮衝突未解，情勢持續地混沌不明，為此，明政府不僅大修武備以應可能之變局，連先前被擱置的澎湖置兵議題，亦重新被搬上檯面來進行討論。二十三年（1595）時，閩撫許孚遠便曾奏請，開放沿海邊民前往明初遭墟地徙民的澎湖、海壇、南日……等島嶼進行墾殖，並由官府丈田徵銀，且耕且守，實民屯兵，以抗進犯的敵

明年併朝鮮，及遼東等情，聲勢甚猛。時，巡撫與各守臣尚在疑信之間，及巡撫再訊夷人，責之曰：『汝琉球已愆貢期二載，故以此抵塞而哃喝我乎？』訊縣民云：『汝往海勾引，故以此互為奸乎？』易夷人與縣民俱執對如初詞，然而巡撫在閩，悉心鎮守，威惠兼施，猶恐其聲東而寇西也，于是戒飭水、陸二兵，各時訓練，嚴部伍，簡將校，繕城堡，且召福清致仕忩將秦經國等至省會，其議防守戰攻之策，諸凡兵政確有廟算矣。見鄭大郁，《經國雄略》（北京市：商務印書館，2003 年），〈四夷攷‧卷之二‧日本〉，頁 35-36。附帶說明的是，本文發表於《硓𥑮石：澎湖縣政府文化局季刊》第 72 期時，並無此條註釋，今特別補入上述之史料，以供讀者參考。

53 有關此一傳言，早在中日朝鮮之役爆發前即有之。例如萬曆十九年十二月，新任閩撫張汝濟，不僅由中央兵部得悉，朝鮮國王轉告日本將於明年三月進犯大明的訊息；又於二十年二月時，從日本逃回的商人朱均望處聽到倭人欲大舉入寇的消息，而提供情報的許儀後等人並建議「倭奴之心不常，或分道而進亦未可知，自兩京、山東、浙江、福建、廣東一帶海邊，皆宜日夜練兵、多出戰船以防之，方為萬全，又當嚴禁接濟之禍齎盜粮也，海邊之民藉寇兵也」（見侯繼高，《全浙兵制附日本風土記》（山東省：齊魯書社，1995 年），第二卷，〈附錄：近報倭警〉，頁 182。），更令明政府的神經愈加地繃緊。為此，張汝濟便和總兵、巡海道以及分守、巡道等文武官員，針對將領選拔、軍兵選練、兵船數額和火器質量……等與防務密切相關的問題，逐一地計議以應變局。請參見何孟興，〈兩難的抉擇：看明萬曆中期澎湖遊兵的設立（上）〉，《硓𥑮石：澎湖縣政府文化局季刊》第 57 期（2009 年 12 月），頁 79。

倭，[54]其內容如下：

> 閩之彭湖、海壇、南日、嵛山等處皆是也，諸山在前代
> 多為沿海軍民率聚其間，至 國初人煙村落頗盛，當時武
> 臣建議，慮為盜藪，撤還內地，今諸山所遺民居故址，
> 磚石坊井之類往往有之……。臣[即閩撫許孚遠]……及
> 查彭湖屬（泉州）晉江（縣）地面，遙峙海中，為東、
> 西二洋暹羅、呂宋、琉球、日本必經之地。……若於此
> 設將屯兵、築城置營，且耕且守；據海洋之要害，斷諸
> 夷之往來，則尤為長駕遠馭之策。但彭湖去內地稍遠，
> 見無民居，未易輕議；須待海壇經理已有成效，然後次
> 第查議而行之。[55]

因為，澎湖若能築城置營，屯兵耕守，不僅可「據海洋之要害，
斷諸夷之往來」，來犯的倭人便難在此休息、取汲、藏匿或在此
分綜，對內地可多一層的保障，而且，可以藉由澎湖駐軍先於
入犯途中堵截，殲敵於海上，不使其登陸，達成「禦倭當于海，
毋于陸，海而擊之以逸待勞」的戰略目標。[56]然而，此一構想，

---

54 請參見許孚遠，《敬和堂集》，〈疏卷‧議處海壇疏〉，〈疏卷〉，頁 50–60。

55 許孚遠，《敬和堂集》，〈疏卷‧議處海壇疏〉，〈疏卷〉，頁 57-59。

56 文中「禦倭當于海，……」的語句，係水師名將秦經國所言。萬曆二十年中日
朝鮮之役爆發，沿海情勢隨之緊張，為此，閩撫趙參魯問策於前福建南路參將
秦經國，其建議如下：「禦倭當于海，毋于陸，海而擊之以逸待勞，以大舟衝（犁）
小舟，我得便利；陸則跳盪雄行，彼之長技得逞，未易制也」（見葉向高，《蒼
霞草全集‧蒼霞續草》（揚州市：江蘇廣陵古籍刻印社，1994 年），卷之 15，〈秦

卻又因「彭湖去內地稍遠，見無民居，未易輕議」的理由而胎死腹中。

萬曆二十四年（1596）時，福建巡撫金學曾恐倭人由海上突襲福建，[57]遂派人往赴轄境內信地，規劃海防措致，以應可能之變化。[58]次年（1597）正月，倭軍大舉再犯朝鮮，情勢再度地緊張起來；七月時，閩撫金因恐倭人佔據澎湖，做為進犯內地的路徑跳板，遂上疏奏請中央，由福建南路參將派遣轄下的遊擊部隊，[59]於春、冬汛期時前往戍守之，並得到中央兵部的同意，此亦是明政府設立澎湖遊兵的由來。有關此，《明實錄》便曾載道：

將軍傳〉，頁 31。）。秦，字嘉猷，別號東望，福州鎮東衛人。其人器識沉毅、有遠略，嘗破匪寇張璉，擒勦海盜林鳳、曾一本，消滅劉貫，大著戰功。「人謂東南水戰者，無踰（秦）經國。經國行海道中，自浙至粵數千里無不知其曲折，舟行，臥聽水聲曰：『此某地某地』。不肯一錢入於馬門，是以不至大帥。（秦）嘗言：『岳武穆"武臣不惜死"五字，勝《孫子》十三篇也』。」。見何喬遠，《閩書》（福州市：福建人民出版社，1994 年），卷之 67，〈武軍志·鎮東衛·指揮同知·秦瑛〉，頁 1995。

57 金學曾，字子魯，浙江錢塘人，隆慶二年進士，原職為湖廣按察使，以右僉都御史巡撫福建，萬曆二十三至二十八年任。

58 請參見顧亭林，《天下郡國利病書》，原編第 26 冊，〈福建·水兵〉，頁 56。

59 南路參將，泉、漳沿海首要的軍事指揮官，負責統轄該處的水、陸官兵，而該職源自於嘉靖倭寇之亂時。嘉靖二十八年，閩省先於在總兵底下增置參將一員，到三十五年時將改而分增為水、陸二路；三十八年時，又再改水、陸二路為北、中、南三路，各置有參將或守備一人。

（萬曆二十五年七月）乙巳，福建巡按[誤字，應「撫」]
金學曾條上〈防海四事〉。一、守要害；謂「倭（人）自
浙犯閩，必自陳錢、南麂分綜。臺、礵二山乃（閩海）
門戶重地，已令北路參將統舟師守之。惟彭湖去泉州程
僅一日，綿亙延裹，恐為倭據，議以南路遊擊汛期往
守。」……。（兵）部覆，允行。[60]

上文提及的「惟彭湖去泉州程僅一日，綿亙延裹，恐為倭據」，
亦即金會做此重大的決定，設立澎湖遊兵的原因，主要是考慮
內地的安全。因為，倭人若以澎湖為跳板，進犯泉州僅需一日
行程，危害甚為鉅大。另外，明人何喬遠《閩書》卷之四十〈扦
圉志〉中，亦言道：

萬曆壬辰[即二十年]，朝鮮告變，倭且南侵。議者謂不
宜坐棄彭湖，因設兵往戍之。[61]

由上可知，「恐為倭據」、「不宜坐棄」則是澎湖置兵戍防的重要
原因。因為，澎湖在倭人進犯內地路徑上，明政府若在此置兵
戍防，等於搶得先機，除可阻撓倭人在此休息、取汲、藏匿或
分綜外，並能掌握此一海域的主控權，在爭戰中取得較大的勝
算籌碼。換言之，明政府先前因澎湖的地理位置、自然環境等

60　臺灣銀行經濟研究室編，《明實錄閩海關係史料》（南投市：臺灣省文獻委員會，
　　1997年），〈神宗實錄〉，萬曆二十五年七月乙巳條，頁89。

61　何喬遠，《閩書》，卷之40，〈扦圉志〉，頁989。

問題而遲未能在此置兵，但因朝鮮局勢的惡化，閩海情況緊繃的刺激下，遂被迫排除一切的困難派兵汛守。因為，此舉不僅可將福建海防的最前線拉到海中的澎湖，延長內地偵敵、接戰所需因應的空間和時間，增加克敵致勝的機率，並且，汛守澎湖的兵船，亦可在此以逸待勞，先行堵截遠來疲憊的倭人，不令其有喘息機會就將其殲滅海中，不使其有聚艅整備、窺犯內地的機會。

上述萬曆二十五年（1597）冬天，明政府成立的澎湖遊兵，設有指揮官名色把總一人，歸南路參將所管轄，擁有官軍八百餘人，冬、鳥二型兵船共二十艘。次年（1598）春天，明政府認為澎湖孤島寡援，上述的兵力似乎不足以因應倭、盜大舉之進襲，決定再增加一倍的兵力，[62]總共「鎮以（左、右）二遊（兵把總），列以（兵船）四十艘，屯以（一）千六百餘兵」；[63]

---

[62] 以上的內容，請參見顧亭林，《天下郡國利病書》，原編第 26 冊，〈福建・彭湖遊兵〉，頁 113-114。

[63] 黃承玄，〈條議海防事宜疏〉，收入臺灣銀行經濟研究室編，《明經世文編選錄》，頁 205。有關澎湖遊兵及其船艦的來源，根據筆者推估，主要來自於三方面：一、直接調派自原先直屬於南部參將標下直屬的中軍遊兵，並以此支部隊做為澎湖遊兵的主要骨幹。二、部分的數額，疑應來自於萬曆二十五年閩撫金學曾奏准新增募、造的兵、船。三、部分的兵源，則應是抽調自附近的浯嶼水寨。因為，嘉靖四十三年時浯寨有新募水軍二，二〇〇人，但至萬曆四十年時，寨軍卻僅剩一，〇七〇人，約僅有前者二分之一。為何招募的浯寨兵丁，在相距不到五十年的時間，人數卻減少了一半？其短少的額數，主要應是被抽調至泉州海域新設的浯銅、澎湖遊兵之中。至於，明政府為何不完全以招募的新軍充任澎湖遊兵，其原因可能和經費困難有關。請詳見何孟興，〈被動的應對：萬曆年間明政府處理澎湖兵防問題之探討（1597-1616 年）〉，《硓𥑮石：澎湖縣政府文化局季刊》

不僅如此，明政府還又要求福建沿海六處的水寨和遊兵－－海壇遊兵、南日水寨、浯嶼水寨、浯銅遊兵、銅山水寨和南澳遊兵，各抽調一名哨官，於春、冬二汛時自領兵船三艘，共六寨遊、十八艘兵船遠哨澎湖，[64]亦即「（萬曆）戊戌[即萬曆二十六年]春防設左、右二（把）總[指澎湖遊兵]，合兵船四十隻，益以各（水）寨、游（兵）遠哨兵船一十八隻，共計兵士三千餘名」，[65]來壯大澎湖汛防兵力的聲勢，以備可能南犯的倭軍，用以鞏固海上藩籬。但是，同年（1598）朝鮮情勢又產生重大的轉折，該年八月日本關白豐臣秀吉病歿，之後，毛利輝元、德川家康等人決議撤兵，十二月倭軍陸續地撤離了朝鮮，[66]因此，閩海的局勢亦跟著鬆緩了下來。

前已提及，明政府雖知澎湖戰略地位的重要性，但又考慮現實因素而遲未在此佈署固定的兵力，直至中日朝鮮役發、閩海情勢緊張的壓力下，才被迫佈署了澎湖遊兵，此一舉措，可視為是明政府一時、被動的應急作為而已。因為，倭軍撤離了朝鮮後，明政府的壓力解除，先前所做的海防措舉例如嚴接濟之禁、調客兵以增防、增加戰船和水兵的數額……等亦隨之廢

第 61 期（2010 年 12 月），頁 64-65。

[64] 請參見顧亭林，《天下郡國利病書》，原編第 26 冊，〈福建・彭湖遊兵〉，頁 114。

[65] 曹學佺，《石倉全集・湘西紀行》（臺北市：漢學資料研究中心，景照明刊本），下卷，〈海防〉，頁 29。

[66] 以上的內容，請參見鄭樑生，《明代中日關係研究》（臺北市：文史哲出版社，1985 年），頁 638。

弛下來，[67]而此時的澎湖遊兵，亦跟著走上裁軍的道路，「裁去
一遊，而海壇（遊兵）、南日（水寨）、南澳（遊兵）三處遠哨
船，漸各停發」。[68]亦即澎湖遊兵裁去半數以上的兵力，僅剩下
一支八〇〇餘人和船二十艘，以及前來支援的浯嶼、浯銅、銅
山三寨遊的六艘船而已。至萬曆二十九年（1601）時，澎湖遊
兵更僅裁至剩下約五〇〇人而已，「實領船十三隻，而（協守）
寨、遊遠哨者無當實用」。[69]雖然，澎湖裁軍可以減輕明政府的
財政負擔，同時，亦讓部分官兵減輕壓力，毋須遠赴澎湖汛防，
然而，此舉卻對澎湖防務產生負面的影響，大大地減弱該地的
防衛力量。同時，亦因澎湖兵力的不足，萬曆三十年（1602）
明軍往赴東番（即今日臺灣）勦除盤據於此的倭寇，以及三十
二年（1604）勸說荷蘭人離開澎湖的任務，明政府被迫捨近求
遠，改徵調負責泉州沿海防務的浯嶼水寨，由其指揮官沈有容
負責執行上述二事，即可知之。另外，值得注意的是，裁員嚴
重的澎湖遊兵，春、冬汛防澎湖的措施僅近於形式而已，[70]且

67　有關福建當局因應倭人可能入犯的海防措舉，請詳見何孟興，〈兩難的抉擇：看
　　明萬曆中期澎湖遊兵的設立（上）〉，《硓𥑮石：澎湖縣政府文化局季刊》第 57
　　期（2009 年 12 月），頁 104-107。

68　顧亭林，《天下郡國利病書》，原編第 26 冊，〈福建‧彭湖遊兵〉，頁 113-114。

69　王在晉，《蘭江集》（北京市：北京出版社，2005 年），卷 19，〈上撫臺省吾金公
　　揭十三首（其九）〉，頁 14。文中的「寨、遊遠哨者」，係指浯銅遊兵，以及浯嶼、
　　銅山二水寨。

70　茲舉沈有容東番勦倭一事為例，沈在其自傳稿〈仗劍錄〉中，曾回憶道：「（萬
　　曆三十年）九月初二日，賊由浙（江）回（福州）萬安所，攻城焚船，掠（福
　　州）草嶼耕種之民，泊（興化）西寨十日。容[指沈有容]整船（泉州）崇武以俟，

對鄰岸的臺灣無法發揮鎮懾的作用。另外，由明軍東番勦倭一事，可以發現到，此時臺灣海域的倭、盜活動，已直接地牽動到沿海島岸的安危，[71]而且，名為「東番」的臺灣，亦開始為當時的人所知悉。[72]

萬曆三十七年（1609）春天，東亞的情勢又起了變化，日本九州薩摩的島津義久南侵琉球中山國，國王尚寧被俘入日；[73]尚寧曾遣人赴閩，咨報明政府倭人侵犯琉球情事，並轉告倭軍

賊聞知，由（興化）烏邱出彭湖，復往東番。容遣漁民郭廷偵之。十二月十一日統舟師二十四艘往勦」（請參見姚永森，〈明季保臺英雄沈有容及新發現的《洪林沈氏宗譜》〉，《臺灣研究集刊》1986 年第 4 期，頁 88。）。由上知，倭寇敢在萬曆三十年九、十月間，流竄至澎湖旁側的臺灣盤據為巢，並四出打劫沿海商、漁船隻，而此際正是鄰岸澎湖遊兵的冬汛時節，倭寇竟然視該地汛兵為無物，即可知之。

[71] 有關此，如明人屠隆所稱：「東番者，彭湖外洋海島中夷也。……華人商、漁者，時往與之貿易。頃，倭奴來據其要害，四出剽掠，飽所欲則還歸巢穴，張樂舉宴為驩；東番莫敢誰何，滅迹銷聲避之。海上諸汛地，東連越絕，南望交、廣，處處以殺掠聞」。見屠隆，〈平東番記〉，收入沈有容輯，《閩海贈言》，卷之 2，頁 21。

[72] 有關此，可由當時人的陳學伊所言：「假令不有沈將軍[即沈有容]今日之巨功[指東番勦倭一事]，吾泉（州）人猶未知有所謂『東番』也。國家承平二百餘年矣，東番之入紀載也，方自今始，不可謂不奇。」（見陳學伊，〈題東番記後〉，收入沈有容輯，《閩海贈言》，卷之 2，頁 28。）得到些許的證明。

[73] 萬曆三十七年春天，日軍攻陷琉球，中山王尚寧和其他百官被擄赴鹿兒島，即日琉史上所謂的「慶長之役」，時為日本的慶長十四年。兩年後，尚寧於簽署降書後獲釋歸國復職，自此之後，琉球在表面上仍為中國藩屬，暗中實受日本薩摩藩所挾持，成為倭人的附庸，時間長達近三百年，直至清末正式亡於日本為止。見楊仲揆，《琉球古今談－兼論釣魚臺問題》（臺北市：臺灣商務印書館，1990 年），頁 25。

有南下入犯雞籠(即今日臺灣基隆)及福建沿海的企圖。[74]而
且,就在同一年(1609),幕府德川家康亦命令有馬晴信,派兵
前來高山國(Takasagun,即臺灣)招諭原住民,調查當地的地
理及土產,並選擇中、日商人合適互市的地點,[75]並促成中日
商人於此進行貿易。[76]面對此一新的局勢變化,明政府被迫不
得不面對因應之。次年(1610),福建巡撫陳子貞遂上奏〈防海
要務疏〉和〈海防條議七事〉,[77]來大力整飭沿海武備以應變局。
其中,引人注目的是,此時澎湖旁側的雞籠、淡水(今日臺灣

---

[74] 請參見尚寧,〈咨為急報倭亂致緩貢期事〉,引自徐玉虎,〈明神宗時代與琉球王
國關係之研究〉,《國立政治大學歷史學報》,第 2 期(1984 年 3 月),頁 57。

[75] 請參見岩生成一,〈十七世紀日本人之臺灣侵略行動〉,臺灣銀行季刊第 10 卷第
1 期(1958 年 9 月),頁 169。

[76] 有馬晴信家族所流傳的文獻中亦載稱,有馬晴信曾要求部下偵查臺灣的港灣與
物產,製作地圖,招諭當地原住民,並促成中日商人於此進行貿易。引自陳宗
仁,《雞籠山與淡水洋:東亞海域與台灣早期研究(1400-1700)》(臺北市:聯
經出版事業股份有限公司,2005 年),頁 155。

[77] 陳子貞,江西南昌人,萬曆八年進士,二十一年曾任福建巡按監察御史,任內
頗具聲譽。三十七年時,陳擔任福建巡撫一職,三十九年五月自陳乞罷,上命
其照舊供職。後,卒於官。至於,閩撫陳子貞上疏的內容,由《明實錄》記載
中得知,〈防海要務疏〉的內容主要有六,即精練水兵習海技術、禁止兵丁虛冒
名額、精修戰艦以利備戰、火器精堅官兵慣習、嚴督操練固守城池和鎮選將領
以利委任。請參見李國祥、楊昶主編,《福建明實錄類纂(福建臺灣卷)》(武漢
市:武漢出版社,1993 年),萬曆三十八年七月癸亥條,頁 544。至於,〈海防
條議七事〉的部分,它的內容主要有「重(巡)海道事權,以資彈壓」、「省汰
除汛兵,以熟操駕」、「核虛冒名糧,以定凤弊」、「清侵占屯田,以復舊制」、「禁
往倭大船,以絕勾引」和「公出海利澤,以安內地」等項,請參見李國祥、楊
昶,《福建明實錄類纂(福建臺灣卷)》,萬曆三十八年十月丙戌條,頁 545-546。
附帶說明的是,原書條下註稱:「原文只列六事而非七事」。

淡水），已被明政府視為福建海上的門戶。因為，閩撫陳此時曾在奏疏中，語及道：

> 況今琉球告急，屬國為俘[即琉球國王被俘入日]，而沿海姦民揚帆無忌，萬一倭奴竊據（琉球），窺及雞籠、淡水，此輩或從而勾引之，門庭之寇可不為大憂乎！[78]

類似的見解，亦曾出現在萬曆三十五年（1607）閩撫徐學聚的奏疏中。[79]而此處甚值得留意的是，此際明政府已超越萬曆二十三年（1595）閩撫許孚遠對防倭戰略地位的認識——「彭湖遙峙海中，為諸夷必經之地」，[80]將其海上防線的視野，由澎湖再往外擴展到今日的臺灣，並進一步地認為，雞籠、淡水二地是閩海的門庭，亦攸關福建海防安全甚鉅！不僅，明人有上述的見解，連琉球中山王尚寧亦有類似看法，而曾言道：「卑職[即中山王尚寧]看其雞籠，雖是萍島野夷，其咽喉毗連閩海居地。藉若雞籠殃虐，則（福建）省之濱海居民，焉能安堵，故而不

---

78 顧亭林，《天下郡國利病書》，原編第二十六冊，〈福建·洋稅考〉，頁104。

79 其文如下：「自案[即福建稅監高案]壞海禁[指欲准荷人澎湖通市一事]，而諸夷益輕中國；以故呂宋戕殺我二萬餘人，日本聲言襲雞籠、淡水，門庭騷動，皆案之為也」，見臺灣銀行經濟研究室編，《明實錄閩海關係史料》，〈神宗實錄〉，萬曆三十五年十一月戊午條，頁101。徐學聚，浙江蘭谿人，萬曆十一進士，原職為福建左布政使，以右僉都御史巡撫福建，三十二至三十五年任。三十五年時，徐遭南京給事中、監察御史等官糾劾冒濫京堂，奉命回籍聽用。

80 臺灣銀行經濟研究室編，《明實錄閩海關係史料》，〈神宗實錄〉，萬曆二十三年四月丁卯條，頁89。

為之驚懼耶！」[81]由上可知，雞、淡二地至遲在萬曆三十五（1607）年時，已清楚地浮現在明政府的海防視界範圍上；而且，吾人若從另一角度來看，倭人窺伺臺灣的舉動，讓明政府被迫不得不去留意，此一比澎湖更遙遠的海島之動態，因為，它已經直接地牽動到閩地沿岸百姓的安危，同時，亦讓其海防最前哨的澎湖，增添更大的兵防壓力。

萬曆三十九年（1611）十月，中山王尚寧由日本返國，琉球的情勢雖漸緩和下來，次年（1612）正月，尚寧要求欲遣使赴明修貢，[82]但明政府對琉球的動向起了疑心，尤其是，對在背後控制它的日本不敢掉以輕心，[83]中央的兵部甚至認為，日本可能假借琉球通貢窺犯中國，遂於該年（1612）十二月通令南直隸、浙江、福建邊海各軍，嚴格執行明年（1613）三月的

81　尚寧，〈咨為急報倭亂致緩貢期事〉，引自徐玉虎，〈明神宗時代與琉球王國關係之研究〉，《國立政治大學歷史學報》，第 2 期（1984 年 3 月），頁 57。

82　請參見尚寧，〈咨為琉球中山王尚為開讀進貢謝恩等事〉，引自徐玉虎，〈明神宗時代與琉球王國關係之研究〉，《國立政治大學歷史學報》，第 2 期，1984 年 3 月，頁 62。根據研究，萬曆三十七年日、琉慶長之役後，琉球已成薩摩藩的附庸，薩藩之所以不吞併琉球，而令其繼續向明政府稱臣進貢，主要是其貪圖中琉封貢關係所附帶的經濟利益。請參見楊仲揆，《琉球古今談－兼論釣魚臺問題》，頁 56。

83　例如時任閩撫的丁繼嗣便認為，「琉球列在藩屬固已有年，但邇來奄奄不振，被繫日本；即令縱歸，其不足為國，明矣。況在人股掌之上，寧保無陰陽其間」。見臺灣銀行經濟研究室編，《明實錄閩海關係史料》，〈神宗實錄〉，萬曆四十年七月己亥條，頁 106-107。丁，浙江鄞縣人，萬曆三十一進士，曾任福建左布政使，以右副都御史巡撫福建，三十九至四十一年任。

春汛工作。[84]四十一年（1613）二月，兵部並同意閩撫丁繼嗣
議奏的〈陳防海七事〉，對閩海防務做全面性的補強工作。[85]亦
因為，雞籠、淡水攸關閩省沿岸安危甚大，倭人假若進兵於此，
旁側的澎湖必然首當其衝，而兵力寡少的澎湖遊兵勢必難以招
架，筆者遂推估認為，[86]明政府應於日侵琉球前後再度增兵澎
湖，藉以鞏固前線，因應可能之變局。因為，萬曆四十年（1612）
泉州知府陽思謙纂修的《泉州府志》，[87]書中澎湖遊兵的額數已
達八百五十人和兵船二十隻，[88]較先前萬曆二十九年（1601）

84　請參見臺灣銀行經濟研究室編，《明實錄閩海關係史料》，〈神宗實錄〉，萬曆四
　　十年十二月壬子條，頁112。

85　閩撫丁繼嗣議奏的〈陳防海七事〉，主要的內容項目包括有：擇用慣海水將，人
　　地相宜久任責成；預先督造戰艦，春、冬兩汛輪流兌用；調防要區松山，嚴守
　　由浙入閩門戶；移防險塞劉澳，興化海上門庭益固；（漳州）海澄改設浙兵，兵
　　分水、陸以扼島夷[指倭人]；團造火藥、器械，必求精緻以圖實用；各縣建復土
　　堡，無事儲蓄有警藏避。請參見臺灣銀行經濟研究室編，《明實錄閩海關係史
　　料》，〈神宗實錄〉，萬曆四十一年二月丁未條，頁112-113。上文中的「松山」，
　　地在福建北部福寧州岸邊，係烽火門水寨內邊之地；至於，劉澳則位處興化府
　　境內海上，該地四山藩蔽，內港寬廣，適合泊船避風。萬曆時，興化府海防同
　　知汪懋功曾建議南日水寨兵船收泊於此。

86　因為，任何政府內部的軍事決策或計劃皆具高度的機密性，外人不易窺知其細
　　節和經過，而與其相關的文字記錄便已不多，且能流傳於後世更是稀少罕見，
　　加上，研究者本身蒐羅的能力亦有其限度，故面對此一問題時，僅能藉由所獲
　　的有限資料去拼湊和比對，盡力去還原昔日的場景，並針對有關的問題做一評
　　論和分析，此為兵防史研究工作者所面臨的共同難題。

87　陽思謙，新化人，萬曆十七年進士，史載其泉州知府任內，「撫綏振飭，易俗移
　　風，民懷其德」。請參見陳壽祺，《福建通志》，卷137，〈明宦績‧泉州府〉，頁9。

88　請參見陽思謙，《萬曆重修泉州府志》（臺北市：臺灣學生書局，1987年），卷
　　11，〈武衛志上‧水寨官、水寨軍兵和兵船〉，頁10。類似澎遊上述額數的記載，

兵五百人、船十三隻的情況，改善了不少。由上可知，明政府恐懼倭人佔據雞、淡二地，進而威脅內地的安全，是促使此次澎湖增兵的主要原因之一。

之後，因琉球的情勢漸趨地穩定，先前為因應倭軍可能南犯、戮力海防工作的明政府，此時亦跟著鬆懈了下來，到萬曆四十三年（1615）時，泉州海防同知萬廷謙即有「議留澎湖戍兵，量減其額」的主張，[89]而根據次年（1616）八月，閩撫黃承玄議請更動澎湖遊兵體制時，[90]疏文上所言的「彭湖（遊兵）原設十六船，鄰（近水）寨協守四船」來加以推測，[91]此次萬氏議減的澎遊兵力，極可能為四艘兵船及其船上的人員，但是，另又抽調鄰近水寨四艘兵船來協防澎湖以為彌補，故知此時的澎遊僅剩下十六艘的兵船。

（四）跨海協防

然而，先前琉球的情勢穩定後沒多久，萬曆四十四年（1616）

亦出現在次年，即萬曆四十一年由漳州知府袁業泗等撰修的《漳州府志》中，見該書，卷15,〈兵防志・彭湖遊兵〉，頁18-19。

[89] 請參見臺灣銀行經濟研究室編，《泉州府志選錄》（南投市：臺灣省文獻委員會，1993年），頁17。萬廷謙，字以牧，號百谷，江西南昌人，舉人出身，萬曆四十一年任泉州府同知一職。

[90] 黃承玄，浙江秀水人，萬曆十四年進士，原職為應天府尹，四十三年以右副都御史巡撫福建。四十五年，乞休，不允。後，以丁艱去職。撰有《盟鷗堂集》等書。

[91] 黃承玄，〈條議海防事宜疏〉，收入臺灣銀行經濟研究室編，《明經世文編選錄》，頁205。上文中的協守鄰近水寨，根據往例來看，以梧嶼、銅山二寨最有可能。

福建沿海的局勢，又因日本派軍南下臺灣而再度地緊張起來！
該年（1616）四月，長崎代官村山等安派遣其子村山秋安、部
屬明石道友率領士卒分乘十餘艘兵船，南航遠征臺灣，想藉此
獲得渡航南方的立足點，並以確保倭人和中國船在臺貿易的港
口。[92] 村山的日本船隊出發後，先在琉球遇到颶風被吹散，其
中，兩艘村山次安的船隻失去了聯絡，[93] 另外兩艘的明石道友
船隻，五月航行到福州外海的東湧（今日馬祖東引島），值遇前
來偵探倭情的董伯起，遂挾走董回到日本；其他的七艘船隻，
因航行速度落後，在進入中國水域後，五月初遭遇到浙江的兵
船，雙方爆發了海戰，[94] 之後，這些倭船亦於同年返回了日本。
[95] 但是，就在村山南犯臺灣的船隊出發前夕，明政府從琉球得
悉消息，六月福建巡撫黃承玄便上疏中央，認為臺灣是閩海的
咽喉門戶，假若倭人肆虐於此，福建濱海居民將無寧日。其文

---

[92]　請參見岩生成一，〈在臺灣的日本人〉，收入許賢瑤譯，《荷蘭時代臺灣史論文集》
（宜蘭縣：佛光人文社會學院，2001 年。），頁 150

[93]　因為，村山次安失聯而未知去向，同年，村山等安遂又派遣桃煙門率眾南下覓
尋次安的行蹤，但於隔年的五月，桃煙門卻在福州外海的東沙島被福建水標遊
參將沈有容擒撫！另外，根據日本學者岩生成一的研究，此次失聯的村山次安
直屬船隊，後來南下到了交趾（今日越南），並於萬曆四十五年六月才返還日本。
請參見氏著，〈十七世紀日本人之台灣侵略行動〉，《台灣銀行季刊》第 10 卷第 1
期（1958 年 9 月），頁 174。

[94]　請參見臺灣銀行經濟研究室編，《明實錄閩海關係史料》，〈神宗實錄〉，萬曆四
十四年十一月癸酉條，頁 118。

[95]　不過，根據傳聞，村山的船隊中，最後有一艘抵達了目的地臺灣，但是，船上
的人員卻遭到當地土民襲擊而切腹自殺。請參見岩生成一，〈十七世紀日本人之
台灣侵略行動〉，台灣銀行季刊第 10 卷第 1 期（1958 年 9 月），頁 172。

如下：

> 今雞籠實逼我東鄙，距（沿海）汛地僅數更水程。倭若
> 得此而益旁收東番[指今日臺灣]諸山以固其巢穴，然後
> 踏瑕伺間，惟所欲為：指臺（山）、礵（山）以犯福寧，
> 則閩之上游危；越東湧以趨五虎（門），則閩之門戶危；
> 薄彭湖以瞷泉（州）、漳（州），則閩之右臂危。即吾幸
> 有備、無可乘也，彼且挾互市以要我，或介吾瀕海奸民
> 以耳目我。彼為主而我為客，彼反逸而我反勞。彼進可
> 以攻、退可以守，而我無處非受敵之地，無日非防汛之
> 時：此豈惟八閩患之，兩浙之間恐未得安枕而臥也。[96]

亦即倭人假若控有臺灣，據此為巢窟，則可西渡襲取內地，北
向臺、礵二島，進犯福寧州，危及福建上游之地；亦可往西北
方越過東湧，趨近閩江口的五虎門，如此，則福建門戶的福州
危矣；又因臺灣地近澎湖，亦可直接西向窺視泉、漳二府，危
害福建之右臂（附圖九：黃承玄疏議倭人據臺犯閩路線示意圖，
筆者製。）。不僅如此，倭人還可以此做為私貿交易的處所，「挾
互市以要我，或介吾瀕海奸民以耳目我」，形成了反客為主，「而
我無處非受敵之地，無日非防汛之時」的嚴重後果。

　　針對上述的問題，萬曆四十四年（1616）八月時，閩撫黃

96 黃承玄〈題琉球咨報倭情疏〉，收入臺灣銀行經濟研究室編，《明經世文編選錄》，頁226。

承玄再上疏中央，除了奏請准其整頓福建海防的弊端外，[97]同時，亦以「分之，總不如合」的佈防概念做出發，[98]提出澎湖、廈門二地跨海協防的構想，亦即將今日臺灣海峽東、西兩側的兵力和防區做一整合，用以增強澎湖的防務，來對付窺犯臺灣的倭人。其疏文內容如下：

> 彭湖之險，患在寡援。而浯銅一遊實與彭湖（遊兵）東西對峙，地分為二，則秦、越相視；事聯為一，則脣齒相依。今合以彭湖（遊兵）並隸浯銅（遊兵），改為浯彭遊（兵）；請設欽依把總一員，專一面而兼統焉。浯銅（遊

---

97 閩撫黃承玄認為，「（水）寨兵必令合艍據險，遊兵必令隔哨互援。……或謂防倭利於合，防賊利於分。汛時專主防倭，應於上游合艍；汛後專主防賊，不妨便宜分佈：此則在事將領，自可隨力變通。要以分而合之則難，合而分之則易。故分之，總不如合也」（見黃承玄，〈條議海防事宜疏〉，收入臺灣銀行經濟研究室編，《明經世文編選錄》，頁238。），對閩海水寨和遊兵的內部缺失做了一番整頓。亦即他以「分不如合」的佈防概念出發，提出以下幾個具體的改革主張。一、除南路參將增設直屬的標船外，並將原先的閩海北、中路遊兵做一裁減整併，用來增加福建總兵、北路參將和中路遊擊等三支標船的兵力，做為往來督率、機動策應之用。二、各水寨增設哨探把總和衝鋒把總各一人，一者可防止將領怯於圖功、巧於飾罪……等缺失，一者藉以彌補水寨避入內岸後，外海敵犯不易偵知的缺點，並可以增強水寨禦敵的機動性。三、由浯銅、南澳二遊兵中各抽調十二艘兵船，設立一支合計兵一，○○○人、船二十四艘，直屬於巡撫統轄的水標遊擊艦隊（以下簡稱「水標遊」），做為往來全省海上的機動打擊部隊。請參見何孟興，〈明末浯澎遊兵的建立與廢除（1616-1621年）〉，《興大人文學報》第46期（2011年3月），頁134-139。

98 黃承玄，〈條議海防事宜疏〉，收入臺灣銀行經濟研究室編，《明經世文編選錄》，頁238。

兵）原設二十二船，彭湖（遊兵）原設十六船，鄰寨協
守四船；今議再添造一十二船、增兵四百名，俱統之於
（浯彭遊兵）欽總。而另設協總二人，一領二十舟劄守
彭湖，一領十二舟往來巡哨；遇有警息，表裏應援，臂
指之勢既聯，掎角之功可奏矣。[99]

亦即將浯銅和澎湖二支遊兵做一整合，成立新的浯澎遊兵，設
立指揮官欽依把總一人，駐地在廈門中左所，下轄有澎湖遊和
衝鋒遊協總各一人，該遊總計共擁兵船四十二艘，包括原先浯
銅遊剩餘的十船、[100]澎湖遊的二十船（包括原設的十六船和鄰
寨協守的四船，兵約八五〇人）和新添增的十二船（兵共四〇〇
名）。其中，澎遊二十船用以汛防澎湖信地，係正面當敵的正兵，
歸澎湖遊協總指揮。新添的十二船，係往來澎、廈海上巡哨策
應的奇兵，歸衝鋒遊協總指揮。至於，浯銅遊的十船，則直接
歸浯澎遊兵指揮官──欽依把總的指揮，並負責原先浯銅遊兵
的海防轄區。另外，黃在上疏中，還提出浯澎遊官軍屯田臺灣，
以及該遊欽總聯絡澎、臺海域漁民的主張，[101]藉以達到補充澎

---

[99] 黃承玄，〈條議海防事宜疏〉，收入臺灣銀行經濟研究室編，《明經世文編選錄》，
頁 241。

[100] 浯銅遊兵原設兵船二十二艘，因浯銅、南澳二遊兵各抽調十二艘兵船，去成立
一支合計兵一，〇〇〇人、船二十四艘，歸閩撫直轄的水標遊，浯銅遊此時僅剩
十船。

[101] 請參見黃承玄，〈條議海防事宜疏〉，收入臺灣銀行經濟研究室編，《明經世文編
選錄》，頁 242。

湖官軍糧源、嚇阻奸民走私臺灣，以及協助偵防倭、盜動態等
目標；但是，上述主張有否實施，目前難以知曉，縱使若有的
話，其成效似乎亦不大。因為，閩撫黃承玄雖有屯田臺灣、且
耕且守的宏遠眼光，或寄望內地漁民以充偵倭耳目的規劃。但
是，吾人平心而論，臺灣距離內地比澎湖更遙遠，且非明帝國
的水師信地，再加上，當時明政府的統治力，包括當時官僚體
系之聯絡、指揮和監督的運作能力……等來加以整體的評估，
便可推知，上述的目標計劃有否能力去落實乃不無疑問，再加
上，黃本人在隔年（1617）便因母喪內艱而辭職，[102]他的繼任
者有否意願繼續執行他的計劃，這些都是問題，……。亦因如
此情形下，在接下來時間裡，臺灣依然是倭人、海盜、私販活
動猖獗的地方，明政府對它難生強而有力的約束力量。

　　前已述及，閩撫黃承玄盡力想藉由浯澎遊兵的設立，希望
讓廈門和澎湖二地的兵防事權合一互通，用以固守澎湖、扼控
臺灣。但是，澎湖依舊遠處海外，不僅交通往來不便、明政府
監督不易外，更大的問題是，浯澎遊兵在制度結構上有著不小
的缺陷，加上，明政府又不去解決，遂導致廈、澎兵防合一的
目標構想無法實現。因為，該制度存在最大的問題是，先前的
浯銅遊兵或改制後的浯澎遊皆屬泉州海防的官軍，而改制前的

102　有關此，請參見黃承玄的〈乞恩免代疏〉、〈恭謝卹典疏〉、〈歸廬葬母請罪疏〉……
　　等疏，皆收入氏著《盟鷗堂集》（臺北市：國家圖書館善本書室微卷片，明萬曆
　　序刊本）卷之三的內容中。本文刊登於《硓𥑮石：澎湖縣政府文化局季刊》第
　　73 期時，遺漏此條註釋，今加以補入，特此說明。

澎湖遊兵和改制後的澎湖、衝鋒二遊卻係兼防泉、漳二府，[103]兩者在隸屬上有所差異，而明政府卻以改制升級的浯澎遊兵，來指揮管轄「半隸於漳（州）」的澎、衝二遊。[104]所以，從體制上來看，浯澎遊兵顯然是很有問題的，再加上，該遊欽總又駐在廈門，欲監控指揮大海彼端的澎、衝二遊，在實質技術上亦不容易做到。亦因如此，到天啟元年（1621）時，浯澎遊兵便遭到明政府裁撤，由浯澎遊兵存在僅五、六年的時間，即可知此制確實有其窒礙難行之處。

天啟元年（1621）十一月，朝廷同意福建巡按鄭宗周的建議，[105]增設泉南遊擊一職，用以指揮泉州府轄境內的水、陸兵力，並將浯澎遊兵撤除掉，改回原先的浯銅、澎湖遊兵。其中，浯銅遊兵指揮官職階改回原先的名色把總，並保留增設不久的衝鋒遊兵，亦即澎湖、衝鋒二遊不再似先前，歸由廈門的浯澎遊管轄，澎、衝二遊和回設的浯銅遊兵（亦駐在廈門），彼此亦不再有相互隸屬的關係；至於，澎、衝二遊指揮官的職階，似

103　澎湖、衝鋒二遊的行糧係由泉、漳二府共同支應。澎湖遊兵春汛三個月和冬汛兩個月的行糧，分別由泉州和漳州二府支應。因為，該遊兵丁除每個月有餉銀九錢外，汛期每月再加行糧三錢，春汛三個月加上冬汛兩個月，合計可得十五錢，而此春、冬二汛行糧的經費，係分別由泉州和漳州二府的衙署來支付，亦即「春汛（行）糧支給于泉（州），冬汛（行）糧支給于漳（州）」。見陽思謙，《萬曆重修泉州府志》，卷11，〈武衛志上・水寨軍兵〉，頁10。

104　池顯方，《晃巖集》（廈門市：廈門大學出版社，2009年），卷12，〈贈浯彭游陳將軍調任序〉，頁257-258。

105　鄭宗周，字伯悅，文水人，萬曆三十五年進士，萬曆末時任福建巡按監察御史。見陳壽祺，《福建通志》，卷129，〈官績・明・巡按監察禦史〉，頁20。

亦改為名色把總，之後，澎遊並晉陞為欽依把總。以上的浯、澎、衝三遊，皆改歸新設的泉南遊擊管轄。總之，吾人綜觀浯澎遊兵撤廢一事，有一現象值得吾人留意，亦即明政府欲透過浯銅、澎湖二遊兵合併重組，來拉近澎湖和內地的關係，加強對澎湖兵防的控制能力，然而，此一廈、澎兵防合一的構想，卻因浯澎遊被撤廢而遭到了重大挫折，此同時亦說明著，明帝國的統治能力，此時在掌握今日臺灣海峽彼端的澎湖時，面臨著力有未逮的窘境。

（五）澎湖內地化

　　天啟二年（1622）六月，明帝國東南海上又面臨一場空前的大挑戰。因為，具備強大武力的荷蘭人（附圖十：安平古堡文物陳列館內的荷人兵器圖，筆者攝。），為和明帝國進行直接的貿易，尋求建立互市的據點，遂派遣艦隊來到福建沿海佔領了澎湖，並在今日馬公島上風櫃尾構築城堡（附圖十一：澎湖風櫃尾荷人堡壘遺址今貌，筆者攝。），以為久居的打算。荷人此一突如其來的舉措，著實令明政府官員震撼不已，甚至於，還驚動到遠在北京的中央朝廷！對於，此次二度佔領明帝國版圖澎湖的荷人，[106]明政府花費了許多的心力，直至天啟四年

---

[106]　荷人首次佔領澎湖的時間，在萬曆三十二年時，係起因其欲尋求與中國直接互市的據點，遂派遣韋麻郎（Wybrant van Waerwyk）率船佔領澎湖。當時，明政府恐澎湖步上澳門的後塵，並產生海防洞開、稅收短收、走私猖獗、治安敗壞……諸多的問題，加上，澎湖遊兵又裁軍嚴重，便改令浯嶼水寨把總沈有容率領大

（1624）七月時，才將其逐往臺灣。然而，在荷人據澎二年多的時間裡，不僅到泉、漳的沿岸侵擾搶奪，並在海上劫掠中國的船隻，又將擄獲的民眾送往澎湖，為其挑土築城而死於非命。[107]尤其是，澎湖地在漳、泉海外，位處重要航道之上，荷人據此可以截控中流，「既斷糴船、市舶於諸洋」，[108]造成內地的米價高漲，「今格於紅夷[指荷人]，內不敢出，外不敢歸」，[109]海上交通往來為之斷絕……等一連串嚴重的問題。

荷人佔據澎湖二年所帶來的痛苦經驗，令明政府深切地體會到，澎湖對沿岸安危和交通往來的重要性，不可以等閒視之，故在逐走荷人之後，便以大規劃行動來重新佈署澎湖的防務，

軍前往澎湖進行交涉，因此次荷人來船數量甚少，遂被迫知難而退，離開了澎湖。有關此，請參見何孟興，〈論明萬曆澎湖裁軍和「沈有容退荷事件」之關係〉，《臺灣文獻》第 62 卷第 3 期（2011 年 9 月 30 日），頁 133-135。

[107] 荷人曾將被俘的中國人，抓去澎湖充當苦力，協助修建風櫃尾的堡壘，許多人因糧食不足而喪命，其餘的生還者更是不幸，被賣到巴達維亞去當奴隸，下場十分地悲慘。請參見林昌華譯著，《黃金時代：一個荷蘭船長的亞洲探險》（臺北市：果實出版，2003 年），頁 121；甘為霖（W.M.Campbell）英註、李雄揮漢譯，《荷據下的福爾摩莎》（臺北市：前衛出版社，2003 年），頁 45。另外，中方相關的史實記載，如下文中南京湖廣道御史游鳳翔所言的，「（荷人）擄我洋船六百餘人，日給米，督令搬石，砌築禮拜寺於城中」（見臺灣銀行經濟研究室編，《明季荷蘭人侵據彭湖殘檔》（南投市：臺灣省文獻委員會，1997 年），〈南京湖廣道御史游鳳翔奏（天啟三年八月二十九日）〉，頁 3。），即是一例。

[108] 臺灣銀行經濟研究室編，《明實錄閩海關係史料》，〈熹宗實錄〉，天啟三年九月壬辰條，頁 134。

[109] 臺灣銀行經濟研究室編，《明實錄閩海關係史料》，〈熹宗實錄〉，天啟三年八月丁亥條，頁 132。

決定設立澎湖遊擊將軍長年鎮守於此，用以取代先前僅春、冬
二季汛防的澎湖遊兵，希望此一失而復得的海外要島，真正成
為固若金湯的前線堡壘，能抵擋得住外來者的侵略，藉以保護
內地百姓的安全。有關此，天啟五年（1625）時，閩撫南居益
即向中央奏請了十款的澎湖善後事宜，[110]內容包括有：一、澎
湖添設遊擊。二、戍守中左所。三、增兵澎湖。四、增餉澎湖。
五、澎湖築城濬池，建立官舍營房。六、提升澎湖遊擊的威權。
七、屯田澎湖。八、澎湖築造銃臺。九、澎湖將領的擇選。十、
內地防禦宜嚴密。[111]上述十款中，除了有兩款係針對先前荷人
劫掠泉、漳沿岸的經驗而來的，亦即第二款的「戍守中左所」，
主張加強廈門中左所的防務，移駐南路參將於此，並升格為副
總兵，便以節制泉南遊擊以及剛成立的澎湖遊擊，以及第十款
的「內地防禦宜嚴密」，主張各水寨、遊兵備妥火船所需乾柴、
松揪、藥桶等物，並於沿海可泊大船的處所築造礟臺大銃，用
以對付日後再犯的荷人。[112]其餘的八款，則皆完全針對澎湖防
務的佈署而設計的。

---

[110]　南居益，原職為南京太僕寺卿，以右副都御史巡撫福建，天啟三至五年任。南，
　　　字思受，號二泰（一作「二太」），陝西渭南人，萬曆二十九年進士，著有《青
　　　箱堂集》。

[111]　以上的內容，請參見臺灣銀行經濟研究室編，《明季荷蘭人侵據彭湖殘檔》，〈兵
　　　部題行「條陳彭湖善後事宜」殘稿（二）〉，頁 20-25。

[112]　請參見臺灣銀行經濟研究室編，《明季荷蘭人侵據彭湖殘檔》，〈兵部題行「條陳
　　　彭湖善後事宜」殘稿（二）〉，頁 22 和 24。

　　至於，上述事宜明政府實際執行的狀況，[113]除了設立了澎湖遊擊將軍及其標下的中軍把總，以及左、右二翼把總等官，以及增添水、陸軍兵；此外，又在穩澳山築造城堡（今日馬公市朝陽里一帶），構建遊擊和把總的衙門、糧食倉庫和陸兵營房於城中，並在馬公島上鼎足而立的西安、案山和風櫃尾三處築造銃城，且在島上北側的北太武和中墩設立煙墩烽堠，派兵駐守以瞭報動態。不僅如此，此次澎湖防務的佈署又以馬公澳（即媽宮澳，今日馬公港碼頭一帶）做為中心點（附圖十二：馬公港碼頭一帶今貌，筆者攝。），讓遊擊標下的中軍把總所掌管之水師兵船，泊駐於三足鼎立中間點的案山，並將新增設的陸兵分為左、右兩翼，其中，右翼軍用以防衛馬公澳西南面的西安、風櫃等處要地，西安有右翼哨兵把守，風櫃則由右翼把總率領哨官二員、兵丁三〇〇餘名駐防。左翼的部分，則負責防衛馬公澳，官兵主要駐守在其東北面不遠處的穩澳山，該處亦即此次澎湖興築城堡的所在地，位在今日馬公市朝陽里一帶（附圖十三：明天啟五年澎湖兵防佈署示意圖。筆者製。）。[114]要言之，

---

[113]　有關此，請參見陳仁錫，《皇明世法錄》，卷75，〈海防·澎湖圖說〉，頁11-13。另外，閩撫南居益原先奏請，澎湖遊擊轄下設立中標守備來掌管澎湖的水師，然而，中央朝廷卻僅同意「量加小把總職銜，管理中標事務」，不肯增置較高層階的守備，故以中標把總（即標下把總）捕授此職。請參見臺灣銀行經濟研究室編，《明季荷蘭人侵據彭湖殘檔》，〈兵部題行「條陳彭湖善後事宜」殘稿（二）〉，頁29。

[114]　關於明天啟築城穩澳山的詳細地點，應在馬公市東北側不遠處的朝陽里一帶。有學者曾推測，今日馬公市朝陽里的武聖廟後方有一口水井，即是穩澳山築城

此次天啟五年（1625）澎湖兵防佈署的規格和內容－－包括有
遊擊駐箚、水陸兼備、築城置營、長年戍防和軍民屯耕等完備
的措致，總兵力高達二,一○四人，其中，包含水師八五七人和
陸兵一,二四七人。[115]

　　不僅如此，明政府亦因荷人侵擾漳、泉沿岸的教訓，遂特
別加強廈門中左所的防務，將南路參將移駐於此，並升格為副
總兵，便以節制剛成立的澎湖遊擊，以及由泉州城移駐永寧的
泉南遊擊；並且，利用澎湖、泉南二遊擊，共同扼控今日臺灣
海峽，東西去夾擊入犯於此的敵人。而此一兵防佈署的思維，
尤其是在一年多後，愈加地明確精準。因為，此時的南路參將
已改移駐漳州銅山島，而泉南遊擊則回駐廈門中左所，[116]來與
對岸的澎湖遊擊隔海相望、共同夾擊敵人，此舉更加能去實現
如崇禎元年（1628）時，河南道御史蘇琰所言的防禦目標，亦

鑿井一口的水井。請參見吳培基、賴阿蕊，〈澎湖的天啟明城－鎮海城、暗澳城、
　　大中墩城〉，《硓𥑮石：澎湖縣政府文化局季刊》第 50 期（2008 年 3 月），頁 13。

[115] 相關的史載，如下：「照得彭湖遊擊一營，水陸官兵非二千餘名不可。查彭湖、
　　（彭湖）衝鋒兩遊（兵），額設舊兵共九百三十五名。今增新兵一千一百六十九
　　名，共二千一百零四名。……」。見臺灣銀行經濟研究室編，《明季荷蘭人侵據
　　彭湖殘檔》，〈兵部題行「條陳彭湖善後事宜」殘稿（二）〉，頁 21。

[116] 天啟五年時，明政府為加強廈門中左所防務，決議將轄境以漳州為主的南路參
　　將移駐於此後，發現問題不少，故不到一、兩年的時間，便將其南移至漳州西
　　南要島的銅山，「以禦寇之南上」，泉南遊擊則改移最初駐防的廈門中左所，同
　　時，亦因二者「汛地各分，不相統屬」，故泉遊不再接受南參的節制。請參見臺
　　灣銀行經濟研究室編，《明實錄閩海關係史料》，〈附錄一崇禎長編（殘本六十六
　　卷）選錄〉，天啟七年秋九月丙子條，頁 145。

即：

> 福建武臣佈置有泉南遊擊一員，駐於中左；彭湖把總[誤
> 字，應「遊擊」]一員，駐於彭湖。彭湖在大海中，實夷、
> 寇交經之處，其相對內地即是中左。若（泉南、彭湖）
> 兩寨將卒得人，守禦相援，則福（州）、興（化）之寇不
> 敢南下，漳（州）、潮（州）之寇不敢北來矣。[117]

上述的「福、興之寇不敢南下，漳、潮之寇不敢北來」，便是澎
泉二遊擊、東西共夾擊佈防的主要目標之所在。明政府此一佈
防構思，筆者以為，可能係源自於閩撫黃承玄合併廈門的浯銅
遊兵，以及海中的澎湖遊兵而成的浯澎遊兵——即兩岸跨海聯
防、掌握臺灣海峽兵防思維的延伸，並且，將其兵防佈署的層
次做進一步的提升。整體言之，明政府上述的措舉——兩岸跨
海聯防、兵防層次提升，係為因應啟、禎以後，澎臺海域日趨
嚴重的倭、盜和走私問題，不得不為的因應對策。

（六）澎湖裁軍

明政府在澎湖逐走荷蘭人後，便於天啟五年（1625）時，
在該地進行大規模的兵防佈署，除設立澎湖遊擊將軍外，並派
遣二千一百餘名的水、陸官兵，來戍守此一失而復得的海上要

117　河南道禦史蘇琰，〈為臣鄉撫寇情形並陳善後管見事〉，收入臺灣史料集成編輯
委員會，《明清臺灣檔案彙編》（臺北市：遠流出版事業股份有限公司，2004 年），
第一輯第一冊，頁 319。

島，並且，以逐荷有功的名色守備王夢熊和把總葉大經二人，[118]
分別出任澎湖遊擊及其標下的中軍把總職務，來負責澎湖的防
務工作。然而，卻事與願違，王、葉二人不僅無法戮力從公，
連謹守本分都做不到。尤其是王夢熊，不法劣行罄竹難書，[119]後
遭福建地方當局舉發，被朝廷革職查辦。造成此一問題的原因，
主要在於大海的隔絕，明政府又無法找出一套有效的制度或方
法，來管控或監督澎湖的駐軍，再加上，澎湖又是荷蘭東亞貿
易的重要轉運站。[120]荷人為使貨物轉運的工作能順利地進行，

---

[118] 王夢熊，泉州晉江人，清人懷蔭布《泉州府誌》曾載稱，王「生有異質，虎頭
豹頤，勇敢多奇策，力能提石八百斤，射輒命中」（見該書，卷56，〈明武蹟〉，
頁33。），並在其先前任職的福建水師，留下不少的傳奇事蹟；亦因王為將勇猛
善戰且有謀略，明政府對他和葉大經二人寄予厚望，認為他能「與兵士臥起
風濤之中，略無內顧之私。身既與海相習，情又與兵相安」（見臺灣銀行經濟研
究室編，《明季荷蘭人侵據彭湖殘檔》，〈兵部題行「條陳彭湖善後事宜」殘稿
（二）〉，頁24。），應該可以勝任此一工作，能讓改制後的澎湖防務耳目一新，
並發揮原先所預期的功能。

[119] 澎湖遊擊王夢熊不法之劣行，請詳見福建巡撫朱一馮，〈為倭警屢聞宜預申飭防
禦事〉，收入臺灣史料集成編輯委員會編，《明清臺灣檔案彙編》，第一輯第一冊，
頁275-277。

[120] 荷蘭船隻經貿航經澎湖的路線，以及貨物裝卸運送的常有模式，大致如下：荷
人大船由巴達維亞（Batavia，今日印尼雅加達）前來澎湖，進行裝卸貨物後，
再航往日本。亦即由將由巴達維亞運來的貨物，其中要轉運大員（Tayouan，今
日臺南安平）的，先在澎湖卸下，交給由大員前來澎湖的荷人中型船隻——快
艇或中國式的戎克船運回，而快艇或戎克船則將由大員運來澎湖轉送日本的貨
物，交給先前卸下部分貨物的荷蘭大船，裝上該船一起運往日本，進行交易買
賣。例如一六三八年（崇禎十一年）八月十一日，荷蘭東印度公司派上席商務
員保羅·特勞牛斯（Paulus Traudenius）由大員出發，帶領裝載著要運往日本的
貨物的快艇 Cleyn Bredamme 號、Waterloosewerve 號以及五艘中國人的戎克船出

不惜採取賄賂的手段，來收買澎湖當地的守軍。他們賄賂的手段，主要有二個方式，一是先貸款給澎湖守軍將領，讓其購買生絲等貨品再轉賣給荷人，賺取其間的差額利潤。例如澎湖遊擊王夢熊便曾利用其手下為荷人代買湖絲、紬段、刀、槍、壞鐵等貨而致富不貲。[121] 二是饋贈貴重且可變賣的貨物如胡椒、檀香木和象牙等禮物給澎湖的守將，來攏絡彼此間的感情，以方便澎湖貨物轉運工作的進行，它的情形如一六二八年時，荷人臺灣長官納茨（Pieter Nuijts）所說的：

> 以前我們饋贈一些胡椒、檀香木和生象牙給澎湖的指揮官，因為我們想，本季會有幾艘大船從巴達維亞[即今日印尼雅加達]或暹羅[即今日泰國]來，這些大船必須在澎湖入港停泊。如果，屆時他不替我們設想，我們將怎麼辦？我們用三千里爾的禮物去贏得中國的軍門[指福建巡撫]和其他大官們的好感和關懷，會比發動戰爭獲得的利益多上六倍。[122]

航前往澎湖，並要去那裡卸下由巴達維亞駛來的大船 Swol 號上的各種貨物，然後儘快將這些由大員帶來的貨物，再裝上 Swol 號出航前往日本。請參見江樹生譯註，《熱蘭遮城日誌（第一冊）》（臺南市：臺南市政府，2000 年），頁 405。

121　請參見福建巡撫朱一馮，〈為倭警屢聞宜預申飭防禦事〉，收入臺灣史料集成編輯委員會編，《明清臺灣檔案彙編》，第一輯第一冊，頁 276。

122　江樹生主譯/註，《荷蘭聯合東印度公司臺灣長官致巴達維亞總督書信集 II（1627-1629）》（南投市/臺南市：國史館臺灣文獻館/國立臺灣歷史博物館，2010 年），頁 155。

不僅如此，澎湖的將弁亦仗恃大海遠隔，明政府監督不易的漏洞而恣意妄為，在如此的情況下，遂發生了諸如澎湖遊擊王夢熊替海盜鄭芝龍製造兵器和彈藥，[123]捕盜李魁私下運載兵丁投靠鄭芝龍並在海上行劫，[124]不肖官員暗助荷人攫走敵對的西班牙船隻，[125]以及王夢熊、葉大經等向荷人借款購貨，再轉而販售荷人賺取差額利潤，[126]……等一連串匪夷所思的不法情事。

因為，澎湖駐軍無法發揮預期應有的功能，尤其是，王夢熊犯行在天啟七年（1627）被舉發而遭革職提問後，[127]此案不僅讓新設的澎湖遊擊體制遭受不小的創傷，同時，多少亦影響到明政府日後對澎湖進行裁軍的決策走向。例如崇禎（1628-1644）初年時，廈門人池顯方便認為：

---

[123] 王夢熊和鄭芝龍曾結拜為兄弟，鄭並給王白銀二千兩，請其代為製造兵器和彈藥。請參見福建巡撫朱一馮，〈為倭警屢聞宜預申飭防禦事〉，收入臺灣史料集成編輯委員會編，《明清臺灣檔案彙編》，第一輯第一冊，頁276。

[124] 請參見福建巡撫朱一馮，〈為倭警屢聞宜預申飭防禦事〉，收入臺灣史料集成編輯委員會編，《明清臺灣檔案彙編》，第一輯第一冊，頁276。

[125] 請參見江樹生主譯/註，《荷蘭聯合東印度公司臺灣長官致巴達維亞總督書信集Ⅱ（1627-1629）》，頁81-82。

[126] 請參見福建巡撫朱一馮，〈為倭警屢聞宜預申飭防禦事〉，收入臺灣史料集成編輯委員會編，《明清臺灣檔案彙編》，第一輯第一冊，頁276；江樹生主譯/註，《荷蘭聯合東印度公司臺灣長官致巴達維亞總督書信Ⅰ（1622-1626）》（南投市/臺南市：：國史館臺灣文獻館/國立臺灣歷史博物館，2010年），頁238和265。

[127] 請參見福建巡撫朱一馮，〈為倭警屢聞宜預申飭防禦事〉，收入臺灣史料集成編輯委員會編，《明清臺灣檔案彙編》，第一輯第一冊，頁277。

> 彭（湖）兵之虛實，內地又無從稽，致餒士私逃、運艘
> 難繼，糜不貲之餉，養難問之師。[128]

澎湖駐軍無法發揮功能，且難以監督並耗費龐大，池並建議，
荷人既已撤離澎湖，新設的澎湖遊擊亦可廢去，並裁減其半數
以上的兵力，將其轉而移駐沿岸的金、廈等地，澎湖防務僅留
一把總率領水師十艘兵船，且於春、冬出汛往赴防守即可，毋
須如此地佈署重兵長年戍防。[129]除此之外，此際，恰值北方滿
人犯邊問題嚴重，明政府軍費急遽暴增，財政開支愈加地龐大，
各省必須分攤中央交派的軍費，[130]財政窘困的福建亦不得例
外，[131]故此際若能減少澎湖駐軍數額，或調整其戍防的型態，
如將全年駐防改為春、冬汛防，對閩省的財政亦當有不少的助

128　池顯方，《晃巖集》，卷之21，〈書（一）•熊中丞書〉，頁407。

129　請參見池顯方，《晃巖集》，卷之21，〈書（一）•熊中丞書〉，頁407。

130　中央朝廷要求各省於田賦中加派以分攤軍費，亦因所收錢額主要用在遼東地
　　區，故又稱為「遼餉」。明代遼餉的主要來源有五，包括田賦、關稅、鹽課、雜
　　項和帑金，前三者屬加派，後二者屬搜括。首先提出雜項銀的是天啟初年的戶
　　部尚書汪應蛟，而遼餉的雜項，主要包括衛所屯田、優免丁糧、平糴倉、房屋
　　稅契、典鋪酌分、督撫軍餉、撫按捐助、巡按公費、抽扣公費和馬夫祇候。請
　　參見楊永漢，《論晚明遼餉收支》（臺北市：天工書局，1998年），頁50和59。

131　閩省財庫困窘的景況，可由天啟七年時，閩撫朱一馮為掃蕩海盜鄭芝龍等人亟
　　需兵費，奏請中央可否免徵雜派各項銀兩中，得知一二。朱在疏文中，曾懇求
　　道：「閩省錢糧額數原少，如京、邊以及加派遼餉、助工等項，臣何敢輕請！而
　　雜派各項銀兩，輸之度支，不過九牛之一毛；而留之本省，便是涸鮒之斗水。
　　伏乞皇上軫念海邦，俯捐遺秉滯穗，使臣得為數米之炊而不至為無米之炊。若
　　此區區者而並靳之，則不如索臣於枯魚之肆，而閩事去矣」。見臺灣銀行經濟研
　　究室編，《明實錄閩海關係史料》，〈熹宗實錄〉，天啟七年八月癸丑條，頁143。

益，亦因上述這些因素的交相影響下，明政府最遲在崇禎六年
（1633）時，便對新設不到十年的澎湖遊擊，進行裁撤半數兵
力的行動。

　　至於，明政府對澎湖遊擊裁軍的數額及其確切時間，根據
筆者目前的推估是，此次明政府對澎湖遊擊的裁軍行動，至少
有三個重要的措施。首先是，駐防時間的改變。澎湖的防軍由
長年屯守改回春、冬二汛，改制時間最晚不超過崇禎二年
（1629）。因為，該年（1629）兵科給事中馬思理曾奏請，澎湖
「計其地孤懸，海島守之易於接濟，棄之猶恐資敵，若更番出
汛，亦保無虞，即撤其半以助軍需，亦無不可者」，[132]裁減該遊
擊半數兵力，以助遼餉軍需。另外，同年（1629）十月二十四
日（陽曆 12 月 8 日），荷人臺灣長官 Hans Putmans 曾率眾登岸
澎湖馬公島，走訪明軍城堡砲臺時，《熱蘭遮城日誌》曾有如下
的記載：

> 長官普特曼斯 [即 Hans Putmans] 閣下 ，船長 Jan
> Isebrantsz.，下席商務員特勞牛斯，秘書 Dirck Jansse，
> 由八個至十個士兵和水手陪伴，走遍澎湖全島，……。
> 在這島上[指馬公島]沒看過一棵樹，出產有甘蔗、蕃薯，
> 雖然有人確定地說有野豬，但我們沒有看見。海邊有人
> 居住，但人數很少，而且是一些貧窮的漁夫。島上是一

132　熊文燦，〈為闖寇未除按近日情形仰祈皇上神謀制勝以奠海邦以保萬全事〉，收
　　入臺灣史料集成編輯委員會編，《明清臺灣檔案彙編》，第一輯第一冊，頁 325。

片多石頭而且空禿的山地。有幾個從大員跟我們一起回
來的中國人告訴我們說，上述那些碉堡，一年住用六個
月，棄置六個月，但看起來，那些碉堡和房子已經那麼
荒廢，那麼雜草叢生，好像已經五十年沒有人來過了。[133]

Putmans 本人從中國人處獲悉，明軍此時一年僅在此駐防六個
月而已，此當指春、冬二汛而言，由上推知，澎湖遊擊已由先
前長年駐防，又改回天啟五年（1625）以前春、冬往汛澎湖的
戍防型態。

　　其次是，佈防方式的調整。明政府對天啟五年（1625）逐
荷復澎後，陸主水輔、固守島土的政策進行調整，改採取似先
前以水師兵船防海禦敵為主力之佈防方式，[134]實施時間疑在崇
禎初年時。因為，崇禎六年（1633）刊刻的《海澄縣志》，曾載
道：

---

[133]　江樹生譯註，《熱蘭遮城日誌（第一冊）》，頁 6-7。

[134]　明政府於逐荷復澎的善後事宜中，曾構築穩澳山堡城以及風櫃、西安、案山等
　　　三座銃城，做為駐澎官兵長年戍防之地，同時亦可提供歇宿之處所，它的情況
　　　已和先前澎湖、（澎湖）衝鋒二遊兵時，所採「居舟，不居陸」的佈防型態已有
　　　所差異。因為，在此之前春、冬二季汛防澎湖的遊兵，不僅收、發汛時間有所
　　　規定，且需如其他的水寨、遊兵般，人員是待在船上的，亦因是居舟不居陸，
　　　假若遇不明船隻闖入汛地，便可馬上行動將其驅離。雖說如此，筆者仍對澎遊
　　　官兵於春、冬汛期時，完全可做到「居舟，不居陸」的說法，感到十分地懷疑。
　　　請參見何孟興，〈海中孤軍：明萬曆年間澎湖遊兵組織勤務之研究（1597-1616
　　　年）〉，《硓𥑮石：澎湖縣政府文化局季刊》第 64 期（2011 年 9 月），頁 95-96。

（彭湖）在巨浸中，屬（泉州府）晉江（縣）界，其合兵往戍，則漳（州）與泉（州）共之者也。遊戍[指澎湖遊兵]汛畢，駐澄[即漳州海澄]為多，先是只設一旅，春、秋防汛[即春、冬二汛]，萬曆癸卯[即萬曆三十一年，有誤]紅夷[即荷蘭人]突據、以互市請，當事力拒，乃去；天啟（二年）重來，築城營窟，久之。中丞南居益遣兵渡海，不勦不休，夷為宵遁，因置遊擊[指澎湖遊擊]，戍以重兵。……近議更守[即長年駐防]為汛[即春、冬二汛]，較稱活法。[135]

文中認為，明政府最近將澎湖駐軍由長年駐守改為春、冬往汛一事，不失是一變通的靈活辦法。除了，明政府對澎湖駐軍進行更「守」為「汛」的改革外，筆者大膽地推估，配合此一改革行動之前，明政府可能先對澎湖遊擊的兵力編制進行調整，疑將其轄下陸兵的左、右翼二把總撤廢掉，改設回原先的水師澎湖、澎湖衝鋒二把總，亦即捨棄天啟五年（1625）改制後的陸主水輔、固守島土的防禦思維，改回先前的遊兵時期——水師兵船防海禦敵的佈防方式。若是如此，則此一措施，讓先前的佈防構思和努力化為灰燼，一切似乎又回到原點，對明代澎湖兵防的發展亦是一大挫折！

135　梁兆陽，《海澄縣志》（出版地不詳：中國書店，1992 年；明崇禎六年刻本影印），卷 1，〈輿地制・山・彭湖輿附〉，頁 22。文中的萬曆「癸卯」，即三十一年，有誤，應為「甲辰」，三十二年。特此說明。

　　最後是，澎湖遊總的裁撤。此次，明政府裁撤的是澎湖遊擊轄下的澎湖把總及其部隊，推動時間可能在崇禎初年，最遲不超過崇禎六年（1633）。其問題主要有二，一、澎湖遊擊總共被裁撤多少的兵力？據筆者的推估，可能在半數即一，一○○人左右。因為，該年（1633），金門人蔡獻臣曾為文指道，「既而，南撫臺[即閩撫南居益]時，紅夷[即荷蘭人]外訌，築銃城於彭（湖）之風櫃，而耕、漁之業荒矣，內地且岌岌焉。南撫臺與俞總戎[即南路副總兵俞咨皋]費盡心力，誘而處之臺灣，尋疏請設一遊戎[即澎湖遊擊]，而增漳、泉兵至（一）千二、三百人，更番戍守。今未十年，而兵僅存其半矣，毋亦為餉少乎？」，[136]上文指，明政府新設澎湖遊擊時，曾增加兵額一千二、三百人，此說無誤，因史書曾載道：

> 照得彭湖遊擊一營，水陸官兵非二千餘名不可。查彭湖、（彭湖）衝鋒兩遊（兵），額設舊兵共九百三十五名。今增新兵一千一百六十九名，共二千一百零四名。[137]

文中的「今增新兵一千一百六十九名」，即是指此。其次，蔡在

---

[136] 蔡獻臣，〈論彭湖戍兵不可撤（癸酉）〉，收入《清白堂稿》（金城鎮：金門縣政府，1999 年），頁 134。

[137] 臺灣銀行經濟研究室編，《明季荷蘭人侵據彭湖殘檔》，〈兵部題行「條陳彭湖善後事宜」殘稿（二）〉，頁 21。類似上述的記載，如「今應專設遊擊一員，駐劄彭湖，以為經久固圍之圖，即以二遊兵兩把總隸之。其兵除兩遊舊兵外，再添遊擊標兵一千一百六十九名，全成一大營，仍聽南路副總兵節制，以成臂指之勢」。見同前書，頁 20。

上文中所稱的，「今未十年，而兵僅存其半，毋亦為餉少乎？」此一珍貴的史料線索，可以得知，澎湖遊擊經此裁軍後僅存半數而已，亦即由原先的二，一○四人裁減剩至一，一○○人左右，而且，係因財政困難、餉糧難繼所致。二、為何是澎湖遊擊轄下的澎湖把總及其部隊？因為，崇禎六年（1633）六月時，閩撫鄒維璉曾奏准將奉旨裁撤的澎湖把總姜望潮，改去頂補烽火門水寨把總一職之遺缺。[138]另外，吾人亦可由崇禎六年（1633）九月，中、荷雙方在金門爆發料羅灣海戰時（附圖十四：金門料羅灣一帶景觀，筆者攝。），澎湖遊擊王尚忠曾率領轄下的部隊應戰，包括其標下直屬的中軍把總鄭邦卿和澎湖衝鋒把總程振鶚，皆參與此役，[139]惟獨不見澎湖把總及其部隊。而且，值得注意的是，澎湖遊擊王尚忠的部隊，在料羅灣海戰中亦是扮演遊兵即「奇兵」的角色，[140]此一負責伏援策應的任務工作，自萬曆二十五年（1597）設立澎湖遊兵以來，似乎一直是澎湖防軍在整個福建兵防佈署或作戰時，所常扮演的主要角色。

　　雖然，明政府裁減了澎湖遊擊半數兵力，似乎還有另外的一種聲音存在著，亦即主張澎湖完全地撤軍。但是，從相關史

138　請參見兵部尚書張鳳翼（等），〈為缺官事〉，收入臺灣史料集成編輯委員會編，《明清臺灣檔案彙編》，第一輯第一冊，頁380。

139　請參見福建巡撫鄒維璉，〈奉剿紅夷報捷疏〉，收入臺灣史料集成編輯委員會編，《明清臺灣檔案彙編》，第一輯第一冊，頁355。

140　請參見福建巡撫鄒維璉，〈奉剿紅夷報捷疏〉，收入臺灣史料集成編輯委員會編，《明清臺灣檔案彙編》，第一輯第一冊，頁350。

料看來，此一建議始終似未被明政府所採納。至於，為何會有
如此的建議？目前，能確定的原因僅知有二。一是澎湖孤懸海
外，洪濤隔阻，交通往來不便。然而，福建主政者根本無法接
受此一說法，認為澎湖雖係一海外孤島，難以掌握著力，「我守
之未必宣威，在賊據之為患將大」，[141] 而且，不久前閩撫南居益
才耗費許多的心力，動員數千名官兵渡海遠征，才逼迫盤據於
此二年的荷人離去，「前人費幾許兵力復此一塊土，豈得輕易棄
捐哉？」[142] 二是澎湖防軍無法發揮功能，官兵未能確實往汛戍
防。有關此，蔡獻臣便持反對的態度，他認為，澎湖是東南海
上之邊境，漳、泉海民耕漁之區，地位十分地重要，該地「多
兵（雖）不足禦夷，而撤兵適足資賊」。[143] 假若澎湖撤軍的話，
荷人又與海盜狼狽為奸、互為聲援的話，則會直接危害到漳、
泉沿岸的安全。關於此，蔡便舉例道：

> 今紅夷[即荷蘭人]敗衂[疑指崇禎六年料羅灣海戰荷人挫
> 敗一事]之餘，聞有（紅夷）一二船停泊于彭（湖），而
> 耕漁之民已驚擾而竄矣，倘一旦盡撤，令夷、賊得盤擄
> 其中，而不時入而騷我內地，豈惟向之城風櫃[指天啟二
> 年荷人據澎築城一事]而已，吾俱濱海之不得寧居也。[144]

141　梁兆陽，《海澄縣志》，卷1，〈輿地制‧山‧彭湖嶼附〉，頁22。

142　同前註。

143　蔡獻臣，〈論彭湖戍兵不可撤（癸酉）〉，收入《清白堂稿》，頁134。

144　蔡獻臣，〈論彭湖戍兵不可撤（癸酉）〉，收入《清白堂稿》，頁134-135。

但是，蔡本人卻主張降低澎軍統帥的層階，減少澎湖兵力的數額，來減輕政府財政的負擔；亦即將澎軍一，一〇〇人再裁減三〇〇人，僅剩到八〇〇人，官兵餉糧依然由漳、泉二府共同支應，並且，將職階較高的澎湖遊擊將軍裁撤掉，改以福建巡撫、巡按所薦舉，中央兵部選差題請的欽依把總替代之，並在其下設立兩位名色把總和四位哨官，率領裁後官兵八〇〇人戍防澎湖。[145]然而，蔡上述的建議，從史料看來似未被明政府接受，且據筆者目前所知，澎湖防務依然是由澎湖遊擊領軍，兵力額數亦未有重大的變動，此一景況，直至崇禎十七年（1644）明亡國之前，似皆如此。

由上可知，由於大海遠隔監督不易，滿人犯邊財政困難，以及澎湖駐軍貪賄不法，無法發揮預期應有的功能，致使明政府對澎湖遊擊進行裁減兵力的行動，時間是在崇禎初年。其主要的措施有三，包括有駐防時間的改變、佈防方式的調整，以及澎湖遊總的裁撤。上述的舉措，對澎湖兵防的發展上而言，可稱是一大挫折。因為，天啟五年（1625）明帝國在海外瘠乏的澎湖島上，佈署二千餘人的兵力，另又搭配水陸兼備、築城置營和軍民屯耕等一連串的措置，而此一龐大佈防的行動，卻在不到十年的時間裡，被迫以更「守」為「汛」、裁減半數兵力……來收場，它的景況似又回復到天啟五年（1625）以前的樣貌，先前所做的一切改革和努力，如今看來僅是白忙一場，如此的

145　請參見蔡獻臣，〈論彭湖戍兵不可撤（癸酉）〉，收入《清白堂稿》，頁135。

結局，著實令人感到扼嘆不已。

三、澎湖兵防變遷的特徵

　　在前一節「澎湖兵防變遷的經過」內容中，筆者除已將本文撰述的背景——明初以來海防相關措施及其源由做了概略說明，同時，並依年代的先後，用墟地徙民、澎湖失聯、前線澎湖、跨海協防、澎湖內地化和澎湖裁軍等六個主題，對有明一代澎湖兵防變遷的經過，做過重點式的敘述。本節「澎湖兵防變遷的特徵」，便是以上節的內容做為論述基礎，同時，並採用澎湖佈防型態演進的經過、澎湖佈防遲延挫折的原因，以及澎湖佈防動機心態的評析等三個子題，來對澎湖兵防變遷的特徵來進行討論和說明，其內容詳細如下：

（一）澎湖佈防型態演進的經過

　　吾人若仔細去回顧澎湖佈防型態變遷的經過，便可發現到，有明一代澎湖兵防佈署的演進過程，可以分成以下的六大階段，亦即墟地化、任務化、固定化、內岸化、內地化和內岸化，茲將其內容分別論述於下，並請參考表一、「明代澎湖兵防型態演進示意圖」，當有助於瞭解本節底下所述之內容。

表一　明代澎湖兵防型態演進示意圖：

墟地徙民【洪武 20 年（1387AD）起，澎湖佈防「墟地化」。】
─→汛期巡弋【約自嘉靖 42 年（1563AD）左右起，澎湖
佈防「任務化」。】─→固定汛守【萬曆 25 年（1597AD）
起，澎湖佈防「固定化」。萬曆 44 年（1616AD）起，澎湖
佈防「內岸化」。】─→長年屯駐【天啟 5 年（1625AD）
起，澎湖佈防「內地化」。】─→固定汛守【最遲自崇禎 2
年（1629AD）起，澎湖佈防「內岸化」。】

1.墟地化－－

前已提及，明政府採取海上禦敵－－即「倭自海上來，則
在海上備禦之」的佈防思維，一面在陸岸上設置衛、所、巡檢
司等武力（如泉州的永寧衛、金門守禦千戶所、官澳巡檢司……
等。），一面在海中佈署了水寨兵船（如泉州的浯嶼水寨。），
構成陸地和海中的兩道防線；另外，又實施墟地徙民的措施，
強制沿海島民回到陸地，水寨官軍則由衛、所前來海上戍防，
透過「島民進內陸，寨軍出近海」的巧妙安排，來強化海上禦
倭工作的進行。洪武二十年（1387），澎湖島民即被強制遷回到
內地，島上的巡檢司亦被廢除掉，明政府透過墟地化的措施，
來斷絕島民為倭人和海盜提供訊息、補給和嚮導的機會。此一
舉措，對削弱倭、盜侵擾邊海問題上，具有正面的功效，明人
陳學伊便嘗言道：「聞之彭湖在宋時編戶甚蕃，以濱海多與寇
通，難馭以法；故國朝移其民於郡城[指泉州府城]南關外而虛[通

「墟」]其地」。[146]

但不可否認是，被墟地化、且遠在大海中的澎湖，於年深日久之後，不僅漸為世人所淡忘，加上，明政府對邊海控制力又漸趨減弱的情形下，卻成為倭人、海盜、私販往來活動的重要處所，史書所載：「彭湖一島，在漳（州）、泉（州）遠洋之外，鄰界東番，……山形平衍，東南[疑誤，應「東西」]約十五里，南北約二十里，周圍小嶼頗多。先年，（彭湖）原有居民隸六巡司， 國初徙其民而虛其地，自是嘗為盜賊假息淵藪，倭奴往來停泊取水必經之要害」，[147]即是指此。

2.任務化－－

嘉靖倭亂平定之後，譚綸、洪受等人曾議請，廈門的浯嶼水寨改遷浯嶼或料羅卻未能實現，加上，該寨又無法偵防外海敵寇活動的情形下，明政府為彌補此一海防的漏洞，並有效掌握海上的動態，便從泉州的浯嶼水寨和漳州的銅山水寨中抽出部分的水軍，於春、冬汛期前往泉、漳外海巡防，此時的澎湖海域亦是其一。這支供明政府機動調度之「任務型」水軍，經過數年的時間，隨著該軍之任務目標以及成員組合的漸次穩

---

146 陳學伊，〈諭西夷記〉，收入沈有容輯，《閩海贈言》，卷之2，頁34。

147 顧亭林，《天下郡國利病書》，原編第26冊，〈福建‧彭湖遊兵〉，頁113。文中提及的「原有居民隸六巡司」的說法，尚待進一步考證。因為，顧亭林在書中曾語及，洪武二十年江夏侯周德興曾於興化沿海設置六巡司，以補衛、所防衛所不及之處（請參見同前書，原編第26冊，〈福建‧巡司〉，頁54。），而此六巡司和上文澎湖六巡司關係又是如何？有關此，容筆者日後進一步考證。

定，即至隆慶四年（1570）時，明政府將這支臨時組合水軍正式地另以固定編制成軍，名為浯銅遊兵。

但至萬曆四年（1576）增設玄鐘遊兵之後，隨著五寨三遊海防建構的完成，[148]浯銅遊兵無信地、機動聽調的性質亦已改變，和水寨相同有了自身的海防轄區，不似先前僅供聽用調度而已，此時海外的澎湖已非屬浯銅遊兵的轄區範圍，加上，萬曆初年海盜林道乾、林鳳等人又在此猖獗活動，明政府遂又另抽調銅山、浯嶼二水寨的部分水軍，再組機動聽調、特定任務的遊兵，於春、冬汛期時輪流分班遠赴澎湖巡防。但是，遠汛澎湖之兵船卻流於形式化，難以發揮應有的功能！[149]

3.固定化——

萬曆二十年（1592），因日本出兵侵犯朝鮮，明政府派軍馳援，遂爆發了中日朝鮮之役，閩海隨之告警。之後，中、日衝突未解，情勢混沌不明，⋯⋯至二十五年（1597）倭軍大舉又犯朝鮮，局勢再度地緊張，明政府為保衛福建沿岸安全，避免戰略要地的澎湖為倭人所據，遂不顧先前所考慮的諸多困難，

---

[148] 所謂的「五寨」，係指明初時，在福建邊海岸島共設有五座水寨，若依地理位置分佈，由北向南依序為福寧州的烽火門水寨、福州府的小埕水寨、興化府的南日水寨、泉州府的浯嶼水寨和漳州府的銅山水寨，明、清史書常稱其為福建「五寨」或「五水寨」。至於，「三遊」則指隆慶四年時，設立的海壇遊兵和浯銅遊兵，以及萬曆四年增設的玄鐘遊兵。

[149] 有關此，請參見洪受，《滄海紀遺》，〈詞翰之紀第九・建中軍鎮料羅以勵寨遊議〉，頁 77-78。

即於該年（1597）冬汛時設立了遊兵，這支稱為「澎湖遊兵」的水師，擁有兵船二十艘、官軍八〇〇餘人。次年（1598）春汛來臨，明政府又恐其兵力不足對付南犯的倭軍，除再增加一倍兵力，讓該遊總數達到船四十艘、兵一,六〇〇餘人外，同時，還要求海壇遊兵、南日水寨、浯嶼水寨、浯銅遊兵、銅山水寨和南澳遊兵，各派一名哨官且自領兵船三艘，即六寨遊、兵船十八艘遠哨澎湖，來壯大澎湖遊兵的聲勢。

然而，隨著萬曆二十六年（1598）年底倭軍撤兵朝鮮，閩海局勢穩定下來後，澎湖遊兵亦跟著進行裁軍的行動，先是裁去半數以上的兵力，僅剩下官軍八〇〇餘人、船二十艘，以及來援的浯嶼等三寨、遊六艘船，而此一每年春、冬二季固定往汛澎湖的兵力，至萬曆二十九年（1601）時，更是裁撤到只剩下約五〇〇人！但是，東亞情勢在三十七年（1609）時又起了變化，日本南侵琉球並派人窺視臺灣，閩海又再度地緊張起來。四十年（1612），明政府恐日本假借琉球通貢窺犯中國，通令東南沿海加強戒備，且疑於此際再度增兵澎湖。此時，澎湖遊兵額數已達八五〇人和兵船二十隻，恐懼倭人佔據臺灣而威脅到內地的安全，是促使澎湖增兵的主因之一。

雖然，澎湖遊兵官軍、兵船數量多寡有所變化，但自萬曆二十五年（1597）設立以來，其春、冬二季共五個月汛防澎湖的型態已經固定，「春汛，以清明前十日為期，駐三箇月。冬汛，

以霜降前十日為期，駐二箇月」[150]；不僅如此，連汛畢返港的基地亦有固定處所，其位址有二，一在泉州的廈門，[151]另一在漳州的海澄。[152]而且，該遊的經費支出來源亦固定化，官軍的薪餉係由泉、漳二府共同支付，亦即「月餉，則漳、泉共餉之」，[153]亦因如此，故其防務範圍係兼轄二府的，而非僅專守泉或漳一地而已。

4.內岸化——

萬曆四十四年（1616），福建沿海局勢又因村山等安派軍南下臺灣而再度緊張，閩撫黃承玄認為，臺灣是閩海的咽喉，倭人若控此，閩地濱海百姓將受其害，遂決意整合廈門、澎湖二地的兵力，並增強澎湖的防務，以對付窺犯臺灣的倭人。其主要措施是，將先前所設的浯銅和澎湖二支遊兵合而為一，成立

---

[150] 何喬遠，《閩書》，卷之 40，〈扞圉志・鎮守、寨、游・彭湖游〉，頁 989。附帶一提的是，明代水師在春、冬二季時必須出海遊弋，以備乘北風入犯的倭人，故兵防上有所謂的春汛和冬汛兩個時段，大體上而言，春汛共三個月，若以陽曆來計算，大約每年的三月二十五日起至六月二十五日，冬汛則有兩個月，約自十月十日至十二月十日為止。

[151] 有關此，清人周凱《廈門志》曾載道：「澎湖遊擊：萬曆二十五年增設，屬南路參將，駐廈門，而澎湖其遙領也」。見（南投市：臺灣省文獻委員會，1993 年），卷 10，〈職官表・澎湖遊擊〉，頁 365。文中的「澎湖遊擊」係指萬曆二十五年設立的澎湖遊兵，並非是指天啟五年以後增設的澎湖遊擊，特此說明。

[152] 史載，「彭湖嶼（附）：在巨浸中，屬（泉州府）晉江（縣）界，其令兵往戍，則漳（州）與泉（州）共之者也。遊戍[即澎湖遊兵]汛畢，駐澄[即海澄]為多」。見梁兆陽，《海澄縣志》，卷 1，〈輿地志・山・彭湖嶼附〉，頁 22。

[153] 袁業泗等撰，《漳州府志》，卷 15，〈兵防志・彭湖遊兵〉，頁 19。

新的浯澎遊兵，設指揮官欽依把總一人，駐防在廈門，下轄有澎湖遊兵和衝鋒遊兵；其中，澎湖遊負責汛守澎湖信地，係正面當敵的正兵，新設的衝鋒遊，則往來澎、廈海上，任巡哨、策應的奇兵。明政府此一措置，使澎湖的兵防型態走向「內岸化」的道路。

因為，廈、澎二地整併後的浯澎遊兵，在澎湖有正面當敵的澎湖遊兵，澎、廈海域又有巡哨策應的衝鋒遊兵，此一正奇並置、固守澎湖的佈防方式，讓海中的澎湖兵防走上「內岸化」的道路，亦即它的情況與福建沿岸地區無大的差別，如同福州同時擁有正兵的小埕寨和奇兵的海壇遊兵，興化有正兵的南日寨和奇兵的湄洲遊兵，漳州有正兵的銅山水寨和奇兵的南澳遊兵……等。澎湖兵防型態內岸化一事，同時亦說明著，明政府正努力去嘗試如何較為有效地去掌握今日的臺灣海峽，進而為海峽對岸的內地百姓，提供更為安全的生活保障。[154]

但是，前文曾已述及，因為浯澎遊兵在制度結構上有著不小的缺陷，遂導致廈、澎兵防合一的目標構想難以實現，故至天啟元年（1621）時便遭到明政府的裁撤，亦即裁後的浯澎遊兵，改回原先的浯銅、澎湖遊兵，並保留增設不久的衝鋒遊兵。此處，有一現象值得注意，亦即巡哨、策應海上的衝鋒遊被保留下來，再配合汛守澎湖的澎湖遊，此一正奇並置、戰術完整

---

154 請參見何孟興，〈明末浯澎遊兵的建立與廢除（1616-1621 年）〉，《興大人文學報》第 46 期（2011 年 3 月），頁 144-145。

的佈署方式，說明著明政府固守澎湖的決心和態度，同時，亦讓澎湖兵防型態繼續地往「內岸化」的道路前進，而時人亦以「彭衝」遊（即澎湖衝鋒遊）來稱呼衝鋒遊，並與汛澎的「彭湖」遊（即澎湖遊）並列，[155]即是最好的說明。

5.內地化－－

前已提及，因荷人據澎築城二年所帶來的諸多傷害，天啟五年（1625）時，讓明政府痛下決心，重新去佈署澎湖的防務，諸如設立遊擊駐箚、水師陸兵兼設、築城疊置營舍、長年戍守澎湖，以及鼓勵軍民屯耕等相關措致，加上，總兵力又高達二，一〇四人，使海外的澎湖成為一個配備完整、獨立應戰的兵防要地；而且，此一兵防佈署的模式，幾乎與內地沿岸的戰略要處無甚大的差別。[156]因為，即使是駐防在泉州門戶－－永寧的

---

[155] 有關「彭湖」和「彭衝」二遊並列稱呼的記載，例如天啟五年四月時，〈兵部題行「條陳彭湖善後事宜」殘稿(一)〉便載道：「照得彭湖逼近漳、泉，實稱藩籬重地。國初設有戍守，後漸荒棒。邇年以來，雖有彭湖[即澎湖遊]、彭衝[即衝鋒遊]二遊把總領兵防汛，而承平日久，憚於涉險，(春、冬)三[誤字，應「二」]汛徒寄空名，官兵何曾到島，信地鞠為茂草，寇盜任其憑凌，以好奸人勾引紅夷[指荷蘭人]，據為巢穴，臥榻鼾睡，已炭炭乎為香山澳之續矣[指葡萄牙人佔領澳門一事]」。見臺灣銀行經濟研究室編，《明季荷蘭人侵據彭湖殘檔》，頁 19。另外，又如同年的〈兵部題行「條陳彭湖善後事宜」殘稿(二)〉亦稱：「查原彭湖、彭衝兩游，每兵月餉九錢。春、冬兩汛到彭(湖)防守，每月另給行糧三錢。今議長戍彭湖[指天啟五年閩撫南居益議設澎湖遊擊]，不許收汛回來內地，概給月糧一兩二錢」。見同前書，頁 22。另外，附帶一提的是，在天啟五年改設澎湖遊擊之前，澎湖遊兵指揮官係屬欽依把總，位階高於衝鋒遊兵的名色把總。請參見同前書，頁 24。

[156] 請參見何孟興，〈鎮海壯舉：論明天啟年間荷人被逐後的澎湖兵防佈署〉，《東海

泉南遊擊，[157]此際其所轄管的泉州府陸兵新、舊兩營，以及浯嶼、浯銅二寨遊水師，額兵總數亦不過約二,五〇〇人而已。[158]

不僅如此，吾人若綜合此次澎湖防務興革的內容，可以發現它有以下的幾個特點：（一）、增設陸兵，水陸兼備。它打破以往遊兵時期水師防海的單一型態，增改為既防海、又守陸的聯防型態，此舉是自萬曆二十五年（1597）設立澎湖遊兵以來，澎湖防務上最重大的變革。（二）、陸主水輔，固守島土。它改變先前澎遊時水師兵船防海禦敵的佈防型態，轉而為側重澎湖陸上的防禦工作，亦即固守澎湖島土，不讓外來者有侵佔的機會。（三）、設立遊擊，提升層級。將澎湖防務指揮官的層級，由欽依把總提升至守備，[159]來管理澎湖遊擊的事務，以便鎮守一方。（四）、築城置營，長年戍防。澎湖防務工作，由先前的

大學文學院學報》第 52 期（2011 年 7 月），頁 108-109。

[157]　請參見臺灣銀行經濟研究室編，《明季荷蘭人侵據彭湖殘檔》，〈兵部題行「條陳彭湖善後事宜」殘稿（二）〉，頁 21。

[158]　此時，泉州府陸兵新、舊兩營共有額兵八七〇人，至於，浯嶼、浯銅二寨遊的兵員額數，目前僅知，在萬曆四十年時，浯嶼水寨有額兵一,〇七〇人，以及汛期時附近、所支援的貼駕征操軍五八〇人，浯銅遊兵則有額兵五三六人，以及汛期來援的貼駕軍三〇〇人，若以此為基準，加以粗略的估算，泉南遊擊轄下的水、陸額兵約為二,四七六人。請參見臺灣銀行經濟研究室編，《明實錄閩海關係史料》，〈熹宗實錄〉，天啟元年十一月戊午條，頁 127；陽思謙，《萬曆重修泉州府志》，卷 11，〈武衛志上‧水寨軍兵〉，頁 10。

[159]　澎湖遊兵初置時，指揮官為名色把總。萬曆年間，明政府採行沿岸寨、遊的佈防模式——「欽（依）、（名）色兩總相間，正、奇二兵互用」；天啟以後，亦將改制後的澎湖、衝鋒二遊中的澎湖遊指揮官，陞格為欽依把總，和衝鋒遊的名色把總相互搭配，讓澎湖防務的型態，繼續地走向「內岸化」的道路。

春冬汛防改為長年駐防，並配合此制的實施，另又在馬公穩澳山興築城垣，城中並構建糧倉、營房和將帥衙門，以為官兵長久駐守之用；此一正式且具常態性的戌防方式，是明代澎湖防務上的重大突破。（五）、軍、民屯墾，守、耕並行。明政府鼓勵戌澎的官兵墾殖土地，並違背傳統的海禁政策，聽任內地民眾來此耕種或搭寮漁撈，不僅可藉由耕、漁稅收資以軍需，且可協助解決澎湖官兵的糧食補給問題；同時，亦因耕漁民眾的落戶定居，達到移民實邊的效果。此一兵防佈署之思維，對澎湖防務的推展具有正面的意義，亦屬一開創性的作為。

　　總之，明帝國在孤懸海外、土瘠物乏的澎湖島上，佈署二千餘人的兵力，加上，又搭配前述遊擊駐箚、水陸兼設、築城置營……等相關的措置，此一防務佈署的行動，在澎湖不僅是首見的，亦是福建海防發展史上的一大突破，值得後人留意和重視。

6.內岸化－－

　　天啟五年（1625），明政府雖在澎湖進行大規模的兵防佈署，卻無法找到一套有效的制度來監督當地駐軍，導致澎湖將弁貪瀆不法、胡作非為，無法發揮先前預期應有的功能；再加上，滿人犯邊問題嚴重，明政府開銷龐大，財政窘困的閩省亦須分攤部分軍費，……上述的這些因素，致使明政府對新設不久的澎湖遊擊進行裁軍的行動，它的主要措施有三：（一）、駐防時間的改變，由長年屯守改回春、冬二汛，實施最晚不超過

崇禎二年（1629）。（二）、佈防方式的調整，對天啟五年改制的陸主水輔、固守島土政策進行調整，改回原先以水師兵船、防海禦敵為主力的佈防方式。[160]（三）、澎湖遊總的裁撤，即裁掉澎湖遊擊轄下的澎湖把總及其部隊，人數約一，一○○人左右，時間最遲不晚於崇禎六年（1633）。而上述的澎湖裁軍行動，讓先前的努力白忙一場，似又回到天啟五年（1625）以前的景況。

然而，不可否認的是，吾人若就澎湖遊擊本身的佈防型態來看，先前扮演正兵的澎湖把總雖因裁軍而被撤廢，明政府卻改以澎湖遊擊標下的中軍把總（即標下把總）來替代其角色，讓它和澎湖衝鋒把總各自扮演正、奇兵的角色；而此一做法和思維，亦是延續天啟元年（1621）浯澎遊兵撤廢時，哨巡策應的「奇兵」衝鋒遊兵被保留下來，再配合汛守澎湖「正兵」的澎湖遊兵，構築成正奇並置、戰術完整的佈署方式。同時，又因明政府未接受「裁（撤）遊戲[指澎湖遊擊]，（改）題（請）欽（依把）總」的建議，[161]讓職階較高的澎湖遊擊保留下來，繼續去領導標下和澎衝把總來捍衛澎湖。此一現象，亦充分地說明著，明政府固守澎湖的決心，不因澎湖遊擊的裁軍而改變，

---

[160] 前文曾述及，明政府欲改變澎湖的駐防方式，將長年屯守改回原先的春、冬二汛，在此之前，似已先對澎湖遊擊的兵力編制進行調整，疑將其轄下陸兵的左、右翼二把總撤廢掉，改設回原先的水師澎湖、澎湖衝鋒二把總，亦即捨棄天啟五年改制後陸主水輔、固守島土的防禦思維，改回先前的遊兵時期水師兵船防海禦敵的佈防方式。

[161] 蔡獻臣，〈論彭湖戍兵不可撤（癸酉）〉，收入《清白堂稿》，頁135。

並且，欲延續並深化先前澎湖兵防型態走向「內岸化」的一貫
目標。[162]

（二）澎湖佈防遲延挫折的原因

　　前文曾已述及，澎湖兵防的佈署工作，遲至嘉靖末期倭亂
平後，明政府才開始派遣浯嶼、銅山水寨時臨時編組的水軍前
往巡弋，至萬曆二十五年（1597）才佈署了固定性質的澎湖遊
兵，但稍後不久，便又因日本於朝鮮撤兵，隨即又進行一連串
的裁軍行動，……，尤其是，天啟五年（1625）在逐走據地築
城的荷蘭人後，雖在澎湖進行了一場空前盛大的兵防佈署工
作，卻又在不到數年的時間，便即更動戍防的時間，裁撤半數
的兵力，以失敗來收場……。有人或許會感到納悶，戰略地位
如此重要的澎湖，明政府的佈防工作為何如此地遲延……，而
且，在過程中又有不少的挫折和改變？

　　筆者以為，孤懸海外、鞭長莫及是明政府澎湖問題難解的
根源所在，同時，亦是澎湖兵防政策曲折多變，虎頭蛇尾，難
以貫徹到底的重要源由！造成此一問題的原因，除了澎湖本身
受限於地理位置和自然環境兩大因素的限制外，明政府的統治
能力亦是重要的原因，亦即明政府無法找出一個合適的制度或
方法，來有效地管控或監督當地的駐軍。

162　請參見何孟興，〈明末澎湖遊擊裁軍經過之探索〉，《硓𥑮石：澎湖縣政府文化
　　局季刊》第 69 期（2012 年 12 月），頁 87-88。

1.地理位置的因素－－

對明人而言，澎湖孤懸大海中，與泉、漳等地距離遙遠，例如萬曆年間，鄧鐘重輯的《籌海重編》海圖中的「彭湖山」（附圖十五：《籌海重編》圖中正上方處的彭湖山，筆者攝。），[163]旁側便註解有一行小字，曰：「此彭湖山[即澎湖]，離內地頗遠」。[164]上述的語句，點出當時人們在距離上對澎湖的心靈感受……。確實，「澎湖去漳、泉四百里，而礁澳險隘，海波洶湧，我兵防汛率一月、半月始濟」。[165]此一海外遙遠的要島，內地船帆往返曠日費時，不僅春、秋汛期官兵前來巡哨不方便，一旦倭、盜等不法在此活動，前往勦捕的官兵，心中亦不免會生遠隔大海、路途遙遠的恐懼壓力。

畢竟，大海闊茫且距離內地又遠，它會增添許多不可知的變數，……不僅降低官兵掌握狀況的應變能力，同時，並會衍生出許多的問題，首先是，明政府對澎湖官軍提供補給或支援，有技術上的困難。例如鄧鐘《籌》書便認為，在兵力佈署上而言，「分兵者於法為弱，遠輸者於法為貧」，[166]澎湖因距離內地遙遠，「絕島孤懸，混茫萬頃」，[167]官軍補給十分地不方便，「輸

---

[163]　鄧鐘，一作鄧鍾，萬曆五年武進士，善詩，有韜略，為廣東副總兵，有征黎功，二十年時嘗重輯鄭若曾的《籌海圖編》而成《籌海重編》一書。

[164]　鄭若曾，《籌海重編》（永康市：莊嚴文化事業有限公司，1997年），卷之1，無頁碼。

[165]　洪受，《滄海紀遺》，〈建中軍鎮料羅以勵寨遊議〉，頁77。

[166]　鄭若曾，《籌海重編》，卷之4，〈福建事宜・寨遊要害〉，頁139。

[167]　同前註。

不及而援後時，是委軍以于敵」，[168]便主張放棄防守澎湖。其次是，明政府掌握該地的動態十分地不易，包括監督官兵的禦敵佈署是否能落實、軍紀表現如何做有效的考核、軍務政令是否確實執行……在在都是問題，日後所爆發的澎湖遊擊王夢熊等人貪瀆不法情事，便可應證上述的疑慮，確非憑空臆想的！同時，亦相信此憾事的發生，一定會讓明政府對孤懸海外的澎湖，心生鞭長莫及之無力感！

2.自然環境的因素－－

澎湖各島缺乏山嶺河川，地形十分平坦，土地貧瘠不利農耕，飲用水源不豐沛。尤其是，該地又以多風而聞名，「澎湖風信，與內地他海迴異。周歲獨春、夏風信稍平，可以種植；然有風之日，已十居五、六矣。一交秋分，直至冬杪，則無日無風，常匝月不少息；其不沸海覆舟，斯亦幸矣」。[169]上文提及，除春、夏稍好外，冬季時風濤怒號，無日無之，沸海覆舟，令人望之生畏！

且前文已述及，因倭人係乘東北風南犯，水師遂有春、冬二汛之規，澎湖如此惡劣的天候環境，加上，又遠離漳、泉陸地，「大海之中，人情憚於涉險」，[170]畏懼險阻之心乃人性之自然反應。尤其是，冬汛農曆九至十一月時，此際正值東北風盛

---

[168]　同前註。

[169]　林豪，《澎湖廳志》（南投市：臺灣省文獻委員會，1993 年），卷 1，頁 36。

[170]　臺灣銀行經濟研究室編，《明季荷蘭人侵據彭湖殘檔》，〈兵部題行「條陳彭湖善後事宜」殘稿（二）〉，頁 24。

發之際，在航海技術不發達的時代裏，欲令水師官軍乘駕兵船，橫渡今日臺灣海峽，往赴澎湖巡防或戍守，對任何人而言，皆是一份既辛苦又危險的差事。不僅如此，澎湖港澳分歧，且多沙洲暗礁，「各島星羅碁布，遠近錯列，港道紆迴，礁汕隱伏水中，非熟悉夷險者不敢輕進；以故洋船過此，每視為畏途，誠險地也」，[171]更加深澎湖兵防佈署的難度。

3.明政府統治能力－－

因為，澎湖的地理位置和自然環境兩大因素皆不理想，再加上，該處腹地面積狹小，島嶼分岐，不僅前來戍防官兵的生活條件不佳，同時，亦造成官軍生活物資用品，必須多仰賴內地的供應，但又因路途十分地遙遠，導致補給的工作困難重重。亦因上述諸多的問題，不僅對春、冬汛防澎湖五個月的水師官兵不方便外，對天啟五年（1625）後長年駐防於此的官兵，甚至於軍、民屯耕工作的推動，更是一大嚴酷的考驗。然而，澎湖此一「窮荒無用」之地，[172]同時，卻又是捍衛海疆的戰略要地，亦因如此，早在嘉靖年間起便令明政府十分地為難！因為，明政府雖在嘉靖晚期以前，即已知曉，澎湖是倭、盜分路進犯泉州和福州省城的船隊集結之處，[173]而且，該地於隆、萬年間，

171　林豪，《澎湖廳志》，卷1，頁12。

172　澎湖不僅土壤貧瘠，水源不豐沛外，且風力又盛，故讓澎湖的農作種植更加地困難，清人林豪在《澎湖廳志》中曾指道：「論其地，則風多雨少、斥鹵磽薄、不產稻麥、種植維艱，夙稱窮荒無用之地也」。見該書，卷5，頁135。

173　請參見胡宗憲，《籌海圖編》，卷2，〈倭國事略〉，頁34。

更惡化成為倭、盜和私販活動頻繁的處所，及其盤據為巢的窟穴。但是，上述這些不易克服的問題，致使明政府猶豫不決而遲未能採取行動，無法在澎湖佈署固定的兵力！

直至萬曆中葉中日朝鮮之役爆發，情況漸趨緊急下，明政府才被迫於此設立了澎湖遊兵，以應可能之變局；之後，亦因該地敵犯問題無法徹底地解決，所以在天啟五年（1625）設立澎湖遊擊時，特別地增加一倍多的兵力，且將春、冬汛防改成全年屯守。然而，卻因戍防時間的拉長、兵員人數的倍增而讓先前問題愈加地嚴重，並將某些潛藏的問題加以凸顯出來！亦即明政府此時的統治技術和能力，包括官僚體系的指揮、聯絡和監督的運作方式，尚無能力去地駕馭大海彼端的澎湖，直接且有效地去掌控二千餘名、長年屯守於此的官軍，而該地駐軍弊端叢生、王夢熊等人貪賄不法……等所反應的現象，即是明政府無力控管的窘況下之產物，此亦難怪澎湖遊擊體制實施不到十年的時間，便讓明政府承受不了（當然，還包括其他的原因在內……），不僅大舉裁減了半數員額的兵力，而且，在此之前，亦即最遲不晚於崇禎二年（1629），更先將澎湖官軍由長年屯戍，再改回天啟五年（1625）以前的春、冬汛防，以化解其燃眉之急的難題！即因如此，才有人會為此而拍手稱好，並且指道：「近議更『守』﹝即長年駐防﹞為『汛』﹝即春、冬二汛﹞，較稱活法」。[174]

---

[174] 梁兆陽，《海澄縣志》，卷1，〈輿地志·山·彭湖嶼附〉，頁22。

（三）澎湖佈防動機心態的評析

　　有關明政府在澎湖佈防的動機和經過，前文嘗已說明，今再略述如下。明初時，因元末群雄張、方餘黨勾結倭人騷擾沿海，江夏侯周德興南下福建推動海禁政策和建構海防設施，洪武二十年（1387）澎湖島民被強遷回內地，巡檢司亦一併廢掉，用以斷絕島民擔任倭盜的耳目、嚮導，或提供補給之處所，久之，澎湖亦成人們陌生的失聯海島……。嘉靖末倭亂平定後，因明政府得悉，澎湖是倭寇進犯閩地的重要關鍵處所，加上，浯嶼水寨內遷廈門後難以偵知外海的動態，遂抽調附近的水師兵船，春、冬汛期往赴澎湖巡弋，以應可能之敵犯。萬曆二十五年（1597）冬天，因倭軍大舉又犯朝鮮，閩海再度告警，為避免戰略要地的澎湖為倭所據，遂排除萬難地設立了澎湖遊兵；次年（1598）春汛因恐該地兵力不足，又再增加一倍兵力，並徵調附近六個寨遊、兵船十八艘來協防澎湖，並壯大澎湖遊兵的聲勢；但是，同年（1598）年底倭軍撤兵朝鮮，澎湖遊兵隨即進行一連串的裁軍行動，……最後，亦因澎湖兵力的不足，明軍萬曆三十年（1602）東番勦寇和三十二年（1604）往赴澎湖勸說求市荷人離境的工作，遂被迫改由浯嶼水寨領軍擔綱。之後，因倭人控制琉球，明政府且恐其襲取雞籠、淡水，進而威脅內地的安全，遂再度在澎湖增兵以應之。萬曆四十四年（1616），村山等安派遣船隊南征臺灣，明政府提出澎湖、廈門跨海協防－－浯澎遊兵的構想，用以增強澎湖的防務，來對付窺犯臺灣的倭人。天啟五年（1625）時，因荷人據澎築城、截

斷中流二年所帶來的痛苦刺激，讓明政府史無前例地在澎湖佈署強大的兵力，包括遊擊駐箚、水陸兼備、築城置營、長年戍防和軍民屯耕等完備的措致，希冀澎湖成為固若金湯的堡壘，日後有辦法抵擋外來的侵略，不僅如此，還因荷人侵擾漳、泉沿岸的教訓，特別加強廈門中左所的防務，將南路參將移駐於此並升格副總兵，用以節制泉南遊擊和剛成立的澎湖遊擊，並且，利用泉、澎二遊擊共同扼控今日臺灣海峽，來夾擊入犯於此的敵人。

　　明人或許是受到洪武帝對四鄰看法的影響，[175]以及海禁政策長期以來的制約，[176]在心靈上有著閉關自守、自給自足的傾

---

[175]　洪武帝曾對中國四鄰交往的態度提出見解，並形諸文字，用以告誡日後繼任帝位的子孫，要他們遵循不渝。洪武帝在《皇明祖訓》〈祖訓首章・四方諸夷〉的一開頭，便如此說道：「四方諸夷，皆限山隔海僻在一隅，得其地不足以供給，得其民不足以使令。若其自不揣量來挑我邊，則彼為不祥；彼既不為中國患而我興兵輕伐，亦不祥也。吾恐後世子孫，倚中國富強，貪一時戰功，無故興兵，致傷人命，切記不可」（見朱元璋，《皇明祖訓》，〈祖訓首章・四方諸夷〉，頁 5。）。這種無意攘奪鄰邦的土地和統馭他國人民的態度，且不願「無故興兵，致傷人命」的和平相處、不生事端的見解，成為洪武帝處理與四鄰互動關係的行動標準。另外，大陸學者吳晗亦曾指出，洪武帝朱元璋接受了元代用兵海外失敗的經驗，打定主意，不向海洋發展，要子孫遵循大陸政策。因為，中國是農業國家，工商業不發達，不需要海外市場；版圖大，用不著殖民地；人口多，更不缺少勞動力。請參見吳晗，《朱元璋傳》（臺北市：里仁書局，1997 年），第 4 章，〈大皇帝的統治術〉，頁 185。

[176]　明初時，海禁政策形成的背後原因，是十分複雜的。因為，根絕邊海居民潛通倭寇、海盜，此只是實施海禁浮面的原因。若深入去探究海禁的背後的動機因素，則當不止如此而已。明代實施海禁有其深刻的思想根源，除了傳統的重本抑末思想之外，洪武帝朱元璋個人對邊防的主張亦為關鍵之因素。因為，朱曾

向，多數的人對海洋不但陌生，且缺乏經營和進取之心！可能是如此，吾人若深入去觀察上述明代澎湖佈防的動機和變遷經過，便可發現到，明政府（即「守門者」）在澎湖的相關佈防措置，亦即處理澎湖兵防的相關問題時，被動、應付是其一貫的態度和做法，缺乏積極、主動的精神，且無前瞻性的藍圖或計畫，對於澎湖防務的重視與否，澎湖汛兵需要多少的數額，甚至於要佈署到何種程度或等級的兵力，完全依入侵者（即「叩門者」）－－亦即荷蘭人、葡萄牙人、日本倭人、中國海盜或走私者（即私販），所給予的壓力、刺激或傷害有多大來做決定的，被動因應便是其主要的問題思考邏輯，因事被動、遇事應付可稱是明政府在此心態上的重要特質，所以，它在澎湖佈防動機上所呈現出來的現象，即是「有事時，便增防；事過後，就裁軍！」亦因如此，渴望於中國處謀得利益的倭、盜、夷、販（即「叩門者」）等各方的勢力，他們前仆後繼地在中國沿海對明政府進行挑戰時，明政府（即「守門者」）卻僅能在其中，採取被動的方式維護自身利益而已！

　　上述如此反應的思維和舉措，充分地說明一個現象，亦即

親歷蒙古人入主中國的慘痛經驗，「如何嚴防外力再度侵入統治中國？」便成其立法定制的重點，故百姓出入國境或海上往來必須透過法令來加以嚴格規範，這亦是其鞏固政權和國家安全的重要措施，所以，明代在海上有海禁之令，陸地亦有私出外境之禁令，兩者是一體有關聯的連環禁令。請參見吳緝華，〈明代海禁與對外封鎖政策的連環性－－海禁政策成因新探〉，收入吳智和主編，《明史研究論叢（第二輯）》（臺北市：大立出版社，1985年），頁131-135；晁中辰，《明代海禁與海外貿易》（北京市：人民出版社，2005年），頁37-39。

「叩門者」由海上如波浪般地、主動挑戰的諸多舉措，深深地左右著「守門者」在澎湖，甚至於，在整個福建海域兵防部署的方向和作為，而在此過程中，明政府處置的態度，僅是在遇事應付、見招拆招而已。換言之，「守門者」的明政府被動、應付的心態和作為，被它的敵人——即「叩門者」的倭、盜、夷、販牽著鼻子，不自覺地、一步一步地走入大海之中，……跨過了今日臺灣海峽，來到了澎湖，甚至於，連澎湖鄰側的臺灣，都出現在「守門者」禦敵防線的視野之中！

四、澎湖兵防變遷的回顧

本文前言即曾述及，明人因閉關自守、自給自足的主觀企望，與入犯謀求利益的「叩門者」——倭人、海盜、荷人、葡人和私販的想法是大相逕庭的，而「守門者」的明政府為了要保護自身的利益，不得不去回應倭、盜等外來者的挑戰，如此情況之下，「叩門者」的挑戰和「守門者」的回應，便成為明代福建海防發展過程的主軸，其中，澎湖兵防變遷的內涵特質，卻也成為詮釋上述的現象——「叩門者」挑戰和「守門者」回應的極佳範例。因此，本節「澎湖兵防變遷的回顧」的內容，即是要以——「叩門者」挑戰與「守門者」回應做為討論的主題，來回顧整個明代澎湖兵防變遷的經過，並探索其背後的歷史意義。

筆者在前言中語及，吾人審視明代福建海防整個的變遷過

程，宛如是一場「守門者」與「叩門者」的馬拉松式競賽。「守門者」的明政府，和它的對手「叩門者」即倭、盜、夷、販（其中，包括日本統治者在內的倭人，更被明政府視為是主要的潛在敵人。），在福建沿海進行一場馬拉松式的競賽，今日臺灣海峽是其重要競技場，孤懸海中的澎湖，則是雙方決勝負的重要地點。在這場常達兩百餘年的馬拉松競賽中，「守門者」為了有效對付它的敵人「叩門者」，不僅導致澎湖的佈防型態，隨著不同對象或不同時期的挑戰而調整或做改變，而且，在「守門者」思考各種對應辦法的過程中，不自覺地造成它的海上防線，由沿岸一步一步地推向大海之中……！

因為，早在洪武（1368-1398）開國之初，「叩門者」的倭、盜便即騷擾東南沿海，挑起了這場長達兩百餘年馬拉松的競賽，「守門者」的明政府派遣江夏侯周德興南下福建，大規模地推動海防建設，來回應「叩門者」的挑戰。以本文研究主題澎湖所屬的泉州地區為例，此時，周便一口氣建立了永寧衛，以及崇武、福全和金門等三個守禦千戶所，以及峯尾等十五處的巡檢司。[177]周的佈防觀念是，遷回海島居民，鞏固海岸防線，藉以保衛陸上百姓安全。其中，與澎湖關係最大者，便是棄守澎湖和佈防金門的措施。棄守澎湖，即「守門者」強遷該處島民回到內地，以斷絕「叩門者」的聲息、奧援力量；至於，明

---

[177] 有關此，請參見何孟興，〈金門、澎湖孰重？論明代福建泉州海防佈署重心之移轉（1368-1598年）〉，《興大人文學報》第44期（2010年6月），頁183。

時稱為「浯洲」的金門，它和鄰側的廈門（明稱嘉禾嶼），[178]是閩海極少數未被「守門者」墟地徙民的島嶼，因金門扼控九龍江出海口，係屏障泉、漳二府的前哨島嶼，戰略地位十分地重要，洪武二十年（1387）周在該島共設一座守禦千戶所和四個巡檢司，連旁側的烈嶼（俗名小金門）亦設有巡檢司，[179]不僅如此，附近海域又有浯嶼水寨巡防的兵船，用來監控附近海域的動態，並抵禦外敵的進犯！

因為，「守門者」利用水寨的兵船哨守於外，衛所巡司固守

---

[178] 周德興在洪武二十年時，將大、小嶝嶼和鼓浪嶼墟地徙民，而此時未被墟地的廈門，則在該島上設立了塔頭巡檢司以維護治安。之後，明政府又於廈門對岸內地處設立了高浦守禦千戶所，該所「在（泉州）同安縣西南十四都。洪武二十三年，徙永寧衛中、右千戶所（官軍）刱建」（見黃仲昭，《（弘治）八閩通志》，卷之 41，〈公署・武職公署〉，頁 21。），藉以屏障同安縣西部。至於，廈門島上的中左守禦千戶所，則遲至二十七年時才由都指揮謝柱，遷徙建寧衛的中、左二千戶所的官軍創建，雖然，另有說法指稱，中左所係遷移附近永寧衛的中、左二千戶所官軍而來的。但是，不管上述何者為真，此時，廈門的兵力佈署與外側的金門相比，不僅薄弱了許多，甚至於，連中左所設立的時間皆晚了金門所些許，明政府對金門兵防重視的程度，遠遠大過於其內側的廈門，此為不爭的事實。請參見何孟興，《浯洲烽煙－明代金門海防地位變遷之觀察》（金門縣金城鎮：金門縣政府文化局，2013 年），頁 54。

[179] 浯洲嶼除了設立金門守禦千戶所，額軍一，五三五人，正千戶一名，構建堡城一座，用以鎮守地方外，又在該島及其旁側的烈嶼，設立了官澳、田浦、陳坑、峯上和烈嶼等五座巡檢司，各置巡檢一員和弓兵百名，且皆築有寨城，以為哨探盤詰、治安捕盜之用。此一佈署內涵，主要是以浯洲做為控海制敵的前線要地，亦即採取「守外禦敵」的佈防方式，藉由外緣要地的強大佈防──包括浯洲、烈嶼一所五司的陸地兵力和浯嶼水寨的海上兵船武力，來達到保衛泉、漳內地安全的目標。請參見何孟興，《浯洲烽煙－明代金門海防地位變遷之觀察》，頁 6-7。

於內，形成了海、陸兩道的防線，以應付「叩門者」的挑戰，同時，又搭配墟地徙民的措舉，將沿海島民遷回內地，來斬斷「叩門者」的耳目、嚮導和補給，對沿海地區進行有效的防禦作為，此不僅讓「叩門者」少去可乘之機，同時，亦為明代前期沿海百姓帶來昇平的景象。然而，隨著海疆寧謐日久，「守門者」內部問題叢生……人心怠玩、軍備廢弛的現象屢見不鮮！此際，「守門者」對邊海控制力亦減弱不少，致「叩門者」有可乘之機，海上走私貿易猖獗，除本土不法者外，倭人和葡萄牙人亦加入走私的行列，之後，「叩門者」中的私販勾結倭人，由海商變成海盜，劫掠沿海百姓財貨，演成了嘉靖中晚期的倭寇之亂。這場由「叩門者」主導、令「守門者」頭疼不已的慘禍，荼毒東南沿海長達十數年之久！亦因這場亂事，讓「守門者」認識到，失聯且為人淡忘的澎湖，是「叩門者」乘風入犯的跳板和劫掠活動的巢窟！同時，又因浯嶼水寨遷入廈門後，無法偵知外海動態的缺失下，「守門者」遂在倭亂平定後，派遣水師汛期往赴澎湖巡弋，以因應「叩門者」可能於此的不法活動。

前已提及，明初以來，金門一直扮演防寇內侵、出控海上的前哨角色，但至嘉靖晚年時，卻因「守門者」派軍遠汛澎湖而發生了鬆動，……「守門者」的海上防線，因「叩門者」的挑戰和刺激，靜悄地由沿岸地區往海中移動，澎湖欲取代金門成為泉州海域的最前線，它的雛型已漸生成。……之後，又經過三十餘年，亦即「叩門者」的倭軍大舉入侵朝鮮，「守門者」派軍往援，「守」、「叩」二者爆發戰爭，亦因形勢益加嚴厲，「守

門者」被迫於萬曆二十五年（1597）時排除萬難增設了澎湖遊兵，以應「叩門者」可能的挑戰，此舉使海中的澎湖，完全取代了近岸的金門，成為監控泉、漳海域的最前線，金門則被替代，而退居到海防第二線，明代福建的海防線，至此，正式地跨越過今日臺灣海峽，向東邁進一大步，此對福建海防佈署的演進上亦別具意義！亦即「叩門者」嚴厲的挑戰，讓「守門者」不得不向前一步去迎戰它的敵人，亦致使「守門者」由沿岸而不自覺地跨入了海中……。

萬曆中晚期以後，隨著倭人控制琉球，窺視雞籠、淡水，村山船隊南犯臺灣等事件的發生，「叩門者」此一連串的舉措，讓「守門者」深刻地體會到，先前遭到裁軍的澎湖防務，有必要再度地加強！因此，遂催生了澎湖、廈門兩地跨海協防的構想，浯澎遊兵於斯誕生。尤其是，該遊轄下的澎湖、衝鋒二遊採正奇並置、固守澎湖的佈防方式，使澎湖兵防型態走向「內岸化」的道路，此處可清楚地看出，「守門者」正努力朝有效地去掌握今日臺灣海峽而努力著！然而，天啟（1621-1627）初年，「叩門者」卻給「守門者」一個晴天霹靂的重擊，東來求市的荷人竟敢霸佔明帝國領土的澎湖，且在島上構築城堡，打劫海上來往船隻，並前往漳、泉沿岸騷擾劫掠，……經此教訓後，「守門者」於天啟五年（1625）在澎湖佈署與沿岸戰略要處同等級的兵力，希望透過「內地化」的防務佈署行動，長年地來固守此一失而復得的海中要島，不讓「叩門者」有染指的任何可能機會。

　　然而，不久之後，「守門者」即因澎湖遠隔大海監督不易，滿人犯邊財政困難，以及該地駐軍貪賄不法，無法發揮預期應有的功能，在崇禎初年時進行兵力裁減的行動（包括駐防時間的改變、佈防方式的調整和澎湖遊總的裁撤。）。此舉，「守門者」雖有前功盡棄之憾，但此時，歷史似乎站在對它有利的這一邊，因為，此際的「叩門者」這邊似乎流年不利。首先是，「叩門者」的海盜兼私販鄭芝龍，[180]此一啟、禎年間閩海叱吒風雲的人物，在崇禎元年（1628）被「守門者」招撫任官後，且最遲在八年（1635）時，先後將同是盜、販的對手－－包括楊祿兄弟、李魁奇、鍾斌和劉香等人，逐一地消滅掉，[181]成為福建海域最強大的一股勢力。不僅如此，鄭還在崇禎六年（1633）時，幫助「守門者」於金門料羅灣海戰時，將佔據臺灣、從事經貿活動的「叩門者」－－即橫行漳、泉、澎、臺海域的荷人

180　鄭芝龍，泉州南安人，年少時曾赴日本發展，與田川氏結婚，生子鄭成功。傳說，鄭曾和華人領袖顏思齊在日謀反失敗逃到台灣，在今日雲林、嘉義一帶活動，不久後，顏病逝，鄭繼承為該集團的領袖，橫行海上，四出劫掠，成為東南沿海強大的海盜。崇禎元年時，鄭接受明政府的招安，成為明軍將領，官至福建總兵。明室傾覆，鄭對南明政權缺乏信心，遂投降滿清，後來遭清政府處決。

181　鄭芝龍撲殺對手之經過，大致如下，先在天啟七年殺害私販許心素。接著，被明政府招撫的鄭，在次年即崇禎二年，斬殺楊祿（即楊六）、楊策（即楊七）兄弟於金門。三年時，鄭又聯合鍾斌（即鍾六或鍾六老）和荷人，三方聯手打敗了李魁奇（又名李芝奇），李被擒後，遭明政府處決。四年，與鄭反目的鍾斌，在南澳被鄭所擊敗，溺水而死。劉香，又名香老或劉香老，亦在崇禎八年時被鄭芝龍所消滅。此際，福建海域已找不到任何一位的海盜或私販，可以來和鄭相抗衡！

給打垮，讓其欲至中國沿岸進行直接貿易的夢想，完全地破滅！[182] 至於，另一個「叩門者」的倭人，崇禎六年（1633）以後，他們在中國東南沿海的活動亦日漸地減少，主要的原因是，德川幕府陸續頒布了鎖國令，禁止國人到海外活動，此一舉措，對「守門者」不啻是一大福音！然而，歷史的發展，就是如此地詭譎難測，當「守門者」的對手――「叩門者」的海盜、私販、荷人和倭人，對它的侵擾和挑戰，一個一個地化解於無形時，「守門者」自身卻亦一步一步走近它的生命終點！因為，再過不到數年的時間，亦即崇禎十七年（1644），流寇李自成便攻陷了京城，崇禎帝自縊於煤山，明帝國滅亡，亦走入了歷史！

五、總　結

　　總而言之，吾人若綜合上述各章節的內容，得到的結論如下，首先是，針對「叩門者」――倭人、海盜、荷人、葡人和

182　崇禎六年的中荷戰爭，又稱為料羅灣海戰，主要是雙方爆發大規模的決戰地點在金門料羅灣水域，時任五虎遊擊的鄭芝龍在役中貢獻甚大，「料羅之役，（鄭）芝龍果建奇功，焚其[即荷蘭人]巨艦，俘其醜類，為海上數十年所未有」（見臺灣銀行經濟研究室編，《鄭氏史料初編》（臺北市：臺灣銀行，1962 年），卷 1，〈兵部題行「兵科抄出福建巡按路振飛題」稿〉，頁 90。）。至於，荷人在此役中大敗，實力嚴重受損，再加上先前又遇強烈暴風的損害（請參見江樹生譯，《熱蘭遮城日誌（第一冊）》（臺南市：臺南市政府，2000 年），頁 126。），連荷人自己都承認，「我們的力量已經衰弱到本季在中國沿海不能再有任何的作為了」（見同前書，頁 132。）。此役亦讓戰敗的荷人，先前所努力欲至中國沿岸進行直接貿易的目標，完全地破滅。

私販的挑戰，「守門者」的明政府回應之後，它呈現出來的具體結果是，澎湖的兵防佈署內容，於明代兩百餘年時間裡，逐次地遞變演化，其變遷過程大致如下：由明初洪武二十年（1387）時斷絕倭盜嚮導、補給的「墟地化」措施，經過了嘉靖倭亂平定後水師兵船「任務化」的汛期巡弋，再到萬曆二十五年（1597）設立澎湖遊兵，採取春冬二汛、返港基地和經費餉源等汛防「固定化」的措施。之後，又經歷過萬曆四十四年（1616）浯澎遊兵轄下澎湖、衝鋒二遊「內岸化」——正奇並置、戰術完整的佈防型態，後再到天啟五年（1625）澎湖遊擊時水陸兼設、長年戍防、築城置營和軍民屯耕的兵防「內地化」措施。最後，又回到澎湖遊擊在裁軍之後，續領標下、澎衝二把總的「內岸化」佈防型態。

其次是，明代澎湖佈防的相關措置多屬被動的，係「守門者」明政府受到外力的壓迫，亦即「叩門者」倭、盜、夷、販的主動挑戰之下，不得不去因應或解決問題的結果產物。筆者曾在前言中語及，「人類個體的力量，往往是擋不住時代的巨流。中國必須由陸地走向海洋，被迫去面對由海上而來的敵人如浪濤般，一波又一波的挑戰，這便是歷史的潮流！」便是在詮釋上述如此的現象！因為，遇事被動、應付的「守門者」，就如同上文所指的「人類個體的力量」，它擋不住時代的巨流——即「叩門者」的主動上門挑釁一事，而「守門者」在湖湖佈防的相關舉措，以及它的海上防線一步步移入海中，即是它回應「叩門者」的挑戰下的結果產物。由上可知，閉關自為的「守

門者」，終究是還要去正視問題－－「叩門者」主動的挑戰，它亦必須由陸地走向海洋，去面對此由海上前來的敵人－－「叩門者」如浪濤般的挑戰，這便是筆者所稱的「歷史的潮流」，亦是「守門者」所無法逃避的難題。

最後是，關於「叩門者」挑戰與「守門者」回應的問題，吾人可以得到以下的結論，有明一代「守門者」和「叩門者」二者的關係，可謂是相始終的，發始於洪武開國初，終結於崇禎亡國前，時間長達兩百餘年，守、叩二者之間的競爭，真可謂是一場的馬拉松式競賽。而「叩門者」挑戰與「守門者」回應的整個過程，則構成了明代福建海防發展過程的主軸，同時，亦因守、叩二者的競爭，才促使明帝國的海防重心，由沿岸一步一步地、不知覺地移向大海之中，而明代澎湖兵防整個的變遷經過，即是詮釋此一現象的最佳範例。

（原始文章連載於《硓𥑮石：澎湖縣政府文化局季刊》第 72 期，澎湖縣政府文化局，2013 年 9 月，頁 109-127；第 73 期，2013 年 12 月，頁 43-70；第 74 期，2014 年 3 月，頁 23-35；第 76 期，2014 年 9 月，頁 81-92。）

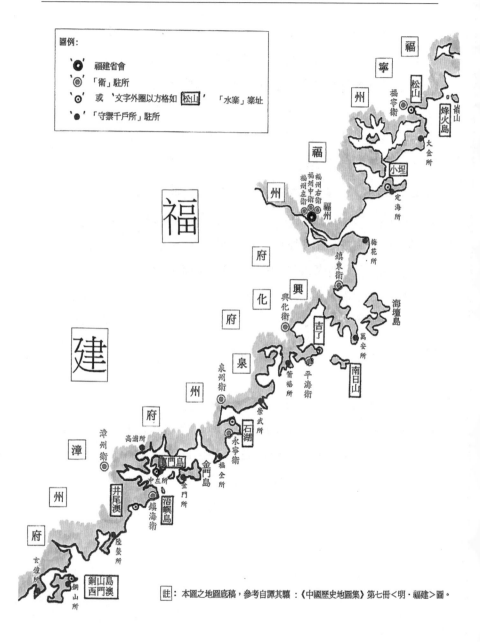

附圖一：明代福建沿海衛所水寨分佈示意圖，筆者製。

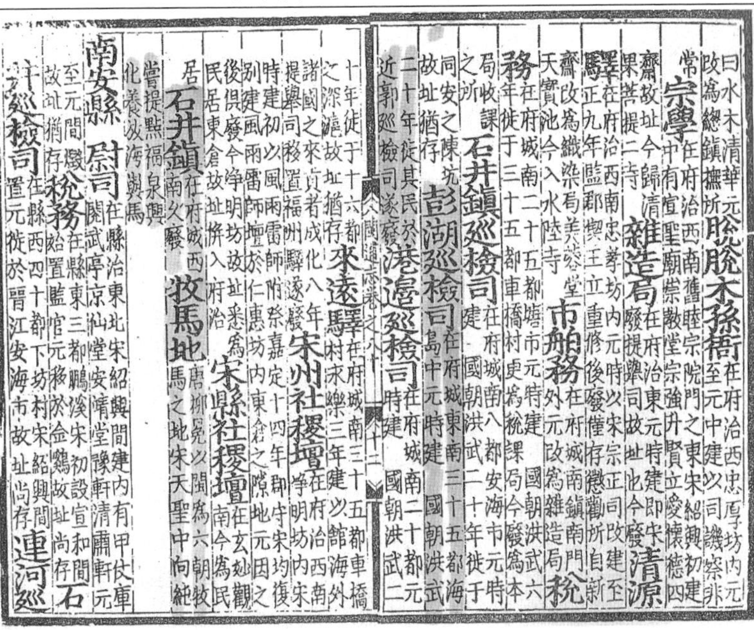

曰水木清華元改為總鎮撫所脫脫木孫衙在府治西忠厚坊內元至元中建以司識祭非
常宗學在府治西南舊睦宗院門之東宋紹興初建中有宣聖廟崇教堂宗強丹賢立愛懷德四
齋故址今歸清果菩提二寺雜造局在府治東元時建即宋廢提舉司故址也今廢清源
驛在府治西南忠孝坊內元時以宋宗正司改建至正九年監郡喫王立重修後廢僅存儀門所自新
齋改為織染局芙蓉堂天寶池今入水陸寺市舶務在府城南鎮南門外元改為雜造局稅
務在府城南二十五都塘市元時建國朝洪武六年徙于三十五都車橋村吏為稅課局今廢為本
局收課之所石井鎮巡檢司在府城南八都安海市元時建國朝洪武二十年徙于
同安之陳坑故址猶存彭湖巡檢司在府城東南三十五都海島中元時建國朝洪武
二十年徙其民於近郭巡檢司遂廢港邊巡檢司在府城南二十都元時建國朝洪武二

八閩通志卷之八十　十二

十年徙于十六都之深滬故址猶存來遠驛在府城南三十五都車橋村宋樂三年建以館海外
諸國之來貢者成化八年提舉司移置福州驛遂廢宋州社稷壇在府治西南淨明坊內宋
時建初以風雨雷師附祭嘉定十四年郡守宋均復別建風雨雷師壇於仁惠坊內東倉之隙地元因之
後俱廢今淨明坊故址悉為民居東倉故址併入府治宋縣社稷壇在玄妙觀南今為民
居石井鎮在府城西南久廢牧馬地唐柳冕以閩為六朝牧馬之地宋天聖中向紬
嘗提點福泉興化養汲海嶼馬
南安縣尉司在縣治東北宋紹興間建內有甲仗庫闕武亭凉仙堂安嘯堂豫軒清肅軒元
至元間廢故址猶存稅務在縣東三都鵬溪宋初設宣和間始置監官元移於金雞故址尚存石
井巡檢司在縣西四十都下坊村宋紹興間置元徙於晋江安海市故址尚存連河巡

附圖二：明代珍貴史料—黃仲昭《八閩通志》內頁書影，筆者攝。

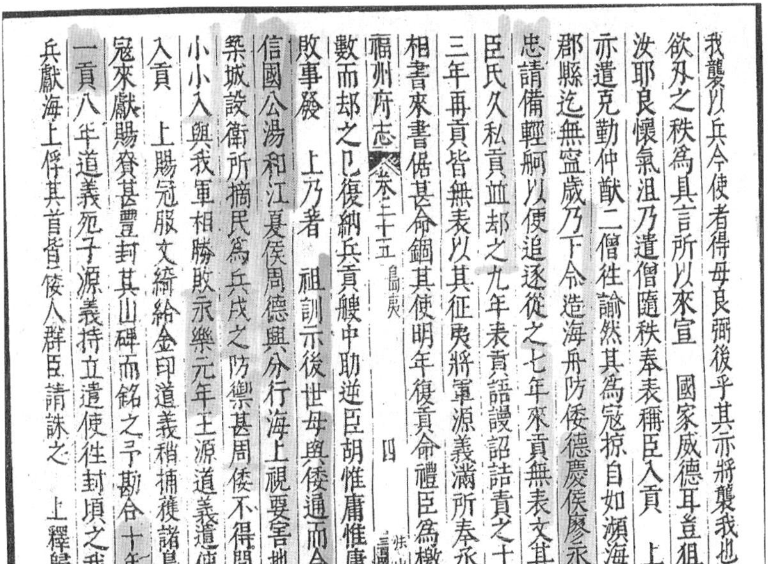

我襲以兵今使者得毋良弼後乎其示將襲我也
欲殺之秩為具言所以來宣　國家威德耳並狙
波耶良懷氣沮乃遣僧隨秩奉表稱臣入貢　上
亦遣克勤仲猷二僧往諭然其為寇掠自如瀕海
郡縣迄無寧歲乃下令造海舟防倭德慶侯廖永
忠請備輕舸以便追逐從之七年來貢無表文其
臣氏久私貢並郤之九年表貢語謾詔詰責之十
三年再貢皆無表以其征夷將軍源義滿所奉丞
相書來書倨甚命錮其使明年復貢命禮臣為檄

福州府志　卷三十五　島夷　四

數而郤之已復納兵貢艘中助逆臣胡惟庸惟庸
敗事發　上乃著　祖訓示後世毋與倭通而命
信國公湯和江夏侯周德興分行海上視要害地
築城設衛所摘民為兵戍之防禦甚周倭不得間
小小入與我軍相勝敗永樂元年王源道義遣使
入貢　上賜冠服文綺給金印道義稍捕獲諸島
寇來獻賜賚甚豐封其山碑而銘之予勘合十年
一貢八年道義死子源義持立遣使往封頃之我
兵獻海上俘其首酋倭人群臣請誅之　上釋歸

附圖五：明代史料—喻政《福州府志》內頁書影，筆者攝。

附圖三：《籌海圖編》附圖中的澎湖山，見圖正上方處。

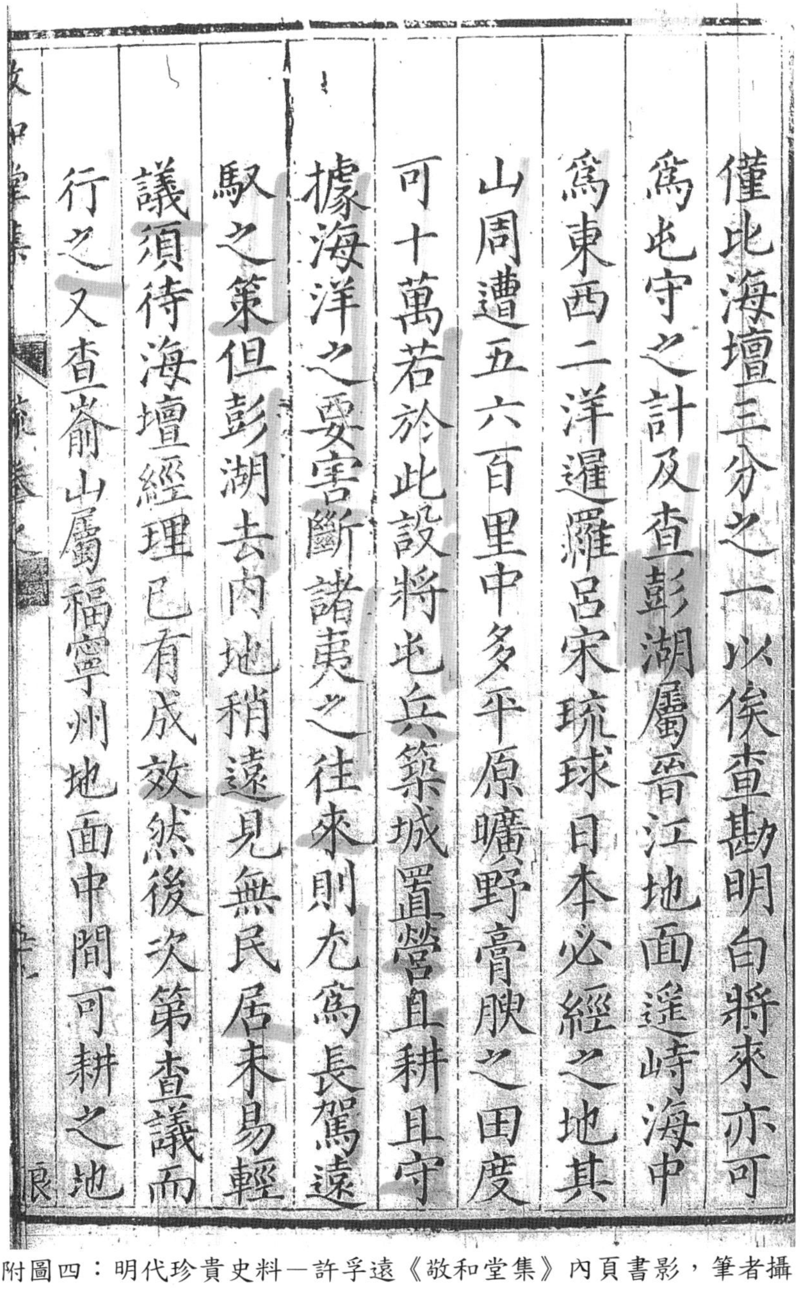

僅比海壇三分之一以俟查勘明白將來亦可

為屯守之計及查彭湖屬晉江地面遙峙海中

為東西二洋暹羅呂宋琉球日本必經之地其

山周遭五六百里中多平原曠野膏腴之田度

可十萬若於此設將屯兵築城置營且耕且守

據海洋之要害斷諸夷之往來則尤為長駕遠

馭之策但彭湖去內地稍遠見無民居未易輕

議須待海壇經理已有成效然後次第查議而

行之又查崳山屬福寧州地面中間可耕之地

附圖四：明代珍貴史料—許孚遠《敬和堂集》內頁書影，筆者攝。

附圖六：朱紈像，引自《覽餘雜集》。

山海關門而犯溫州或由舟山之南而犯定海經大洋

水而視風之變邅東北多則至烏沙門分艅或過此

樂縣等處　若正東風猛則必由五島歷天堂官渡

之梅花所長　彭湖島分艅或之泉州等處或

東北風猛則由薩摩或由五島至大小琉球而視風

長門因抽分司官在馬故也若其入寇則隨風所之

入中國因造舟水手俱在博多故也貢舶回則徑收

洋順風七日其貢使之來必由博多開洋歷五島而

順風一日約五百里　欽定四庫全書　籌海圖編　卷二

開洋至高麗之則失多南至琉球也必由薩摩州開

甘大哈東南為佛乃哥世西北為堆沙几撇思乃山谷為你打北為倭剌各島之人俱至堆沙

北至高麗也必由對馬島開洋凡幾撇思乃山谷三暴

為伊歧馬島橫直皆七十里至對馬島南奧為哥為

經過其島奧為乃路為倭齊家為衣屋奴剌為話哈達

為通記為達奴剌為烏苦為話哈達

相鎗懸海而生其中有嶼可泊乃日本境之盡處

也過此西行越五六日四望無山直抵陳錢壁下此島與薩摩相去一千五百五十里

里與平戶相去二千五十里五島至山口必由平戶

為平戶東西海面十里西北至五島山

為平戶之西為五島山五里五六日四望無山直抵陳錢壁下此

附圖七：明代史料—胡宗憲《籌海圖編》內頁書影，筆者攝。

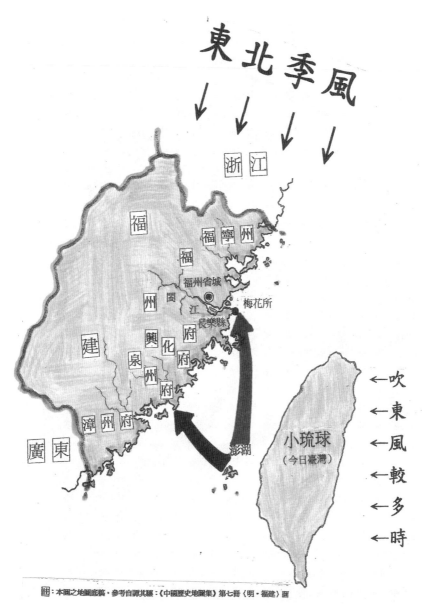

附圖八：《籌海圖編》倭人乘風由澎湖進犯福建路線示意圖，筆者製。

附圖九：黃承玄疏議倭人據臺犯閩路線示意圖，筆者製。

附圖十：安平古堡文物陳列館內的荷人兵器圖，筆者攝。

附圖十一：澎湖風櫃尾荷人堡壘遺址今貌，筆者攝。

附圖十二：馬公港碼頭一帶今貌，筆者攝。

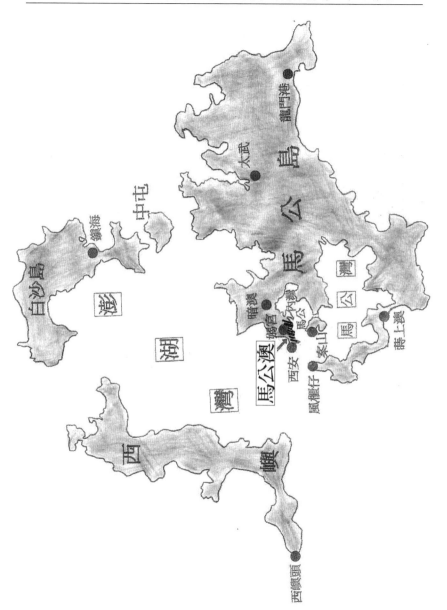

附圖十三：明天啟五年澎湖兵防佈署示意圖，筆者製。

附圖十四：金門料羅灣一帶景觀，筆者攝。

附圖十五：《籌海重編》圖中正上方處的彭湖山，筆者攝。

仗 劍 閩 海：
浯嶼水寨把總沈有容事蹟之研究
(1601-1606 年)

一、前　　言

> 日聞倭寇劫掠交趾[按：今日越南]回廣（東），沿海嚴備。
> 今春獲得功次，當以沈有容為最，此人勇敢直前，不避
> 矢石，疇不愛身，所志在功名耳，邇因方矩攻訐，頓圖
> 歸計。職[即福建分巡興泉道王在晉]謂，題敘在邇，苦
> 苦勉留，海上若有容者知兵可用，必祈台臺[指福建巡撫
> 金學曾]敘入本內，復其欽（依把）總，方足酬功。
>
> 　　　　　　　　—王在晉·〈上撫臺省吾金公揭十三首（其九）〉

　　以上的內容，[1]是明神宗萬曆二十九年（1601），時任福建分巡興泉道並兼職巡海道的王在晉，[2]上呈給福建巡撫金學曾的揭文中，[3]對當時將領沈有容的為人及事蹟所做的評價，文中並以「此人勇敢直前，不避矢石，疇不愛身，所志在功名耳」，來形容這位明代福建的水師名將。沈，安徽宣城人，字士宏，號寧海，幼走馬擊劍，好兵略。萬曆七年（1579）武鄉試舉人，

1　王在晉，《蘭江集》（北京市：北京出版社，2005 年），卷 19，〈上撫臺省吾金公揭十三首（其九）〉，頁 15。上文中的方矩，疑為時任玄鍾遊兵把總一職，該遊又稱南澳遊兵，係明政府佈署於福建、廣東二省交界海上的水師部隊。另外，附帶一提的是，上文中出現「[按：今日越南]」者，係筆者所加的按語，本文以下內容中若再出現按語，則省略如上文的「[福建巡海道王在晉]」。此外，筆者為使本文前後語意更為清晰，方便讀者閱讀的起見，有時會在文中引用句內「」加入文字，並用符號"（）"加以括圈，例如上文的「日聞倭寇劫掠交趾回廣（東）」，特此說明。

2　王在晉，江蘇太倉人，進士（一作舉人）出身，撰有《海防纂要》、《越鐫》、《蘭江集》等書。王，萬曆二十八年時，以按察司僉事出任分巡興泉道，萬曆二十九年春天入閩抵泉州受事，期間除兼職巡海道外，亦曾兼代分巡漳南道和分守漳南道二職，請參見王在晉，《海防纂要》（北京市：北京出版社，2000 年），卷之 10，〈紀捷．漳泉之捷〉，頁 13-14；王在晉，《蘭江集》，卷 19，〈書帖．上撫臺省吾金公揭十三首（其十三）〉，頁 19。

3　金學曾，字子魯，浙江錢塘人，隆慶二年進士，原職為湖廣按察使，以右僉都御史巡撫福建，萬曆二十三至二十八年任。史載，金在二十七年二月遭南京給事中沈世祿等人彈劾，五月獲允乞休，次年三月引疾候代。筆者以為，金真正離開閩撫的位置，當在二十九年下半年以後。因為，該年二月福建左布政使朱運昌雖接任巡撫一職，但是，乞休候代的金仍在位上，朱並未正式開始視事。有關此，請參見王在晉，《蘭江集》，卷 19，〈書帖．上撫臺省吾金公揭十三首〉，頁 5-20；吳廷燮，《明督撫年表》（北京市：中華書局出版，1982 年），卷 4，〈福建〉，頁 511。

初任薊遼昌平千總，復受知總督張佳胤，調薊鎮東路，轄南兵後營，因累戰功，獲世廕千戶，遷都司僉書，守浮屠谷；後，從經略宋應昌援朝鮮，乞歸。二十年（1592）中日朝鮮役發，二十五年（1597）獲邀南下福建協防，先後擔任海壇、浯銅和浯嶼三寨、遊水師把總。之後，又歷任浙江都司僉書、溫處參將，以及福建水標遊擊參將等重要之職務，後來，官至山東登萊總兵，卒時，朝廷贈予「都督同知」銜，並賜祭葬，以襃揚其功勞。

　　吾人若提起沈有容，相信對臺灣史有所涉獵者，多知他有兩件事蹟與明代臺灣、澎湖歷史關係密切，一是萬曆三十年（1602）他冒著寒冬率軍渡海，前來臺灣勦除倭盜。另一則是在萬曆三十二年（1604）時，他率領大軍往赴澎湖，勸走來華求市的荷人，今日澎湖天后宮廟內的「沈有容諭退紅毛番韋麻郎等」殘碑（附圖一：二〇一〇年四月整修中的澎湖天后宮，筆者攝；附圖二：「沈有容諭退紅毛番韋麻郎等」殘碑，筆者攝。），即是此段歷史的最佳見證。而上述這兩件四百多年前的史事，都是他在浯嶼水寨指揮官任內完成的。如此一位引人好奇的歷史人物，是筆者撰寫本文的主要動機，而本文的內容便是針對他任職浯嶼水寨時的相關事蹟、成就評價及其為人特質……等進行的探討和分析，希望能對這位在明代臺灣史上佔有一席之地的傳奇人物，有更多、更深入的瞭解。

　　在探討沈有容浯嶼水寨任內事蹟前，筆者有必要先對學界相關研究論著做一回顧。首先是，沈有容個人研究的部分，作

品數量並不算少，例如廖漢臣〈韋麻郎入據澎湖考〉（見《文獻專刊》第 1 卷第 1 期，1949 年 8 月）、盧嘉興〈由「大埔石刻」談到沈有容與董應舉〉（見《古今談》第 29 期，1967 年 7 月）、盧嘉興〈明季勦倭寇最先攻臺灣的沈有容〉（見《古今談》第 30 期，1967 年 8 月）、鄭喜夫《臺灣先賢先烈專輯（第五輯）：沈有容傳》（臺灣省文獻委員會，臺中市，1979 年 6 月）、李乾朗《馬祖大埔石刻調查研究》（連江縣政府，連江縣，1996 年 10 月）、劉增貴〈沈有容閩海史事考－－讀《閩海贈言》〉（收入邱金寶主編，《第一屆「馬祖列島發展史」國際學術研討會論文集》，連江縣政府、連江縣社會教育館，1999 年 7 月）、中村孝志〈關於沈有容諭退紅毛番碑〉（收入許賢瑤譯，《荷蘭時代臺灣史論文集》，2001 年）、李祖基〈陳第、沈有容與《東番記》〉（見《台灣研究集刊》2001 年第 1 期，2001 年 1 月）、村上直次郎〈澎湖島上的荷蘭人〉（收入許賢瑤譯，《荷蘭時代臺灣史論文集》，2001 年）、包樂史〈中國夢魘：一次撤退，兩次戰敗〉（收入劉序楓主編，《中國海洋發展史論文集（第九輯）》，中央研究院人文社會科學研究中心，2005 年）、吳培基、賴阿蕊〈沈有容諭退韋麻郎及立碑地點在澎湖天后宮之商榷〉（見《硓𥑮石：澎湖縣政府文化局季刊》第 56 期，2009 年 9 月）、拙撰〈論明萬曆澎湖裁軍和「沈有容退荷事件」之關係〉（《臺灣文獻》第 62 卷第 3 期，國史館臺灣文獻館，2011 年 9 月）以及吳培基、賴阿蕊〈沈有容〈仗劍錄〉校注研究（上）、（下）〉（見《硓𥑮石：澎湖縣政府文化局季刊》第 68 和 69 期，2012 年 9 和 12

月）……等，其中不少與他勸退荷人求市澎湖有關。其次是，浯嶼水寨的研究部分，有關此，筆者目前所知，專門討論此一主題，僅拙著《浯嶼水寨：一個明代閩海水師重鎮的觀察》（修訂版，蘭臺出版社，臺北市，2006 年 3 月）而已。最後是，本文使用之文獻資料。較重要有四，除較著名由沈有容自輯的《閩海贈言》（臺灣省文獻委員會，1994 年）外，尚有他自撰的回憶錄－－〈仗劍錄〉，以及前述福建分巡興泉道王在晉的兩本海防重要著作－－《海防纂要》（北京出版社，北京市，2000 年）和《蘭江集》（北京出版社，北京市，2005 年），此二書皆屬四庫禁燬書叢刊，係大陸近年新出版的明代史書。

至於，本文的章節主要包括有四，即「沈有容任職浯嶼水寨之背景源由」、「沈有容往赴東番剿倭與浯嶼水寨的遷建」、「沈有容勸退荷人求市澎湖與興築沈公堤」和「沈有容在浯嶼水寨把總任內事蹟評析」。另外，要附帶說明的是，本文的主標題「仗劍閩海」的「仗劍」二字，其靈感係源自沈有容所撰的回憶錄－－〈仗劍錄〉，而這部珍貴、疑為亡佚的史料，前些年在大陸安徽宣城縣偏僻的山村－－即沈的故鄉被發現，[4] 該文中所記載的內容，對學界研究沈個人事蹟及其相關的問題上有莫大的幫助，前已提及，它亦是本文撰寫時引用的重要素材之一。最後，因筆者囿於個人學養有限，文中內容若有誤謬不足之處，祈請

4　有關此，請參見姚永森〈明季保臺英雄沈有容及新發現的《洪林沈氏宗譜》〉,《臺灣研究集刊》1986 年第 4 期，頁 83。至於，沈有容自撰的〈仗劍錄〉亦收錄在上文中，見該文頁 87-90。

學界先進不吝指正之。

二、沈有容任職浯嶼水寨之背景源由

　　要說明沈有容任職浯嶼水寨把總的原因之前，有必要先談一下為何他會來福建擔任水師將領？此主要與萬曆二十年（1592）爆發的中、日朝鮮之役有直接的關聯，這場斷斷續續打了數年的戰爭，連遠在東南的福建都受到牽連。因為，明政府恐倭人採聲東擊西之計由海上突襲中國，[5]為此大事整飭武備以防萬一，閩海局勢亦隨之緊張起來！在此氛圍之下，沈有容接受了福建巡撫金學曾的邀聘，前來閩地協助海防工作的進行，時間約在萬曆二十五年（1597）。他起先擔任海壇遊兵把總一職，但在次年（1598）倭人卻因關白豐臣秀吉病逝，隨後亦由朝鮮撤軍，漫長的中日朝鮮之役終於結束，閩海局勢亦跟著穩定下來。至於，沈在海壇任職期間，事蹟較為人所知者，例

5　萬曆十九年時，人在琉球的船商陳申，因聽聞日本關白豐臣秀吉將大舉犯邊，「擬今年三月入寇大明，入（侵）北京者令朝鮮人為之向導，入（侵）福（建）、廣（東）、浙（江）、直（隸）者令唐人[即中國人]為之向導」（見侯繼高，《全浙兵制附日本風土記》（山東省：齊魯書社，1995 年），第二卷，〈附錄：近報倭警〉，頁 174。），並謀策於琉球中山國長史鄭迴。為此，除琉球派遣使節來華奔告外，陳申本人亦返鄉通知福建當局。明政府聞此消息，頗感震驚，且恐三、四十年前嘉靖倭亂悲劇重演，遂大力整備東南沿海兵防，以因應可能之情勢變化。相關之史料記載，亦可參見鄭大郁，《經國雄略》（北京市：商務印書館，2003 年），〈四夷攷‧卷之二‧日本〉，頁 35-36。

如與伯兄沈有嚴（時任福州通判）乘船巡防海上，[6] 又如他涉險
單船出海，夜襲倭盜，擄獲其巨魁，而這群賊倭曾在海上搶奪
商船，並在福州松下登岸劫掠百姓；[7] 此外，則是奉命赴日打探
關白的相關訊息，但後來似未成行。[8]

　　萬曆二十七年（1599），沈有容改調為浯銅遊兵把總，該遊
水師基地係設在廈門中左所，他到任後，不僅打破過去的陋規，
拒絕下屬饋贈禮金，還目睹水師缺乏經費，兵船器械櫓楫年久
失修，自己捐出薪俸來更新裝備，用以增強浯銅遊兵的戰力。[9]
不僅如此，他還對該遊內部長期的積弊——即官兵僅掛名、人
實不在軍伍的病象進行清查整頓，以提振將弁之士氣。[10] 尤其

---

[6]　請參見陳省，〈海壇去思碑〉，收入沈有容輯，《閩海贈言》（南投市：臺灣省文
　　獻委員會，1994 年），卷之 1，頁 1-2。

[7]　請參見同前註。文中的松下，在福州有兩處，其中，松下鎮地屬福州府長樂縣
　　二十都，位在壇島西北方岸邊，鎮東衛的東北面。另一松下寨，地屬福清縣，
　　位在鎮東衛東邊不遠處，兩者距離不遠，極易相互混淆，筆者目前無法確定，
　　上文所稱的松下係指何者。

[8]　有關此，沈有容在回憶錄中曾言道：「閩撫省吾金公[即金學曾]欲出奇擣其穴，
　　聘容[即沈有容]至閩。……次日補（容[即沈有容]）海壇（遊兵）把總，防海一
　　汛，欲差往日本探關白情形，扮商以往，授容千金。容辭金以付同往者劉思；
　　後不果往，追還原金，思因是破家。金公亦因是知容，稍加重焉，故又得補浯
　　銅（遊兵把總）」。見沈有容自傳稿〈仗劍錄〉，載於姚永森〈明季保臺英雄沈有
　　容及新發現的《洪林沈氏宗譜》〉，《臺灣研究集刊》1986 年第 4 期，頁 88。

[9]　有關此，請參見池浴德，〈賀陞浯嶼欽總移鎮石湖序〉，收入沈有容輯，《閩海贈
　　言》，卷之 3，頁 42。

[10]　有關此，請參見沈有容自傳稿〈仗劍錄〉，載於姚永森〈明季保臺英雄沈有容及
　　新發現的《洪林沈氏宗譜》〉，《臺灣研究集刊》1986 年第 4 期，頁 88。

是，他在任內立下令人刮目相看的戰功，時間是在萬曆二十九年（1601）春、夏間，亦即在四月的東椗之捷和五月的彭山洋之役，他總共擒斬倭盜六十餘人，有關此，沈在他的回憶錄〈仗劍錄〉中如此地記載道：

> 辛丑[即萬曆二十九年]歲，各（水）寨、游（兵）兵船多為倭所掠，獨容[即沈有容]于四月初七日擒生倭十八名、斬首十二級于東椗外洋[即東椗之捷]。興泉道王岵雲公[即福建分巡興泉道王在晉]上議招目兵八百、募商船二十四只為二哨，令容統其一，一隸于銅山（水）寨把總張萬紀。容統舟師出海，直抵廣（東交）界，五月十七日斬首三十二級，奪回南澳（遊兵）捕盜張敬兵船一只[即彭山洋之役]。[11]

由上可知，相對於其他水寨、遊兵船艦多為倭盜所掠之窘況，[12]

---

[11] 同前註。有關此，部分史書亦載稱如下：「辛丑[即萬曆二十九年]，寇略諸寨，（沈）有容擊敗之[即東椗之捷]；踰月，與銅山把總張萬紀敗倭於彭山洋[即彭山洋之役]」。見懷蔭布，《泉州府誌》（臺南市：登文印刷局，1964 年），卷31，〈名宦三・明・浯嶼把總〉，頁80。

[12] 此次，遭掠的兵船有海壇遊兵、小埕水寨、浯嶼水寨和湄州遊兵，王在晉在呈給福建巡按劉在田的揭文中，便如此地說道：「若海壇（遊兵）、若小埕（水寨）、若浯嶼（水寨）、若湄州（遊兵），均之損失船兵者也。海壇（遊兵）之被搶者一，而浯嶼（水寨）之被搶者二，償事之愆誰能諱之，然明言搶失使人猶可端倪。若小埕（水寨），則搶船而以獲功報矣。……至于，湄州（遊兵）捕盜楊山之失船，該遊（兵把總）未嘗聞也」（見王在晉，《蘭江集》，卷之19，〈書帖・上按臺在田劉公揭三首（其二）〉，頁 22-23。）。其中，倭盜搶奪了海壇遊兵兵

沈此次優異的表現，深獲福建當局高度地肯定，而且，期間又恰值浯嶼水寨把總馬權表現失職，[13]此亦讓沈有機會能由浯銅遊兵名色把總，陞任為浯嶼水寨欽依把總。[14]

除此之外，沈有容能出任浯嶼水寨把總一職，當時負責地方監軍工作的分巡興泉道王在晉功亦不可沒。[15]王，站在「為

船一艘，浯嶼水寨兵船兩艘，小埕水寨竟與倭爭搶兵船為功，湄州遊兵的捕盜楊山失船，該遊把總卻未嘗與聞，官兵表現令人失望不已。然而，相較於上述寨、遊兵船遭奪之諸多缺失，沈有容的表現卻十分地優異，先有四月東椗之捷，後有五月彭山洋之役。其中，東椗之捷，沈在金門東面海域生擒了倭盜十八名，並斬首十二人。

13 浯嶼水寨指揮官馬權，不僅本人懦怯無能，又因轄下的哨官被倭盜搶走了二艘兵船，而遭到明政府革除薪俸之處分。有關此，請參見王在晉，《蘭江集》，卷19，〈書帖·上撫臺省吾金公揭十三首（其六）〉，頁 10；同前書、卷，〈書帖·上撫臺省吾金公揭十三首（其七）〉，頁 12。

14 明時，把總是中、低階的軍官，秩比正七品，並有「欽依」和「名色」的等級區別，欽依權力地位高於名色，「用武科會舉及世勳高等題請陞授，以都指揮體統行事，謂之『欽依』。……由撫院差委或指揮及聽用材官，謂之『名色』。」（見懷蔭布，《泉州府誌》，卷 25，〈海防·附載〉，頁 10。）一般而言，福建的水寨指揮官係欽依把總，而遊兵則為名色把總。因為，世宗嘉靖四十二年時，閩撫譚綸奏准，改福建水寨指揮官名色把總為欽依，以重其事權，而且，具有欽依銜的水師將領，不管是副總兵、參將、遊擊、守備或把總，皆可依都指揮（司）體統行事，能擁便宜調遣沿海衛、所軍隊的權力，以遂行作戰的任務。

15 明代，福建各路的水寨、遊兵將弁，雖由福建總兵直接地統轄指揮，但需接受該地監軍的分巡、分守二道所監督。因為，沈有容時任浯銅遊兵把總，駐守泉州同安的廈門，而布政使司在泉州府未派有分守道駐鎮，僅由按察司轄下的分巡道——即分巡興泉道來負責監督。分巡興泉道，係由按察使司長官的按察使，調派其轄下的按察副使或僉事，監督興化、泉州二府境內水、陸官兵的運作情形，包括稽查姦弊、課殿功罪、處置錢糧等項事務，以達到軍事的「指揮權」和「監督權」兩者分離之目標。

地方力保有功之將，事屬至公」的立場，[16]不斷地向自己的上司巡撫金學曾和按察使徐見吾極力地推薦沈，同時，亦對沈的直屬長官南路參將施德政進行建議，[17]讓沈能陞任浯嶼寨總，以獎勵其突出表現之戰功，同時，亦可避免他因近況不如意，而萌生辭職歸鄉之念，[18]致使福建水師平白地丟失了一位克盡職守、能建戰功的良將！亦因為王持續不懈地努力，就在不久後即萬曆二十九年（1601）年底，新任視事的閩撫朱運昌，[19]便將沈有容陞任為浯嶼水寨把總，[20]有關此，沈在回憶錄中亦言道：「至辛丑[即萬曆二十九年]十二月，在北滇南朱公[指閩撫朱運昌]撫閩，即題補容[即沈有容]于浯嶼（水寨）」。[21]

16 　王在晉，《蘭江集》，卷之 20，〈書‧與方伯見吾徐公書二首（其二）〉，頁 25。

17 　施德政，江蘇太倉人，武進士出身，萬曆二十五年出任福建南路參將一職。

18 　王在晉在上呈揭文給乞休候代的閩撫金學曾時，曾提及到沈有容為人，「此人勇敢直前，不避矢石，嗜不愛身，所志在功名耳」，但是，最近遭到其他將領方矩的攻訐，讓他有些許地不如意，頓生不如歸去之感，王希望福建當局能留住人才，請金儘快出面協助解決此事！請參見王在晉，《蘭江集》，卷 19，〈書帖‧上撫臺省吾金公揭十三首（其九）〉，頁 15。

19 　朱運昌，雲南前衛軍籍，直隸丹徒人，萬曆八年進士。朱，原職為福建左布政使，以右副都御史巡撫福建。萬曆二十九至三十年任。

20 　沈出任浯嶼水寨把總一職，其全銜為「欽依浯嶼水寨把總，以都指揮體統行事、署指揮僉事」。見沈有容，〈重建（浯嶼）天妃宮記〉，收入蔣維錟，《媽祖文獻資料》（福州市：福建人民出版社，1990 年），頁 123。

21 　沈有容自傳稿〈仗劍錄〉，載於姚永森〈明季保臺英雄沈有容及新發現的《洪林沈氏宗譜》〉，《臺灣研究集刊》1986 年第 4 期，頁 88。

三、沈有容往赴東番剿倭與浯嶼水寨的遷建

在說明沈有容在浯嶼水寨把總任內事蹟之前，有必要先介紹他任職的浯嶼水寨（以下簡稱浯寨）概況。水寨是明代水師兵船泊靠的母港基地，浯寨是明政府在福建泉州沿海最強大的水師，[22]置有指揮官把總一名，約在明初太祖洪武二十（1387）、二十一（1388）年間，設於泉州同安海上的浯嶼，創建者是江夏侯周德興；但該寨至遲在孝宗弘治二年（1489）以前，便內遷至近岸的廈門島（隸屬泉州同安）；之後，又於萬曆三十年（1602）再北遷到泉州灣南岸的石湖（隸屬泉州晉江）（參見附圖三：浯嶼水寨寨址遷移示意圖，筆者製。），[23]而此次浯寨北遷的工程便是由沈有容所負責，下文中會做說明。

根據沈有容〈仗劍錄〉載稱，[24]萬曆三十年（1602）時，有倭盜賊船七艘，橫行閩、粵、兩浙之間，[25]沿海水寨、遊兵、軍衝和守禦千戶所碁布海濱，竟不聞官軍以一矢相加遺。九月

---

[22] 浯嶼水寨官軍的人數，除了春、冬汛期附近衛、所固定調援的貼駕征操軍五八○人外，例如嘉靖四十三年時約有二,二○○人，萬曆四十年時則有一,○七○人，至於，其間短少的額數，主要應是被抽調至新增設的浯銅、澎湖遊兵之中。其次，關於兵船的部分，浯寨在萬曆三年時即有四十艘，而且，至遲在萬曆四十年時，它的數量已增加至四十八艘，請參見何孟興，《浯嶼水寨：一個明代閩海水師重鎮的觀察（修訂版）》（臺北市：蘭臺出版社，2006 年），頁 243-249。

[23] 關於有明一代浯嶼水寨遷徙的詳細經過，請參見同前註，頁 149-200。

[24] 請參見沈有容自傳稿〈仗劍錄〉，載於姚永森〈明季保臺英雄沈有容及新發現的《洪林沈氏宗譜》〉，《臺灣研究集刊》1986 年第 4 期，頁 88。

[25] 上文的「兩浙」係包括今日長江以南的江蘇省和浙江省全境，兩浙沿海主要是指明時直隸的松江、蘇州二府，以及浙江境內的嘉興、寧波、台州、溫州等府。

初，倭盜由浙江南竄至福州的萬安千戶所，攻城焚船，又掠奪草嶼島上農民，[26]再南下泊據福州、興化二府海上交界的西寨。[27]之後，倭盜又聽聞他（指沈有容）已在泉州的崇武千戶所整備兵船將前來勦討，故又從湄洲東面的烏邱（今日烏坵）出海，南下竄往澎湖，再轉入東番（今日臺灣）盤據為巢穴。有關此，其他史書亦載道，倭盜「至東番，披其地為巢，四出剽掠，商、漁民病之」。[28]

同年（1602）十二月，時任浯寨把總的沈有容，便親率二十四艘兵船，[29]由金門的料羅出發，冒著寒風巨浪，涉險越過澎湖，抵達臺灣海域，「遇賊艘于洋中，追及，火攻，斬級十五，而投水焚溺無算，救回漳、泉漁民被擄（者）三百餘人」。[30]而沈有容此次勦倭之兵船，因海象十分地險惡，在橫渡澎湖時遭颱風所吹散，僅得十四艘抵達目的地臺灣。有關此，沈在〈仗

26　草嶼，地在萬安守禦千戶所附近。萬安千戶所，位處福州府福清縣境內，即福州省城東南濱海處。因為，萬安所地近海壇島，時該島已設有遊兵，便和海壇遊兵共同捍衛福清縣的海上安危。

27　西寨，該地曾為海壇、湄洲二支遊兵海上兵船會哨之所。

28　黃鳳翔，〈靖海碑〉，收入沈有容輯，《閩海贈言》，卷之1，頁11。

29　文中的兵船數目二十四艘，係根據沈有容回憶錄〈仗劍錄〉而來的（請參見姚永森〈明季保臺英雄沈有容及新發現的《洪林沈氏宗譜》〉，《臺灣研究集刊》，1986年第4期，頁88。）。然而，此役隨行的陳第，在〈舟師客問〉一文中卻稱，兵船僅有二十一艘（請參見沈有容輯，《閩海贈言》，卷之2，頁30。），筆者以沈有容為此役征討之統籌指揮官，故採其說法。

30　沈有容自傳稿〈仗劍錄〉，載於姚永森〈明季保臺英雄沈有容及新發現的《洪林沈氏宗譜》〉，《臺灣研究集刊》，1986年第4期，頁88。

劍錄〉中亦言道：

> （萬曆三十年）十二月十一日，（容[即沈有容]）統舟師
> 二十四艘往剿。至彭湖[即澎湖]溝遇颶風，回復西嶼頭，
> 過午尚未見山，自以為必葬魚腹矣。丁嶼門極險，舟不
> 得并行，倘少失手，人船皆溺，因天晚不得已冒險收入。
> 候三日，始得十四船，餘皆飄散，亦有至粵東者。容度
> 賊七艘，我舟倍之，乃下令過東番。[31]

沈在勦滅倭盜之後，明軍兵船並收泊於大員（今日臺南安平）
（附圖四：臺南安平巷弄今貌，筆者攝。），當地的原住民曾饋
獻酒飲、鹿肉以酬謝之。[32]

　　吾人可發現到，沈有容出其不意地突襲倭盜，是此次軍事
行動成功的重要因素。因為，當時有人認為，「隆冬多風，不宜
渡海者」、「外洋劇賊，未易卒破者」甚或「賊住東番，非我版
圖者」……等，[33]針對這些的問題，此役隨行的陳第，[34]便明白

---

[31] 同前註。上文中的西嶼頭和丁嶼門，皆位在澎湖。其中，西嶼頭係昔時內地東
渡臺灣，進入澎湖之要地；至於，西嶼頭的位置在今日何處？廣義係指西嶼的
南面海岸，即由東臺古堡經西嶼西臺到西嶼燈塔的沿岸地帶，狹義是指今日西
嶼燈塔附近的西嶼盡頭處。其次是，丁嶼門即丁字門嶼，又名小門嶼，即漁翁
島北部獨立的小海島，位在今日澎湖縣西嶼鄉小門村。請參見施添福總編纂，《臺
灣地名辭書：澎湖縣》（南投市：國史館臺灣文獻館，2003 年），頁 335-336。

[32] 請參見陳第，〈東番記〉，收入沈有容輯，《閩海贈言》，卷之 2，頁 27。

[33] 請參見陳第，〈舟師客問〉，收入沈有容輯，《閩海贈言》，卷之 2，頁 29。

[34] 陳第，字季立，號一齋，福州府連江縣人，著有《一齋集》等書。陳第與沈有
容係多年好友，曾隨沈前去東番勦倭，並留下數篇詩文，其內容成為研究明代

地指道：

> 賊住外洋，謂我師必不能至；況時已撤防，又謂我師必
> 不肯至。故攻其無備。[35]

亦因倭盜認為，躲避外洋的臺灣十分地安全，尤其是在十二月
寒冬時，其原因有三：一、臺灣遠在海外，並非是明軍的汛地。
二、臺灣對岸的澎湖遊兵，因冬汛已過，此時已撤防回內地。[36]
三、按常理推斷，隆冬之際風浪滔天，明軍必不會涉險來犯。
亦因如此，倭人鬆懈其防備，才使沈有容此次「出其不意，攻
其不備」的軍事行動，獲得重大的勝利。

　　萬曆三十年（1602），對浯嶼水寨變遷上而言是重要的一
年，該年明政府將該寨寨址由原先的廈門，北遷到泉州灣岸邊
的石湖，其目的主要在鞏固泉州府城的海上防衛力量。因為，
倭人常乘北風由浙江南犯閩、粵，福建當局在佈署沿海兵力時，
特別重視其北面的防務佈署，故形成「重北輕南」的海防思維，
而此際泉州最強大的水師－－浯寨卻設在南方泉、漳交界的廈
門，「倘島夷[指倭人]深入，該寨[指浯寨]越在一隅，遙遙聲息，

澎湖、臺灣歷史的珍貴史料，其中，尤以〈東番記〉最為膾炙人口。

[35] 陳第，〈舟師客問〉，收入沈有容輯，《閩海贈言》，卷之2，頁30。

[36] 明時，澎湖位處在倭盜乘北風南犯路徑之上，東北風吹起時，明政府會派遣兵
船前往戒備以禦敵犯，在時間上分為兩個階段，一為三月清明節後三個月的春
汛，另一為九月初重陽節後兩個月的冬汛（又稱秋汛），春、冬二汛期合計共約
五個月。此時，水師冬汛早已結束，澎湖並無汛兵。

風馬牛不相及也。羽檄猝至，應援後時，非完計也」，[37]亦即浯寨寨址廈門地處偏南，不僅不利於泉州海上整體的防衛佈署，且無法有效地發揮保護泉州府城的功能。因此，福建當局選擇石湖做為新寨址，主要便是考量該地是泉州府城出入海上的門戶。[38]石湖，攸關泉城的安危至大，浯寨的新址若設此，可達到增強保護泉城安全的目標，換言之，浯寨北遷石湖是以鞏固泉城防衛為主要的考量。

此時，擔任浯寨指揮官的沈有容，除了參與先前新寨址的遴選工作外，[39]同時，亦是廈門浯寨搬離工作，以及新寨工程建設的主要負責人。史載，沈在營造石湖新寨的過程中，「乃度地宜，料徒役，庀材具，先為監司署、次海防署、次寨署、次徙建玄武祠、次閱武場，咸宏壯巍敞，屹然為海上鉅鎮」，[40]並

---

[37] 郭惟賢，〈改建浯嶼寨碑〉，收入沈有容輯，《閩海贈言》，卷之 1，頁 6。

[38] 有關此，明人郭惟賢嘗言：「遍觀四履之地，枕山帶水，繫泉郡咽喉，可以居中調度、便於扼控者，無如晉邑[即晉江]之石湖澳。……石湖澳，吾泉郡門戶也」。見郭惟賢，〈改建浯嶼寨碑〉，收入沈有容輯，《閩海贈言》，卷之 1，頁 6-7。

[39] 有關此，明人黃國鼎曾提及，「中國苦倭久矣，而閩泉郡為甚。泉與倭隔一海，可一葦而至。……囊倭肆毒，禍延吳越，瘡痍未起；邇海罪送被擄歸，船突至郡橋之南。時觀察信吾程公[即泉州知府程達]為郡（守），嘆曰：『豈有醜虜[指倭人]卒來，如入無人之境，門戶安在哉』！乃咨近地有可泊舟師為吾郡藩籬者；而宛陵沈將軍[即沈有容]欽總浯嶼（水寨），素遍覽地形，乃以石湖宜寨狀，條陳甚悉。公遂俞之，具請當道，議欲移寨石湖」。見氏著，〈石湖愛民碑〉，收入沈有容輯，《閩海贈言》，卷之 1，頁 8。

[40] 葉向高〈改建浯嶼水寨碑〉，收入沈有容輯，《閩海贈言》，卷之 1，頁 4。根據後人的推估，明代水師母港基地的水寨，它的寨城當係涵蓋水岸、周邊築有城牆和防禦工事的軍事堡壘，甚至置有轟擊入犯敵人的砲臺。至於，寨城的內部

於萬曆三十年（1602）六月二十二日開始動工，隔年即三十一年（1603）二月二十日便已完成，[41]前後才花了八個月時間，費用總計七百餘緡。[42]不僅如此，浯寨在遷建的過程中，沈本人亦注意到石湖當地民眾的感受，盡量做到不擾民的境地，當時人的黃國鼎便言道：「將軍[即沈有容]至（石湖），經營規畫，不煩公帑、索軍實，而營壁垣疊井然有條，一畚一鍤亦罔以煩民居，樹旌蔽日、列戟如霜，儼乎千里長城；而又時時戒士卒不得取民間一笠、摘一蔬。未幾，殺賊海上，東番懷威[指沈赴東番勦倭一事]。三年之間，鯨鯢遠遁，兵民緝睦，捕魚耕耘于于如故」。[43]

設施，除在岸邊有專供兵船停泊的碼頭外，在陸上可能亦有維修用途的船塢、軍火倉庫和其他維護的補給設施。此外，尚有水師官兵辦公的衙署和提供食宿的營舍，以及官兵平時操練校閱的教練場，甚至於官兵精神依託的祠廟如祀奉玄天上帝的玄天祠……等，水寨似乎亦是陸地的軍事城堡和岸邊的軍用港口兩者合一的混合體。以福寧州的烽火門水寨為例，寨城便設有水寨教場，在教練場當中設有演武亭，演武亭北面便是掌管軍火的軍器局，演武亭東邊則是把總公館，亦即水寨指揮官的邸舍。請參見何孟興，《浯嶼水寨：一個明代閩海水師重鎮的觀察（修訂版）》，頁 11-12。

[41] 請參見葉向高，〈改建浯嶼水寨碑〉，收入沈有容輯，《閩海贈言》，卷之 1，頁 6。

[42] 請參見同前註，頁 4。文中，緡為古人計算金錢單位的稱呼，其中，每一緡為一,○○○文。

[43] 黃國鼎，〈石湖愛民碑〉，收入沈有容輯，《閩海贈言》，卷之 1，頁 9。

四、沈有容勸退荷人求市澎湖與興築沈公堤

　　沈有容擔任浯嶼水寨把總期間，除前往臺灣勦滅倭盜外，另外，便是率軍前往澎湖，去勸走前來尋求通市的荷蘭人。萬曆三十二年（1604）時，荷蘭東印度公司（Verenigde Oostindische Compagnie）為了想和中國進行直接互市，遂派遣韋麻郎（Wybrant van Waerwyk）率領數艘船艦佔領澎湖。[44]因為，荷人抵達時間是七月十二日（即陽曆八月七日），[45]此際，因島上澎湖遊兵的春汛已經結束，汛兵撤回了內地，致使荷人如入無人之境。

　　然而，此一令明政府十分震驚的消息，很快便傳到對岸的福建，對於荷人佔據汛地澎湖，福建當局不僅強烈堅決反對，並且，決定派遣浯寨指揮官沈有容率軍前往澎湖將荷人給逐走。至於，如何驅逐據地求市的荷人，沈有容心中已先有定見，他認為：

44　此次荷船前來澎湖數量共有多少？目前筆者所知，有以下的不同看法。其中，明人陳學伊〈諭西夷記〉和李光縉〈却西番記〉二文的說法，荷船共有三艘（請參見沈有容輯，《閩海贈言》，卷之 2，頁 32 和 38。）。另外，明人張燮的《東西洋考》卻稱，有兩大和兩中型船隻共有四艘船，其文如下：「（潘）秀與夷[即荷蘭人]約，入閩有成議，遣舟相迎。然夷食指既動，不可耐旋，駕二巨艦及二中舟，尾之而至。亡何，已次第抵彭湖，時萬曆三十二年七月也」。見該書（北京市：中華書局，2000 年），卷 6，〈外紀考・紅毛番〉，頁 128。

45　請參見中村孝志，〈關於沈有容諭退紅毛番碑〉，收入許賢瑤譯，《荷蘭時代臺灣史論文集》（宜蘭縣：佛光人文社會學院，2001 年），頁 190。

> 彼來求市，非為寇也，奈何勦之？勦而得勝，徒殺無罪，
> 不足明中國廣大；不勝，則輕罷百姓力，貽朝廷羞，不
> 如諭之。第令無所得利，徐當自去也。[46]

亦即主張，與其用武力勦討荷人，不如採取勸說方式，讓他們
無所得利，便會自動離開。沈上述的見解，在得到巡撫和巡按
贊同後便開始推動，並請當局釋放荷人使者林玉，令其隨同前
往澎湖進行交涉。[47]至於，沈本人與荷方的交涉過程，在〈仗
劍錄〉中他曾如此説道：

> （撫、按）兩臺乃議以容[即沈有容]往。容請貸林玉，
> 欲用為內間，遂與至彭湖[即澎湖]。容先駕漁艇，見（高）
> 案[即福建稅使太監]所差之官周之範，折其舌，直抵（韋）
> 麻郎船。船高大如城，銃大合圍，彈子重二十餘斤，一
> 施放，山海皆震。容直從容鎮定，坐譚之間，夷[指荷人]
> 進酒食，言及互市。委曲開譬利害，而林玉從旁助之，
> 夷始懾，俯首求去。行時，餽容方物，收其鳥銃并火鐵
> 彈而却其餘，即圖容象以去。[48]

---

46 李光縉，〈却西番記〉，收入沈有容輯，《閩海贈言》，卷之 2，頁 37。
47 請參見同前註。至於，沈有容往赴澎湖交涉的時間，明人陳學伊曾言道，「是役
也，始於（萬曆三十二年）閏九月之二十六日，竣於十月之二十五日，往、還
甫一月耳」。見氏著，〈諭西夷記〉，收入沈有容輯，《閩海贈言》，卷之 2，頁 33。
48 沈有容自傳稿〈仗劍錄〉，載於姚永森〈明季保臺英雄沈有容及新發現的《洪林
沈氏宗譜》〉，《臺灣研究集刊》，1986 年第 4 期，頁 89。

　　沈在上述回憶錄中，僅以「夷進酒食，言及互市。委曲開譬利害，……」簡單數語，來說明他與荷人折衝的情形；雖然如此，但其談判對話的內容，明人陳學伊〈諭西夷記〉、李光縉〈却西番記〉、張燮《東西洋考》和董應舉《崇相集》……諸書文皆有所記載，[49]但因上述內容頗繁、難以列敘，筆者茲僅舉董應舉回憶二十年前（即萬曆三十二年），沈在談判時嚴厲警告荷人的話語給讀者做為參考，其內容如下：

> 吾這裏有（巡）撫、（巡）按，無內監[即福建稅監高寀]；汝[指荷人]恃內監不得！汝銃誠大、舟誠高，吾誠不能敵；然吾船多，委數千艘聯鎖港口，汝船能飛出耶？即（汝）用銃打（吾）一船破，（吾）一船補；（汝）火藥有限，吾船無窮；恐汝枯死也！[50]

筆者認為，沈有容敢無視危險、深入虎穴，並大膽、義正詞嚴地要求荷人離去，除了他有過人的膽識和口才外，主要的原因，還是在他有一個令他無所畏懼的靠山－－亦即跟隨著他一同前往澎湖的大批明軍和兵船。因為，荷方的史料即韋麻郎在旅行

49　有關沈有容與荷人談判對話的內容，請參見以下各文的內容，即陳學伊，〈諭西夷記〉，沈有容輯，收入《閩海贈言》，卷之 2，頁 33；李光縉〈却西番記〉，沈有容輯，收入《閩海贈言》，卷之 2，頁 37-38；張燮，《東西洋考》，卷 6，〈外紀考・紅毛番〉，頁 128-129；董應舉，《崇相集選錄》（南投市：臺灣省文獻委員會，1994 年），〈與南二太公祖書〉，頁 36。

50　董應舉，《崇相集選錄》，〈與南二太公祖書〉，頁 36。

記中曾指道：「（西元 1604 年）十一月十八日[即萬曆三十二年閏九月二十七日]軍門[即福建當局]所派遣之五十艘戎克船在名叫 Touzij（都司）的隊長[即沈有容]之指揮下滿載將士而來傳話說，若非得到皇帝之特別恩寵，不得在中國從事貿易。還有，先前被派遣至中國本土的鑲金匠人 Lampoan[即通事林玉]也隨同該艦隊一起歸來，……由於這五十艘船之到來，荷蘭方面的委員終止了中國之行，……。其後，荷蘭人都從都司及其兵船之隊長的口中得知，只要在中國的領域外選定適當的之島嶼，在該處大概就能取得想要之商品。於是荷蘭人向都司借了二、三艘戎克船及舵手赴東南、東南東，到高地探索適當之拋錨地，但無所發現，但因都司級官員屢屢強迫其離開，於是決定離去」。[51]亦即，縱然荷人船巨砲利令人生懼，它的情況，即使如張燮所言：

> 或謂和蘭[即荷蘭]長技惟舟與銃耳。舟長三十丈，橫廣五六丈，板厚二尺餘，鱗次相銜，樹五桅。舶上以鐵為網，外漆打馬油，光瑩可鑑。舟設三層，傍鑿小窗，各置銅銃其中。每銃張機，臨放推由窗門以出，放畢自退，不假人力。桅之下置大銃，長二丈餘，中虛如四尺車輪，云發此可洞裂石城，震數十里。[52]

51　引自中村孝志，〈關於沈有容諭退紅毛番碑〉，收入許賢瑤譯，《荷蘭時代臺灣史論文集》，頁 191。

52　張燮，《東西洋考》，卷 6，〈外紀考‧紅毛番〉，頁 129。

荷人的船砲，雖可「洞裂石城，震數十里」，但畢竟他們的來船
數量甚少，實力有所侷限，加上，東來不久對中國底細所知有
限，若貿然行動後果難料；尤其是，沈有容所帶去那五十艘滿
載將士的兵船，它背後所形成巨大的威嚇效果，更讓荷人有所
顧忌，不敢輕易動武，同時，此亦是讓他們最後接受沈的勸告，
離開澎湖的主要因素之所在。

　　沈有容在浯嶼水寨把總任內，其他較為後人得悉者，便是
替石湖當地百姓築造堤防，阻擋強烈的風沙，用以保護田園的
事蹟，此亦是「沈公堤」的由來。沈公堤，位在晉江石湖的金
釵山附近。[53]清人懷蔭布《泉州府誌》卷之六〈山川一・山〉
亦載道，沈公堤係「明（浯嶼水寨）寨帥沈有容築以障沙，護
民田也」。[54]至於，沈構築堤防擋沙護田的源由經過，陳學伊在
〈祠田碑〉中有稍較詳細的說明，其內容如下：

> 宣城寧海沈公[即沈有容]，奉命鎮海上，五載於茲[指沈
> 任職浯嶼水寨一事]。……又最著者，石湖有�田坑，久

53　金釵山，因位在石湖，故又名石湖山，該山「在（晉江縣）二十二都，去（泉
　　州）府城東南三十里，兩峰延袤數百丈，若釵股然，上有六勝塔」。見陽思謙，
　　《萬曆重修泉州府志》（臺北市：臺灣學生書局，1987 年），卷 2，〈輿地志中・
　　山〉，頁 6。

54　懷蔭布，《泉州府誌》，卷之 6，〈山川一・山〉，頁 55。

> 為沙患，民甚苦之。公至，遂積石三年，始鳩工砌築，
> 成之一旦，利垂萬禩，民尤頌德。[55]

由上可知，石湖滬田坑的百姓久為沙患所困，沈本人苦民所苦，花三年時間積累構築所需之石材，並為其砌築堤防，而且，不久便已完工，解決此一長期的禍患，讓當地民人稱頌不已。有關此，明人何喬遠亦言道：「先是，海上之沙浪淘風湧上於田畝者久歲，民有耕地率為磧鹵，君[指沈有容]不時使士（卒）輿石置之。一日，因其解汛，大召集為長堤拒潮，頃刻而就，沙無所淘湧，磧鹵為良疇」。[56]至於，該堤防規劃興築的時間，大約始於萬曆三十一（1603）、二（1604）年間，在萬曆三十四年（1606）建造完成。[57]

由於，沈有容築堤擋沙護田一事對地方貢獻頗大，加上，他在浯寨任內治軍嚴整，「信賞必罰，兵不敢有加於民，民若不知有兵。凡民之以佃、以漁、以商、以販者，有公[指沈有容]在，事無劫奪之虞，間復結之以恩。若舳翰之士，至隆以禮貌，待以情信……」，[58]甚得石湖當地民眾的尊敬和感念，萬曆三十

---

[55] 陳學伊，〈祠田碑〉，收入沈有容輯，《閩海贈言》，卷之 1，頁 15。

[56] 何喬遠，〈石湖浯嶼水寨題名碑〉，收入沈有容輯，《閩海贈言》，卷之 1，頁 12。

[57] 因為，何喬遠在〈石湖浯嶼水寨題名碑〉語及，沈公堤造好時間約在萬曆 34 年（1606）沈欲調任浙江都司僉書之時（見沈有容輯，《閩海贈言》，卷之 1，頁 12。），而前文陳學伊的〈祠田碑〉又稱，沈在築堤前曾花三年時間積累構築所需之石材，但施工後不久便建成（見沈有容輯，《閩海贈言》，卷之 1，頁 15。）！兩者若加以比對推估，興建堤防的構思約始於萬曆三十一、二年間。

[58] 同註 55。

四年（1606）他要擢任浙江都司僉書時，[59]陳學伊便稱，「彼[指沈有容]兵我民，咸不忍捨；共搆生祠，立碑塑像，合貳守清江楊公[指即泉州同知楊一桂]，皆有功德於海上者，並祀焉。像以石，欲千百年不朽」，[60]亦即石湖百姓幫沈有容和泉州同知楊一桂搆建生祠，[61]以感念其德澤地方。有關此，何喬遠在〈楊沈二公生祠碑〉亦言道：

> 清江楊公一桂來貳泉郡，宣城沈公有容來寨泉之浯嶼把總，二公皆滿九載乃遷。二公清潔以持身，嚴正以蒞下，矢心以為國，協體以安民，籍不列空伍，饟不出虛額；士見賊而懦、遇民而悍，責之無所不率。士以飽嬉，民用按堵。凡有一事之利以及百世之賴，沈公開之，楊公

59　因為，明代都指揮使司中設有都指揮使、同知和僉事三職，經常其中有一人統領都司軍政事務，稱「掌印」；另外，一人掌理練兵，一人掌理屯田，稱「僉書」。見張德信，《明朝典章制度》（長春市：吉林文史出版社，2001 年），頁 408。至於，文中都司僉書的「都司」二字，係都指揮使司的簡稱，都司亦是行省的最高軍事機構，有關此，請參見同前書，頁 407。

60　陳學伊，〈祠田碑〉，收入沈有容輯，《閩海贈言》，卷之 1，頁 15-16。

61　有關石湖的楊沈二公祠，史載，「楊沈二公祠，在晉江之石湖【一名日湖】，明萬曆三十四年建，以祀泉貳守一桂、把總有容【〔何喬遠記〕國家自郡守而外，若戍旅之事，則有同知理之。……】，今廢」。見懷蔭布，《泉州府誌》，卷 13，〈學校一‧諸祠〉，頁 60。附帶說明的是，上文中出現在符號"【】"中的文字，係原書之按語。

> 成之；楊公持之，沈公夾之。二公旣遷，民士念思，厥
> 並生祠，屬余為記。[62]

然而，到了清代以後，地方志書卻載稱，「楊沈二公祠，在晉江
之石湖【一名曰湖】，明萬歷[避諱字，應「曆」]三十四年建，
以祀泉（郡）貳守（楊）一桂、（浯嶼水寨）把總（沈）有容【〔何
喬遠記〕國家自郡守而外，若戎旅之事，則有同知理之。……】，
今廢」，[63]亦即當年石湖百姓為感念楊、沈二人德澤而興建的祠
廟已遭廢棄，至於其原因則難以得知，然此事卻讓人惋歎不已。
另外，附帶一提的是，因沈有容此陞任浙江都司僉書與築堤完
工的時間相近，有人難免會聯想此一助民善舉是否為其陞遷之
主因？筆者目前認為，興建堤防只是沈調陞的部分原因而已，
因他來閩地工作，歷任海壇、浯銅和浯嶼三寨、遊水師把總，
前後十年間，建立不少的功勞，此才是他陞遷的主因，興建堤
防至多僅是其中原因之一而已。[64]

62　何喬遠，〈楊沈二公生祠碑〉，收入沈有容輯，《閩海贈言》，卷之 1，頁 14。上
　　文中稱沈有容來任滿九載，時間並非僅指浯嶼寨總而已，尚包括海壇、浯銅二
　　遊兵把總的任期，亦即萬曆二十五至三十四年，合計共九年。

63　懷蔭布，《泉州府誌》，卷 13，〈學校一‧諸祠〉，頁 60。附帶說明的是，上文中
　　出現在符號"【】"中的文字，係原書之按語。

64　筆者認為，目前似乎無直接的證據，可以証明沈有容此次陞遷，完全係因築堤
　　助民而起（可參見陳學伊〈祠田碑〉、何喬遠〈石湖浯嶼水寨題名碑〉二文。），
　　築堤至多僅是其中原因之一而已。例如明人何喬遠在〈送擢浙江僉閫序〉便曾
　　言道：「宛陵沈士弘君[即沈有容]以將軍視吾閩海上師、十年所矣：始由海壇而
　　浯嶼，寨於中左；復改鎮石湖，則奉朝命云。當事者以將軍勞苦功高，在閩久，

五、沈有容在浯嶼水寨把總任內事蹟評析

上述的東番勦倭、水寨遷建和勸走荷人三事係他個人任內的工作，築堤擋沙則是工作職務以外的助民善舉。另外，根據筆者個人觀察認為，沈在浯嶼水寨把總任內，平常時日是一位不隨意浪費公帑的將領，遇征戰時則是一名智勇兼備、仁慈不擅殺的指揮官，而且，他個性四海，與人和睦親善，工作之外熱心為民眾解決問題。

首先是，不隨意浪費公帑的部分。前已提及，沈有容擔任浯銅遊兵把總時，便曾打破陋規，拒收部屬禮金，甚至，還自掏腰包捐俸整修船、械，以提升戰力。他在擔任浯寨指揮官後，不隨意浪費公帑是其重要原則，例如前述的石湖新寨的遷建工程即是。因為，此次構築新寨所需的開銷費用，並非是來自於政府公庫，係由沈自身想法籌募的，有關此，明人葉向高便曾語道：

> 太守清江程公[即泉州知府程達]，建議徙（浯嶼水）寨於石湖，……以其事屬把總宛陵沈將軍[即沈有容]。將軍故贊程以畫者。……經費七百餘緡，取諸捕獲諸闔出

海上事最習，議加參銜；鎮石湖如故。群縉紳士及海澨之氓：居著、行者、漁者、商者，靡不舉手加額曰：『吾儕得再借將軍高枕矣』。奈疏數不報。茲擢浙江（都司）僉書以行」（見沈有容輯，《閩海贈言》，卷之3，頁46。）。由上知，沈來閩十年，勞苦功高，地方當局亦曾為其晉陞，多次上疏陳請，卻都未能如願，直至他陞任浙江僉書才得實現，而且，上文中亦曾未語及築堤一事，便可知之！

> 財物，及捐舊寨地予民而收其直，未嘗費公帑一錢。諸
> 行間卒長欲有所輸助，咸謝罷之。[65]

由上可知，沈未嘗動用到任何公款，他主要利用查獲走私充公
的財貨，以及出售廈門浯寨舊址土地，來支應石湖新寨工程的
開銷，甚至於，連有人想捐助他都加以婉謝拒絕；有關此，何
喬遠在〈石湖浯嶼水寨題名碑〉中，亦有相近似之記載。[66]不
僅在築造新寨的公務上，沈未曾動用到政府公帑或百姓的捐
輸，連他私下幫助民眾築造堤防保護田園時，同樣亦是如此，
有關此，何喬遠便言道：「蓋自君[指沈有容]在事，飭軍實、明
斥堠，士無虛糧、兵有利器，……。它若鑿山築塞，為後來之
居[指構築石湖新寨]；纍石崇堤，為飛沙之障[指築堤擋沙護
田]。二者非二、三千金不可；君獨不費公帑毫忽，亦不麋民間
一粟一錢，相時而動、度勢而行，拮据以豎功，而使永世戴厚
利，茲行也，寧不繫縉紳之感，而動海澨之思哉！」[67]

其次是，智勇兼備不擅殺的部分。此又可從「勇敢不懼死」、

65　葉向高，〈改建浯嶼水寨碑〉，收入沈有容輯，《閩海贈言》，卷之1，頁4。

66　有關此，何喬遠〈石湖浯嶼水寨題名碑〉載稱如下：「(泉州)郡太守清江程公[即泉州知府程達]謂：奈何不虞舶城下而海無譏徵（？），則欲徙浯嶼水寨鎮將於石湖，顧安所得建置之需。君[指沈有容]曰：『是皆在某』。始君為水寨捕寇逐虜，率過其汛界，殲寇虜海水中，資糧、舟楫、器械盡取之，數年梱積無所用，君又不鬻入私橐，於是搆材立宇，數月而畢工。至於公府之行署、簡閱之亭臺，莫不翼然煥然，不費公帑一錢」。見沈有容輯，《閩海贈言》，卷之1，頁12。上文中的符號"（？）"，係原書所登載者。

67　何喬遠，〈送擢浙江僉閫序〉，收入沈有容輯，《閩海贈言》，卷之3，頁47。

「智慧有識見」和「仁慈不擅殺」等三方面來做說明。一、勇敢不懼死。除如前文所述，沈有容先前任浯銅遊總時，在東椗、彭山洋二役曾擒斬倭盜六十餘人，而讓分巡興泉道王在晉給他「此人勇敢直前，不避矢石，疇不愛身，所志在功名耳」的評價。沈擔任浯寨把總後，依舊不改其勇敢之本色，冒險率軍渡海東番勦倭，以及往赴澎湖，勸退船巨砲利、前來求市的荷人，例如東番之役隨行的陳第，便指道：

> 沈子[即沈有容]好名而不好利、畏義而不畏死，蓋本伉爽、敏達、勇敢士也。[68]

認為，沈是一位重名譽不好利、講信義不懼死的英勇將領，此外，陳第還提及，他不同於時下的一些將領，不僅貪生怕死又汲營於求功，「求其明目張膽，堂堂正正，與決勝負於塞下海中，實罕所睹聞，賊於何忌哉？故將軍有必死之心，士卒有無生之氣，南倭北虜，不足平也。岳武穆[即岳飛]曰：『武臣不怕死，則天下太平』。孫、吳復起，不能易其言矣，沈子[即沈有容]其庶幾乎！」[69]二、智慧有識見。沈有容不僅勇敢善戰，同時亦兼具智慧識見，可稱是一位智、勇兼備的將領。因為，東番之役時值十二月隆冬，且倭盜又遠避外洋的臺灣，有人認為此不利於勦攻，而沈卻率兵涉險渡海、出敵不意攻殺之。又如荷人

---

[68] 陳第，〈舟師客問〉，收入沈有容輯，《閩海贈言》，卷之 2，頁 31。
[69] 同前註，頁 29。

佔領澎湖時，有人主張應出兵勦滅之，他卻主張採取勸說方式，
「第令無所得利，徐當自去也」。由上述二事中，凸顯沈超凡的
識見，確實為他人所不及。[70]三、仁慈不擅殺。身為征戰殺場
的武將，沈有容令後人稱道的是，他仁慈、不擅殺的特質。例
如東番勦倭時，沈有容從倭盜手中救回被擄的漳、泉漁民三百
餘人，他的部下想殺這些人以充當倭盜，來向政府報功求賞，
沈不從，說：「此良民也；批殺一人，以贈吾一品之秩，非（大
丈）夫也！」[71]並呼請難民們吃飯，之後，再載送他們回到故
鄉。[72]

此外，吾人亦發現到，沈有容在工作之外熱心為民眾解決
問題，如前述築造堤防來擋沙護田即屬之，而且，他與人親善
和睦，明人陳學伊便言，沈剛來石湖時，「環海老少，且驚且悸，

---

[70] 有關上述的內容，明人李光縉便曾言道：「人言沈將軍[即沈有容]非徒勇也。東
番之役，議者以戰為不可克，而將軍用戰勝。西番之役，議者以勦為可殲，而
將軍不用勦卻。……將軍以一夜之師，貽海上百年之安[指東番勦倭]，以三寸之
舌，勝傾國百萬之眾[指澎湖退荷]；前如脫兔，後如處女，適人開戶，參彼己權
變，出奇無窮，此其為沈將軍也」。見氏著，〈卻西番記〉，收入沈有容輯，《閩
海贈言》，卷之2，頁37。

[71] 池浴德，〈送擢浙江僉閩序〉，收入沈有容輯，《閩海贈言》，卷之3，頁48。

[72] 上述的內容，請參見池浴德，〈送擢浙江僉閩序〉，收入沈有容輯，《閩海贈言》，
卷之3，頁48。有關此，沈有容在回憶錄中亦言道，東番勦倭之役，「遇賊艘于
洋中，追及，火攻，斬級十五，而投水焚溺無算，救回漳、泉漁民被擄（者）
三百餘人。憫其久阨，以便宜遣歸生業，獨以浙擄七十六解驗」。見沈有容自傳
稿〈仗劍錄〉，載於姚永森〈明季保臺英雄沈有容及新發現的《洪林沈氏宗譜》〉，
《臺灣研究集刊》，1986年第4期，頁88-89。

懼不相能」，[73]但因他治軍嚴明，禮賢下士，兵民兩不相犯，漁佃商販各安本業，而得到當地民眾的尊敬。[74]不僅如此，他個性四海，會善用各類人才之專長，來協助他達成任務目標，例如清人陳壽祺《福建通志》卷一三九〈明武宦績・南路浯嶼寨把總〉條下，便曾指道：「沈有容，（安徽）宣城人，天啟[誤，應「萬曆」]間任。凡海濱之民，（沈）皆知其生業，出入劇奸捕治之，其次用為耳目，有力者籍為兵，使習知（海戰）衝犁、抵拒之法，又為之利器械、堅船具，數年泉[即泉州]中絕海寇」，[75]即是明證。

六、結　語

　　吾人若綜觀沈有容在浯嶼水寨任內的事蹟，可以發現到，他是一位勇於任事、負責用心的水師將領。沈在浯寨把總五年的任期中，努力做好工作，善盡自身職責，期間並完成三件重要事情，一是東番勦倭之役，維護沿海的治安，挫殺倭盜的氣燄。二是石湖浯寨的遷建工程，順利完成上級交辦任務，並為明政府省下不少經費。三是勸退澎湖求市的荷人，鞏固東南海

---

[73] 陳學伊，〈祠田碑〉，收入沈有容輯，《閩海贈言》，卷之 1，頁 15。

[74] 有關此，請參見陳學伊，〈祠田碑〉，收入沈有容輯，《閩海贈言》，卷之 1，頁 15。

[75] 陳壽祺，《福建通志》（臺北市：華文書局，1968 年），卷 139，〈明武宦績・南路浯嶼寨把總〉，頁 8。

疆邊陲，不戰而屈人之兵。前文亦提及，沈有容與人親善，個性四海，平日是一位不隨便浪費公帑的將領，值遇征戰時則是一名智勇兼備、仁慈不擅殺的指揮官，而且，工作之外又熱心為百姓解決問題，「沈公堤」便是他築堤防沙護田，保護民眾生命財產的著名善舉。萬曆三十四年（1606）他要離任前，石湖百姓為其構建生祠，以感念其德澤地方，此對「志在功名」的沈而言，不啻是一項莫大的榮譽。尤其是，東番殲倭、澎湖退荷二事載於史冊而讓他名留千古，相信生前「好名而不好利」的沈，若在地下有知，當會含笑於九泉，而不枉費人生走一遭！

（原始文章刊載於《興大人文學報》第 55 期，國立中興大學文學院，2015 年 9 月，頁 77-100。）

附圖一：二〇一〇年四月整修中的澎湖天后宮，筆者攝。

附圖三：浯嶼水寨寨址遷移示意圖，筆者製。

附圖二：「沈有容諭退紅毛番韋麻郎等」殘碑，筆者攝。

附圖四：臺南安平巷弄今貌，筆者攝。

擣荷凱歌：

論南居益於明天啟收復澎湖之貢獻

前言

> 霜臺開府八閩雄，制勝竪勳自海東；彭島夷侵常竊據，
> 舟師火戰遂疏通。指麾全仗中丞策，韜畧亦憑諸將功；
> 從此風波應漸息，海防未許撤艨艟。

> ——明・龔雲致〈擣夷凱歌〉

　　上面這首七言古詩，[1]是明人龔雲致為了感念福建巡撫南居益驅逐荷蘭人收復澎湖而寫的，文中的「彭島夷侵常竊據」，指

1　葉向高誌，《凱歌副墨》（日本名古屋市：蓬左文庫，疑明天啟刊本），〈大中丞南公祖凱歌副墨・擣夷凱歌〉，頁21-22。上面詩名〈擣夷凱歌〉中的「擣」字，意即攻取之意。

荷人佔據澎湖一事；至於，「中丞」二字便是指閩撫南居益。[2]而
類似上述詩句的〈擣夷凱歌〉，總共有數十首之多，分別由不同
的人所撰寫，皆收錄在明末的珍稀史料《凱歌副墨》之中。至
於，上述的《凱》書在國內似乎不易尋著，目前筆者僅知，日
本名古屋的蓬左文庫，尚留存有一部疑為熹宗天啟（1621-1627）
時刊刻的殘本，而該書內容係為歌頌南居益於天啟四年（1624）
逐荷復澎一事所做的貢獻。南，字思受，號二泰（一作二太），
陝西渭南人，神宗萬曆二十九年（1601）進士，天啟三年（1623）
以右副都御史，巡撫福建。五年（1625）遷工部右侍郎，總督
河道。思宗崇禎元年（1628），起戶部右侍郎，總督倉場。後，
因事被削籍為民，歸里。甲申之變時，為流賊李自成所擄去，
並遭炮烙酷刑，終不屈從，絕食七日而亡。[3]

　　目前，學界對於明天啟年間逐荷復澎一事的研究結果，大
致可稱已獲定論，荷人會拆除城堡離開澎湖，並非是明政府藉
由軍隊的實際征戰，而是透過商人李旦等人從中斡旋的結果，
筆者亦認同此一見解。然而，吾人不可否認的是，荷人在離澎
之前，面對著三,○○○多名冒險渡海而來、團團包圍的明軍，
他們所呈現出來「收復澎湖，不惜一戰」的態勢，多少會對其
產生震懾的效果，且讓其清楚地瞭解，明政府此次用兵澎湖的

2　　明時，「撫院」、「撫軍」、「軍門」、「中丞」或「大中丞」，皆是對一省最高長官
　　巡撫的尊稱或別稱。

3　　請參見張其昀編校，《明史》（臺北市：國防研究院，1963 年），卷 264，〈南居
　　益族父企仲、族弟居業〉，頁 2985-2986。

決心，同時，亦間接地幫助李旦等人斡旋工作的順利進行！而此次明政府會不惜一切代價要收復澎湖，主要的關鍵人物，便是時任福建最高長官巡撫的南居益，因為，他的想法、決心和意志，還有謀略、計畫和作為，不僅，確立了明政府對付荷人的目標和方法，同時，亦直接影響了閩地官員對處理此事的看法；加上，明軍渡海復澎之役的工作進行，亦是由他一手來主導。所以，澎湖能重回明帝國的懷抱，南居益之貢獻可謂不少。

因為，本文係以南居益做為主要的研究對象，探討他在天啟年間為明政府驅逐荷人、收復澎湖的過程中所做之貢獻，亦因如此，本文利用了「荷蘭人佔據澎湖要求通市」、「明政府收復澎湖經過始末」和「南居益在復澎役中之角色及其貢獻」等三個章節，來對上述的問題進行探索。其中，又因「南居益在復澎役中之角色及其貢獻」一節的部分，是本文論述的重點，故此又分成「南居益在逐荷復澎役中之角色」和「南居益在復澎役中貢獻之評析」兩個小節的內容，來加以詳細地說明。最後，文中倘若有誤謬或不足之處，尚祈學界方家批評指正之。

一、荷蘭人佔據澎湖要求通市

自從十五世紀末發現新航路後，歐洲人競相前來東方尋求通商的機會，而荷蘭人即是其中的佼佼者。早在萬曆三十二年（1604）時，荷人為了打開中國的貿易市場，並尋求直接互市的據點，便曾派遣韋麻郎（Wybrant van Waerwyk）率領船艦佔

領了澎湖，因為，該地係明帝國的海防要地，明政府遂命令浯
嶼水寨把總沈有容，率領大軍前往交涉，致使荷人知難而退，
被迫離開了澎湖（附圖一：澎湖天后宮「沈有容諭退紅毛番韋
麻郎等」殘碑，筆者攝。）。[4]雖然，荷人一時退走，但並未因
此而放棄先前直接互市的主張，遂在天啟二年（1622）又再度
捲土重來，並於該年六月（即陽曆七月）初抵達澎湖的馬公島。
荷人艦隊在駛入馬公灣之後，指揮官雷爾生（Cornelis Reijersz）
的日誌曾載稱，雖然一開始，汛防澎湖的明軍兵船，[5]主動避開
欲與其接觸的荷人，但對荷人的動態卻做密切監視。之後，澎
湖守軍和荷人做正面的接觸，並好意要求荷蘭的人、船離開澎
湖，並建議荷人前往臺灣，而且，願意提供一艘船和引導的水
手，協助荷人前往其口中「對荷人來說，很好的地方」的臺灣。
另外，為表達其善意，明守軍的首領不僅邀請荷人到其家中，
還以家中的羊、雞等來招待他們，但在過程中，明軍首領卻還

---

[4]　有關此，請參見何孟興，〈論明萬曆澎湖裁軍和「沈有容退荷事件」之關係〉，《臺
　　灣文獻》第 62 卷第 3 期（2011 年 9 月 30 日），頁 127-145。

[5]　荷人艦隊於農曆五月底進澎湖水域，六月初駛入馬公灣澳，此際，澎湖遊兵的
　　春汛似未結束，仍在澎湖信地執行勤務。因為，史書雖提及「彭湖遊（兵），……
　　春汛以清明前十日為期，駐三箇月，冬汛以霜降前十日為期，駐二箇月」（見何
　　喬遠，《閩書》，卷之 40，〈扞圉志・鎮守、寨、游・彭湖游〉，頁 989。），但是，
　　春、冬二汛的發汛和收汛日期及其執行的天數上，每年在時間上會有一些出入，
　　此項工作係由福建巡海道主司其事。最後，附帶說明的是，筆者為使文章前後
　　語意更為清晰，方便讀者閱讀的起見，有時會在文中的引用句內「」加入文字，
　　並用（）加以括圈，例如上文的「彭湖遊（兵）」。

是重申，願意提供船和水手引導荷人前去臺灣，[6]亦即荷人必須離開明帝國領土的澎湖。但是，荷人對明軍的好意勸說，似乎無動於衷，之後不久，便在馬公島上的西南末端處，亦即今日風櫃尾的蛇頭山上（附圖二：今日風櫃尾的荷人堡壘遺跡，筆者攝；附圖三：風櫃尾荷軍登陸紀念碑，筆者攝；附圖四：風櫃尾荷人堡壘的告示圖，筆者攝。），開始構築城塞堡壘，以為久居之打算；而此時，明軍的兵船或許懾於荷艦強大的武力，並未對其採取強勢阻撓的作為，僅是在附近做持續性地的監視而已。[7]

荷人進據澎湖的消息，不到一周時間便傳到對岸的福建，並引起極大的震撼。由於，荷人十餘艘船艦浩蕩地逕入澎湖，先前監視荷人動態的澎湖遊兵官軍，之後，亦畏懼而返回內地。荷據澎湖一事，讓明政府官員大為緊張，沿海地區隨之告警，福建巡撫商周祚下令巡海道高登龍，前去視察轄管澎遊的泉南遊擊官軍，為採取下一步的行動預做準備，甚至於，連此時已

6　以上的內容，請參見林偉盛譯，〈雷理生司令官日誌〉，收入《臺灣文獻》第 54 卷第 3 期（2003 年 9 月），頁 169-170。

7　請參見林偉盛譯，〈雷理生司令官日誌〉，收入《臺灣文獻》第 54 卷第 3 期（2003 年 9 月），頁 174。根據雷氏日誌載稱，該年八月一日（即農曆六月二十五日）荷蘭大評議會，決議在風櫃尾建立城塞，荷方商務員並視察此地。二日，荷人開始進行築城的工作。三日，在築城處最高點的荷軍，曾見到四艘中國帆船，疑係明軍監視荷人的兵船。四日，上述四艘仍在馬公島的北邊。直至十一日（即農曆七月五日），荷人又看到兩艘中國帆船，荷人遂派出二艘船前去查看，果然是中國的戰船。筆者以為，上述的內容，似乎說明著，此際尚有部分的明軍留在澎湖，持續地對荷人進行監視，而非全數地撤回內地！

晉陞它職的總兵徐一鳴都特地兼程趕回，並轉赴澎湖對面的廈門去佈署防務，而且，商周祚還特派人渡海赴澎，勸說荷人離開，卻遭其峻拒。[8]同時，亦因荷人提出進行直接貿易的要求，明政府卻以荷人必需先離開澎湖做此談判的前題，荷人怒而決定改採武力，欲迫使明政府就範。一六二二年十月中旬起，荷人便派船艦至漳、泉沿岸展示其強大火力（附圖五：安平古堡文物陳列館內的荷蘭大砲，筆者攝。），並進行騷擾劫掠，明人遂起而抵抗反擊。[9]而荷人上述侵擾的行動，多在漳、泉交界的九龍江河口一帶，例如在鼓浪嶼大事地掠奪，在廈門燒毀該地貨船、兵船，破壞洋商房屋，搶奪貨物及生絲⋯⋯等。十二月

---

[8] 請參見曹學佺，《石倉全集・湘西紀行》，下卷，〈海防〉，頁 50。另外，明政府明確地要求荷人離澎的態度，亦見於一六二二年九月十二日（天啟二年八月八日）閩撫商周祚回給荷人的書信中，請參見林偉盛，〈荷蘭人據澎湖始末（1622-1624）〉，《國立政治大學歷史學報》第 16 期（1999 年 5 月），頁 10。

[9] 例如荷人班德固（Willem Ijsbrantsz. Bontekoe）船長在該年（1622）十一月的航海日記中，便指道：「（十一月）二十五日[按：即農曆十月二十三日]，我們[指荷蘭人]集合於漳州河口，在一座小島下方投下船錨，這裡村落的居民都逃跑了。我們在那裡發現大約四十頭牲口，當中有一些豬隻、一群雞可以作為補給食物。⋯⋯我們派出三艘帆船逆河而上，來到一個村落附近，勇敢地與中國人作戰。中國人將九艘戎克船綁在一起點火，然後讓著火的戎克船順流而下，目的要撞擊我們的帆船引發火災，但是他們沒有命中目標。二十八日，我們的兩艘笛型船到那裡發射火砲，燒毀村落，帆船也同時發射船上的七座加農砲。雖然，我方的人數只有區區的五十人，而對方的中國人有數千，且他們非常勇敢地作戰」。見林昌華譯著，《黃金時代：一個荷蘭船長的亞洲探險》（臺北市：果實出版，2003 年），頁 112。附帶一提的是，上文中出現 "[按：即農曆十月二十三日]"者，係筆者所加的按語，本文以下的內容中若再出現按語，則省略為 "[即農曆十月二十三日]"，特此說明。

底時，荷人因上述的行動並不順利，又聽聞明軍將準備許多的戰船助戰，且明政府亦願意與其討論貿易問題，乃決定派人商談此事，雙方遂進入休戰的狀態。次年（1623）一月，荷艦司令雷爾生親赴廈門會談，要求進行貿易，明方則以荷人不撤離澎湖，無法允許貿易，雷答稱未獲巴達維亞（Batavia，今日印尼雅加達）總督的同意不得撤離，且要求至福州和巡撫會談。二月中，雷抵達福州和閩撫商周祚進行交涉，雙方有基本上的共識，亦即荷人離開中國領土的澎湖，中國答應派人與其進行貿易。[10] 其實，明政府願與荷人談判解決問題亦有其苦衷，有關此，可由時任內閣首輔的葉向高，[11] 在寫給福建巡按喬承詔的信中，得知一二。葉指道：

> 夷[指荷人]盤據（澎湖）大為可憂，卽閩人亦知為計議者多主用兵，而漳、泉士大夫恐用兵，則此兩郡先受其禍，且夷船高大，又有銅銃難敵。[12]

由上可知，漳、泉官紳恐因用兵導致地方被禍，以及荷人船大

---

[10]　上述的內容，請參見林偉盛，〈荷蘭人據澎湖始末（1622-1624）〉，《國立政治大學歷史學報》第 16 期（1999 年 5 月），頁 13-16。

[11]　葉向高，字進卿，號臺山，福建福清人，明晚期曾歷官三朝，兩入中樞，獨相七年，首輔四載，係當時政壇的風雲人物，詳見方寶川，〈葉向高及其著述〉，收入葉向高《蒼霞草全集》（揚州市：江蘇廣陵古籍刻印社，1994 年），〈序文〉，頁 1。

[12]　葉向高，《蒼霞草全集·後綸扉尺牘》，卷 9，〈與答喬獻蓋按院〉，頁 5。

砲利難以力敵，[13]是明政府未敢採取武力解決問題的重要考量
因素。

　　然而，上述中、荷談判的結果，閩撫商周祚隨即奏告中央
朝廷，稱「蓋夷[指荷人]雖無內地互市之例，而閩商給引販咬
嚼吧[今日印尼爪哇]者，原未嘗不與該夷交易；今許止遵舊例
給發前引，原販彼地舊商仍往咬嚼吧市販，不許在我內地另開
互市之名。諭令速離彭湖，揚帆歸國。如彼必以候信為解，亦
須退出海外別港以候；但不係我汛守之地，聽其擇便拋泊」。[14]
但是，朝廷似乎不滿意商的處理表現，不久便發佈人事命令，
決意將其撤換，[15]並於八天後，改派南京太僕寺卿的南居益，
接替其職務。[16]

　　同時，亦因中、荷雙方有前述的共識，閩撫商周祚便認為，
荷人會依承諾拆毀堡壘、離開澎湖，遂於天啟三年（1623）四
月，再「以紅夷[即荷蘭人]遵諭，拆城徙舟」的結果，奏報中
央朝廷，亦讓朝廷以為「然此夷所恃巨艦大礮，便於水而不便

13　關於此，葉向高便曾指道：「紅夷[指荷人]其所乘舟，高大如山，板厚三尺，不
　　畏風濤，巨銃長丈餘，一發可二十里，當者糜碎，海上舟師逢之皆辟易，莫敢
　　與鬥。」見氏著，《蒼霞草全集・蒼霞餘草》，卷1，〈中丞二太南公平紅夷碑〉，
　　頁1。

14　臺灣銀行經濟研究室編，《明實錄閩海關係史料》（南投市：臺灣省文獻委員會，
　　1997年），〈熹宗實錄〉，天啟三年正月乙卯條，頁130。

15　請參見中央研究院歷史語言研究所校，《明實錄》（臺北市：中央研究院歷史語
　　言研究所，1962年），〈明熹宗實錄〉，卷31，天啟三年二月戊辰條，頁6。

16　請參見見中央研究院歷史語言研究所校，《明實錄》，〈明熹宗實錄〉，卷31，天
　　啟三年二月丙子條，頁15。

於陸，又其志不過貪漢財物耳。既要挾無所得，漸有悔心；諸將懼禍者，復以互市餌之，俾拆城遠徙，故弭耳聽命：實未嘗一大創之也」。[17]但是，之後，荷人並未遵守諾言，拆除堡壘，撤離澎湖，且繼續在海上掠奪中國的船隻。[18]例如一六二三年五月時，班德固在航海日記中，便曾載道：

> 五月一日[農曆四月三日]，天氣不穩定，……航程中（我們）遇見了其他的中國戎克船，上面載著值錢的貨品，價值數千荷蘭盾，目的地是馬尼拉。我們制服了該船及船上的二百五十個人，俘擄大部分的人，只留下二十到二十五人在戎克船上，再將我方十五到十六人送過去，最後將那艘船綁起來拖走。如今我們已有數百名中國人在船上，而我們只有不到五十名強壯的船員，因擔心船上會發生叛變，所以每一個人的腰際都配上長劍，如同軍官一樣。[19]

尤其是，荷人還將俘擄到的中國人，抓去澎湖充當苦力，協助修建風櫃尾的堡壘，許多人因糧食不足而喪命，其餘的生還者

17　臺灣銀行經濟研究室編，《明實錄閩海關係史料》，〈熹宗實錄〉，天啟三年四月壬戌條，頁130-131。文中的「諸將懼禍者，復以互市餌之」，係指當時將領知其難以力敵荷人強大武力，遂以互市貿易為餌，誘使荷人離開澎湖。

18　請參見林偉盛，〈荷蘭人據澎湖始末（1622-1624）〉，《國立政治大學歷史學報》第16期（1999年5月），頁18。

19　林昌華譯著，《黃金時代：一個荷蘭船長的亞洲探險》，頁120。

更是不幸，被賣到巴達維亞去當奴隸，下場十分地悲慘。[20]亦因，荷人未遵守先前的承諾，久據水師信地澎湖不走，而且，又在海上掠奪中國船隻，致使明政府官員愈漸感到焦慮，時任南京湖廣道御史的游鳳翔便是一例，他便曾憂心地指出：

> 閩自紅夷[指荷人]入犯，就彭湖築城，脅我互市。及中左所登岸，被我擒斬數十人，乃以講和愚我，以回帆拆城緩我。今將一年矣，非惟船不回，城不拆，且來者日多，擒我洋船六百餘人，日給米，督令搬石，砌築禮拜寺於城中，進足以攻，退足以守，儼然一敵國矣。……今彭湖盈盈一水，去興化一日水程，去漳、泉二郡只四、五十里。於此互市，而且因山為城，據海為池，可不為之寒心哉？[21]

20　請參見林昌華譯著，《黃金時代：一個荷蘭船長的亞洲探險》，頁 121；甘為霖（W.M.Campbell）英註、李雄揮漢譯，《荷據下的福爾摩莎》（臺北市：前衛出版社，2003 年），頁 45。另外，中方相關的史實記載，如下文中南京湖廣道御史游鳳翔所言的，「（荷人）擒我洋船六百餘人，日給米，督令搬石，砌築禮拜寺於城中」，即是一例。

21　臺灣銀行經濟研究室，《明季荷蘭人侵據彭湖殘檔》（南投市：臺灣省文獻委員會，1997 年），〈南京湖廣道御史游鳳翔奏（天啟三年八月二十九日）〉，頁 3-4。附帶一提的是，學者張維華曾引西人 Ljungstedt 的說法，指稱荷人在福建沿海奪獲小舟六十隻，而被俘華人不知凡幾，其中，至澎築城因饑餓或受虐而死者不可計，之後，發遣爪哇役為奴隸者約為一千四百或五百人，或言死於饑餓或虐使者，為數與其相當。見張維華，《明史佛朗機呂宋和蘭意大里亞四傳注釋》（臺北市：臺灣學生書局，1972 年），頁 134-135。亦因如此，上文斷句似應為「擒我洋船六百餘人，日給米……」，特此說明。

游認為，荷人不僅「以講和愚我，以回帆拆城緩我」，且又築城澎湖，「因山為城，據海為池」，儼然如一敵國，加上，澎湖又距內地不太遠，若任其在此與我買賣互市，令人感到不安！另外，游又認為，澎湖是海上交通的要地，一者該水域位在南北米船往來的航道上，「閩以漁船為利，往浙、往粵，市溫（州）、潮（州）米穀，又知幾千萬石？今夷[指荷人]據中流[即佔領澎湖]，漁船不通，米價騰貴」。[22]二者通洋販貿者常途經此地，「漳（州）、泉（州）二府負海，居民專以給引通夷為生，往回道經彭湖；今格於紅夷[指荷人]，內不敢出、外不敢歸，無籍雄有力之徒不能坐而待斃，勢必以通屬夷者轉通紅夷，恐從此而內地皆盜」。[23]由上可知，荷據澎湖，截控中流，「既斷繾船、市舶於諸洋」，[24]導致內地的米價高漲，販洋者可能轉而私通荷人的嚴重後果，而上述的現象，亦凸顯出，此時的澎湖在東南海上交通和軍事戰略的重要性。

二、明政府收復澎湖經過始末

上述荷人據澎築城、騷擾沿海一事，不僅讓明人感到焦慮，

22　臺灣銀行經濟研究室編，《明實錄閩海關係史料》，〈熹宗實錄〉，天啟三年八月丁亥條，頁132。

23　同前註。

24　臺灣銀行經濟研究室編，《明實錄閩海關係史料》，〈熹宗實錄〉，天啟三年九月壬辰條，頁134。

尤其此事遷延時間日久，致使明政府內部對先前談判勸說的策略漸失信心，轉而認為，若不採取武力，不足以逼迫荷人離開澎湖的見解，此際，遂取代而成為各方主流的意見。例如廈門人的池顯方，[25]在寫給總兵徐一鳴的信中，即指：「蓋前韋麻郎止二艦，且夷[指荷人]（溫）馴，惟在貿易無他志，故說之則去。今，夷日掠商舟，狼貪未厭，又有奸商為囮，似非一說之力也」。[26]天啟三年（1623）六月時，連候代的閩撫商周祚亦改變態度，轉而認為：

> 紅夷[指荷人]久據彭湖，臣[指閩撫商周祚]行南路副總兵
> 張嘉策節次禁諭，所約拆城徙舟及不許動內地一草一木
> 者，今皆背之。犬羊之性，不可以常理測。臣姑差官齎
> 牌責其背約，嚴行驅逐。如夷悍不聽命，順逆之情判於

25　池顯方，字直夫，號玉屏子，（廈門）中左所人，其生平事蹟如下：「初，（池顯方）受知於撫軍南居益。天啟二年，舉應天試。工詩文，喜山水，……時與鍾譚唱和，海內名輩如董其昌、黃道周、何喬遠、曹學佺皆折節樂與交；尤與同邑蔡復一稱莫逆。……著有《晃巖集》、《南參集》、《玉屏集》、《澹遠詩集》、《李杜詩選》；林孕昌序其集云：『直夫冰璞枯骨，畔幅坊身；學紹青箱，韻高白雪：卓乎不可一世云』。」見周凱，《廈門志》（南投市：臺灣省文獻委員會，1993年），卷13，〈列傳下・寓賢〉，頁533。

26　池顯方，《晃岩集》（廈門市：廈門大學出版社，2009年），卷之21，〈書（二）・徐總戎〉，頁419。池顯方，係閩撫南居益的學生，亦曾參與策劃逐荷復澎一事。文中的「囮」，即欺詐之意。

茲矣。惟有速修戰守之具以保萬全，或移會粵中出奇夾
擊。[27]

商並奏請中央朝廷，「師行糧從，無餉則無兵」，[28]希望能動用
存積在福建布政司西庫中的兵餉，以為驅逐荷人之用。對此請
求，「上[指天啟帝]以紅夷久住，著巡撫官督率將、吏設法撫諭
驅逐，毋致生患。兵餉等項，聽便宜行」，[29]亦即朝廷支持福建
當局動用武力驅逐荷人，兵費開銷的部分，聽其便宜支用。

天啟三年（1623），六月抵境的新任閩撫南居益，[30]對荷人
的態度，又較其前任商周祚更加地強硬，除堅決反對與荷人談
判議和外，並主張用武力驅逐之，而且，為了宣示其勦荷的決
心，並要讓閩省官員知曉其堅定的意志，遂於到任不久後，公
然地搗碎荷人贈與的奇珍異寶，並將替其求市的池貴和洪燦二
人斬首示眾。有關此，明人黃克纘〈平夷崇勳圖詠序〉中，嘗
載如下：

---

27 臺灣銀行經濟研究室編，《明實錄閩海關係史料》，〈熹宗實錄〉，天啟三年六月
  乙酉條，頁 131。

28 同前註。

29 同前註。

30 南居益，字思受，號二泰（一作「二太」），陝西渭南人，萬曆二十九年進士，
  著有《青箱堂集》。南以右副都御史巡撫福建，天啟三至五年任。至於，南居益
  抵閩上任之時間，請參見葉向高，《蒼霞草全集・綸扉尺牘》，卷 8，〈與南二太
  撫臺〉，頁 16。本文發表於《硓𥑮石：澎湖縣政府文化局季刊》第 77 期時，此
  條註釋未有此段文句之說明，今特加補入，以供讀者之參考。

巡海憲臣執導夷[指荷人]入寇者洪燦，械至轅門。商人
池貴自咬嚼吧回，稱有番[指荷人]書及明珠、珊瑚、寶
鏡、異鳥為贄，欲求通市。公[指閩撫南居益]曰：「是嘗
我也，堂堂中國豈貴此物？」迺會諸文武大吏於講武堂，
碎其寶物，而斬（池）貴及（洪）燦以徇[意指示眾]。[31]

至於，荷人的方面，依然渴望與中國進行直接的貿易，且多次
與明政府書信往來，荷人強調，前任巡撫商周祚允諾的貿易買
賣和禁止中國船隻航往馬尼拉，中方則要求荷人撤離澎湖以及
釋放被擄的國人，是此一期間雙方討論的重點。雷爾生認為，
中方缺乏談和誠意，在八月中旬（即陽曆九月中）決意要對其
動武，閩撫南居益亦下令海禁，不讓荷船到中國沿海，同時，
亦禁止任何船隻前往澎湖，雙方關係變得愈加地緊張。[32] 十月
底（即陽曆十一月中），明人遂用密計，誘捕登岸廈門的荷方將
領，並以毒酒招待其他的荷人，再以火船襲攻荷船，[33] 造成荷

---

31 黃克纘，〈平夷崇勳圖詠序〉，收入葉向高誌，《凱歌副墨》，〈序〉，頁 4-5。上文
中的「巡海憲臣」，應指福建巡海道，因該職多由閩省按察司的副使或僉事出任，
故之。疑此時巡海道一職，由副使高登龍出任。

32 上述的內容，請參見林偉盛，〈荷蘭人據澎湖始末（1622-1624）〉，《國立政治大
學歷史學報》第 16 期（1999 年 5 月），頁 24-26。

33 明人常以裝載易燃物的小船，利用夜色的掩護，順流而放逐，用以撞擊巨大的
荷船，令荷人感到畏懼。例如，一六二三年十月班德固航海日記中，便曾載道：
「二十九日，我們一起開會，會中決定每艘船上必須預備三十到四十個拖把及
八到九個桶水，另外沿著船邊放置若干皮吊桶，只要中國人用火船來攻擊我們，
我們就可以將火撲滅。另外，我們也必須保持嚴密警戒，每晚必須有兩艘小艇

方不小的損失。[34]廈門誘殺事件爆發後，荷人甚為憤怒，決定再對中國實施海上封鎖，但因自身兵力的不足，加上，明人又有防備，故其用兵之成效並不彰顯。

　　天啟四年（1624）正月二日（陽曆二月二十日），在澎荷人除向巴達維亞（以下簡稱「巴城」）的荷蘭東印度公司請調援兵之外，並向其反映，若放棄澎湖前去臺灣，則可能獲允貿易之事，況且，澎湖環境資源不佳，又需派駐大軍來防守，對公司欲繼續佔澎一事感到懷疑，加上，雷爾生疑又因和明交涉困難，主動要求於任滿時離職，[35]……上述諸事，都讓荷人先前的氣勢衰頹了不少。二月中（陽曆四月初），雷爾生的信再傳到巴城，報告先前用兵失利事，以及明政府下令船隻不准出海，買賣交易幾近斷絕，信中並強調，公司派大軍駐守荒蕪的澎湖花費太大，而且，明人決無法容忍荷人在澎湖貿易一事。[36]四月底（陽曆六月初），巴城方面，除決議改派宋克（Martinus Sonck）前去接替雷爾生外，並訓令宋克，在談判時採取拖延的方法，要

停在離（母）船三分之一浬的地方，擔任警戒及取水。我們讓加農砲在我們的監視之下隨時開戰」。見林昌華譯著，《黃金時代：一個荷蘭船長的亞洲探險》，頁 124。

[34]　明人在廈門用計襲荷事件的經過，詳載於班德固航海日記之中，見林昌華譯著，《黃金時代：一個荷蘭船長的亞洲探險》，頁 125-128。

[35]　以上的內容，請參見林偉盛，〈荷蘭人據澎湖始末（1622-1624）〉，《國立政治大學歷史學報》第 16 期（1999 年 5 月），頁 27-28。

[36]　請參見同前註，頁 29。

讓中國先開放貿易，才可撤離澎湖。[37]然而，六月二十日（陽曆八月三日）宋克抵達澎湖時，令他感到驚訝的是，風櫃尾的堡壘已經被渡海而來的明軍團團包圍，「看到我們和中國人之間的事情，跟我們所期待的情形完全不同，因為不是我們去他們土地攻擊他們，反而是被他們派一五〇艘戰船、火船來澎湖所攻擊」。[38]

因為，明軍早在宋克抵任前，已先在漳、泉等地整備兵馬，之後，便分幾個梯次渡海來到澎湖。天啟四年（1623）正月，第一波由守備王夢熊領軍的一,三〇〇人，[39]已由吉貝島南下登岸白沙島，在島上南側的鎮海構築城塞工事，以為進擊的灘頭堡。[40]同月，第二波由都司顧思忠率兵八〇〇人，[41]到鎮海和王的部隊會齊。五月，南路副總兵俞咨皋領軍，水標遊擊劉應龍和澎湖遊把總洪際元佐之，率領官兵約千人已渡海赴澎，係此次攻荷的主力軍，亦是第三波渡澎接應的舟師，於是，大軍畢集於澎湖，總數共約官兵三,〇〇〇餘人，全部歸前線指揮官即

---

[37]　請參見同前註，頁 38。

[38]　江樹生譯註，《熱蘭遮城日誌（第 1 冊）》（臺南市：臺南市政府，2000 年），〈熱蘭遮城日誌第一冊荷文本原序〉，頁 11。

[39]　請參見沈國元，《兩朝從信錄》，卷 23，頁 39；黃克纘，〈平夷崇勳圖詠序〉，收入葉向高誌，《凱歌副墨》，〈序〉，頁 9。

[40]　關於王夢熊軍隊出現在澎湖的時間，荷方史料卻指稱，早在天啟三年十二月二十日（即一六二四年二月八日），便發覺到王夢熊和數十艘的兵船出現在澎湖島的北端，請參見林偉盛，〈荷蘭人據澎湖始末（1622–1624）〉，《國立政治大學歷史學報》第 16 期（1999 年 5 月），頁 27。

[41]　請參見黃克纘，〈平夷崇勳圖詠序〉，收入葉向高誌，《凱歌副墨》，〈序〉，頁 10。

南路副總兵俞咨皋指揮，[42]但需受駐鎮廈門的總兵謝弘儀節制，[43]準備對荷人展開一場大決戰。五月二十八日（陽曆七月十三日），巡海道孫國禎率同將領抵達娘媽宮前（即媽宮澳），勘察對岸風櫃尾荷人堡壘的情形，並釐訂「先攻舟，後攻城」的作戰方略，並決定於六月十五日（陽曆七月二十九日）誓師，然後開始進攻。[44]

荷人新任司令官宋克，眼見明軍來勢洶洶，人數甚多，難以力敵，遂請商人李旦做為中間的調停人，[45]加上，在澎湖的荷蘭議會亦以雙方軍事力量懸殊、人員補給的問題以及日後貿易取得等因素的考量，遂於七月五日（陽曆八月十八日）決議

---

[42] 俞咨皋，泉州晉江人，抗倭名將俞大猷之子，襲泉州衛指揮僉事。天啟四年逐荷復澎之役，曾任福建南路副總兵一職，後因收復澎湖有功，陞任為總兵官。

[43] 請參見兵部尚書趙彥（等），〈為舟師連渡賊勢漸窮壁壘初營汛島垂復懇乞聖明稍重將權以收全勝事〉，收入臺灣史料集成編輯委員會編，《明清臺灣檔案彙編》（臺北市：遠流出版社，2004年），第一輯第一冊，頁223。謝弘儀，一作謝宏儀或謝隆儀，神策衛人，接替徐一鳴擔任福建總兵，負責逐荷復澎之軍事重任，此際，謝的官銜是「鎮守福浙總兵官」。見臺灣銀行經濟研究室，《明季荷蘭人侵據彭湖殘檔》，〈彭湖平夷功次殘搞(二)〉，頁14；〈兵部題「彭湖捷功」殘稿〉，頁35。

[44] 請參見臺灣銀行經濟研究室，《明季荷蘭人侵據彭湖殘檔》，〈福建巡撫南居益奏捷疏節錄〉，頁9-10。

[45] 關於此，《巴達維亞日記》便曾載道，在荷人被明軍包圍的期間，中國人甲必丹即日本華僑頭人，透過他由臺灣前往澎湖，出面居間調停中、荷的衝突，以扭轉僵局，請參見村上直次郎撰、郭輝譯，《巴達維亞城日記（第一冊）》（臺北市：臺灣省文獻委員會，1970年），頁45。至於，上文中的「中國人甲必丹」即是李旦。李，是一名活躍於日本僑界的亦盜亦商人物，一六二五年在日本過世，日後崛起的海盜鄭芝龍亦曾是其手下。

放棄澎湖前往臺灣，而且，期間又經李旦從中奔走斡旋，荷人確定要離開澎湖，明軍遂於十三日（陽曆八月二十六日）開始拆除風櫃尾堡壘，到二十八日（陽曆九月十日）盡毀城樓，三十日（陽曆九月十二日）明將領等人返回福州向明政府報告經過情事，至此，荷人據澎事件告一段落。[46]關於此，中方的史料亦有記載：

> 七月初二[即陽曆八月十五日]，夷[指荷人]計無復之，令夷目同通事赴鎮海營面見，求開一路。孫海道[即巡海道孫國禎]同劉遊擊[即水標遊擊劉應寵]嚴責夷目回、催速還信地[即澎湖]，遲則攻勦無遺。初三日，我兵直逼夷城，改分兵三路齊進；而夷恐甚，牛文來律[即荷司令官宋克]隨豎白旆，差通事同夷目至娘媽宮哀稟……。孫海道恐攻急，彼必死鬥，不如先復信地後一網盡之為穩，姑許之。夷果於十三日拆起，運米下船；止東門大樓三層為舊高文律所居，尚留戀不忍。乃督（守備）王夢熊等直抵風櫃，盡行拆毀；夷船十三隻，俱向東番[即今日臺灣]遁去。[47]

---

[46]　以上的內容，請參見林偉盛，〈荷蘭人據澎湖始末（1622–1624）〉，《國立政治大學歷史學報》第 16 期（1999 年 5 月），頁 40-42。

[47]　沈國元，《兩朝從信錄》（北京市：北京出版社，1995 年），卷 23，頁 39。文中的「牛文來律」，係荷蘭語 Gouverneur 的音譯，等於英語 Governor，即長官宋克（Martinus Sonck）。請參見曹永和，《臺灣早期歷史研究續集》（臺北市：聯

由於，宋克違反巴城方面的指示，在明方將領承諾「荷人若是退出澎湖，自然會向明政府請求批准貿易」的情形下，撤離了澎湖，荷人先前兩年的努力，欲取得明政府的保證──「先開放貿易，再撤出澎湖」的目標完全地失敗，最後，還是依照明政府的意思，先離開中國領土的澎湖。[48]

三、南居益在復澎役中之角色及其貢獻

前面兩節的內容中，已將荷人據澎築城要求通市的經過，以及明政府收復澎湖的始末做過一番的說明。接下來，便是要探討閩撫南居益，在此次逐荷復澎過程中所做的貢獻。

（一）南居益在逐荷復澎役中之角色

南居益，做為福建的最高長官，在驅逐荷人、收復澎湖役過程中的角色，不僅是實現目標和方法設定的主導者，同時亦是上述目標和方法的引導者，他的目標便是務必讓荷人離開澎湖，而且是不惜一切的代價，包括用武力征勦在內的任何方法。不僅如此，此次明軍收復澎湖之役的進行，亦由南自己一手來主導，甚至連此役的戰守攻略，且由他本人所規劃。

前已提及，南於天啟三年（1623）六月抵達福建，準備接

---

48 經出版事業股份有限公司，2000 年），〈澎湖之紅毛城與天啟明城〉，頁 157。
請參見林偉盛，〈荷蘭人據澎湖始末（1622-1624）〉，《國立政治大學歷史學報》第 16 期（1999 年 5 月），頁 43。

替商周祚的巡撫一職，雖然，此際的商對荷人的態度，已由先
前的談判勸使離開，轉而為武力迫使離開，並且，上奏朝廷動
用藩庫中的餉銀來驅逐荷人。但是，新任的南，對於此一見解
的態度，又較商來得更加地堅定且強烈。因為，先前荷人騷擾
沿海時，「夫方紅夷[指荷人]之內窺也，舳艫相望，高衡山，廣
蔽日，銅礮一發，海天為裂，舟師當之立碎，人人震恐，爭言
撫之便」。[49]對於，有人議請採取綏撫通市的方式，來勸使荷人
離開澎湖的做法，南並不認同此，並說道：

> 撫和之，囮也。夷[指荷人]志在和市，吾議撫，接濟者、
> 勾引者實階之為利，以撫邻夷，是揖盜而延之室也，閩
> 幾何有寧宇矣。敢言撫者，斬！[50]

他認為，對求市的荷人若採取撫策，不僅無法解決問題，而且，
會讓內地不肖者藉機從中牟利，此舉無異是開門揖盜，故堅決
地反對，甚至於，他還警告閩地人們：「敢言撫者，斬！」南欲
透過此一激烈嚴厲的手段，來斷絕官紳人民對撫策的任何想
望！不僅如此，他還要讓人們知曉，目前對付荷人的方法，僅
有武力驅逐－－即勦策一條路可走而已，讓大家將心思和目標
擺在「勦」字上頭，並從中想辦法來解決問題。有關此，葉向
高便曾指出：

---

[49]　撰者佚名，〈凱歌者何〉，收入葉向高誌，《凱歌副墨》，〈跋〉，頁乙-2。
[50]　同前註，頁2。

> 未幾，商公[即商周祚]去，（夷[指荷人]）復負約據彭湖
> 如故，又驅掠洋商運土石益築城，挾我夷舟，來者愈多，
> 人情皇皇，朝議以渭南南公[即南居益]建中丞節撫閩，
> 閩人或言戰或言市，相持未決，南公獨決策——夷無道
> 闌入我封內，不驅之，為患滋大，今東西未靖，夷復逞
> 志，何以威不軌？遂與將、吏約必勦夷，毋使逋于我土，
> 不穀願以身先諸將狗，閩有違令者法無赦；屬直指介休
> 喬公[即福建巡按喬承詔]至與公[即南居益]合策，請于
> 朝，報可。[51]

由上知，朝廷以荷人據澎攸關重大，開會決議派南居益撫閩，
來處理此事。「閩人或言戰或言市，相持未決，南公獨決策」，
亦即南個人獨排眾議，堅決反對綏撫通市，並與文武將弁約定，
用武力勦除荷人，一定將其趕出中國領土，且他還重申道，「願
以身先諸將狗，閩有違令者法無赦」！

　　南居益除了努力去引導福建官、民，放棄綏撫通市的念頭，
並完全地去接受自己武力勦荷的主張外，同時，他亦要讓人們
相信他的決心和意志，故於到任後不久，便公然地搗碎荷人贈
與的奇珍異寶，並將替其求市的池貴和洪燦二人斬首，且為此
口占一詩，云稱：

51　葉向高，《蒼霞草全集‧蒼霞餘草》，卷1，〈中丞二太南公平紅夷碑〉，頁1-2。
　　文中的「逋」即逃亡，「不穀」即閩撫南居益的自我謙稱，「狗」則指殉職死難。

明月珊瑚貴莫言，番書字字詆軍門。牙前立下焚珠令，
不敢持將獻至尊。[52]

上述高調驚人之舉動，對撫策仍懷抱一絲希望者，無異是一記
當頭的棒喝！同時，亦讓人心漸次地穩定下來，相信勦策是對
付荷人唯一之途。此際，南亦開始籌劃武力勦荷的工作，天啟
三年（1623）八月底便上疏中央，說明目前佈防和進勦的用兵
策略，不僅要在沿岸防備荷人的登陸襲擊，並「檄行各道將略，
抽水兵之精銳五千，列艦海上，以張渡彭湖聲討之勢」，[53]而且，
還獲得兵部的同意，將閩省原需解送北邊的遼餉二二,○○○兩
銀，留做此次征討荷人之用。[54]由上看來，南此時已完全地確
立武力征勦是驅逐荷人的主要手段，而且，已有渡海攻澎作戰
的心理準備。

　　同年（1623）十月底，南居益聽從總兵謝弘儀的建議，[55]採

---

[52]　黃叔璥，《臺海使槎錄》（南投市：臺灣省文獻委員會，1996 年），卷 2，〈赤崁
　　　筆談・商販〉，頁 47。

[53]　臺灣銀行經濟研究室編，《明實錄閩海關係史料》，〈熹宗實錄〉，天啟三年八月
　　　丁亥條，頁 133。

[54]　請參見同前註，頁 134。

[55]　有關此，史載如下：「（總兵謝）隆儀與巡撫南居益定計駐節廈門，適夷[指荷人]
　　　泊浯嶼，忽意動颶去。次月復至，隆儀用間計，夜出不意突擊之，擒其酋、火
　　　其艦，俘六十餘人，焚溺無算。乘勝，遂有澎湖之捷」（見周凱，《廈門志》，卷
　　　16，〈舊事志・紀兵〉，頁 665）。至於，總兵謝弘儀所採之間計，疑係謀士陳則
　　　賡所策劃，見同前書，卷 13，〈列傳七・隱逸〉，頁 541。最後，要附帶說明的
　　　是，本文發表於《硓𥑮石：澎湖縣政府文化局季刊》第 77 期時，上述的語句，
　　　原係「南居益用謀士陳則賡的計謀，在廈門誘殺登岸求市的荷人，而此次會採

用間計在廈門誘殺登岸求市的荷人（附圖六：廈門今貌，筆者攝。），並以火攻突襲荷船，而此次會採取激烈之手段，南在事後亦自承：

> 臣[即南居益]日夜焦勞，與前按臣今起陞太僕寺少卿喬承詔及諸文武將吏選練兵卒，製造舟器，為聲討之計。夷[指荷人]仍遣奸商池貴持夷書重賂嘗臣，臣焚賄、斬使，以絕其狡計。第相度進剿之勢，見大海澎湃中，萬難接濟。戰夷舟堅銃大，能毒人於十里之外，我舟當之無不糜碎。即有水犀十萬，技無所施。乃多方用計，誘夷舟於廈門港口，生擒夷首高文律等並斬級六十名，用火攻燬其舟，夷卒之死於焚溺者無算，精銳略盡，氣勢始衰。[56]

亦即大軍渡海進攻澎湖，接濟補給上實有困難，加上，荷船不僅堅固，而且火砲巨大射程遠，明軍難施其技，是南被迫採誘殺之計的主要源由。筆者認為，因為此際明軍渡海攻澎的計劃和條件，似乎尚未完全地成熟，加上，南本身又有不惜一切代價驅逐荷人的想法，遂有上述的密謀行動。然而，此舉不僅令荷人憤慨不已，亦使後人感到十分地驚愕！

不僅如此，南居益為了實現驅逐荷人的目標，本人亦由省

此毒酒殺荷人、火船襲荷船的手段」，今加以調整，特此誌之。
[56] 請參見臺灣銀行經濟研究室編，《明季荷蘭人侵據彭湖殘檔》，〈總督倉場戶部右侍郎南居益謹陳閩事始末疏〉，頁31。

城福州南下泉州，親赴前線廈門、鼓浪嶼……等地視導軍務，
並且，積極謀畫收復澎湖的工作。南本人曾在廈門留下〈視師
中左〉詩兩首，其內容如下：

> 寥廓閩天際，縱橫島嶼微。長風吹浪立，片雨挾潮飛。
> 半夜防維檝，中流謹祕衣。聽雞頻起舞，萬里待揚威。
> 一區精衛土，孤戍海南邊。潮湧三軍氣，雲蒸萬竈煙。
> 有山堪砥柱，無地足屯田；貔虎聊防汛，蛟龍隱藉眠。[57]

從上述詩中的句義看來，前首應是他視導廈門（明時，又稱中
左所）軍務時的心境感受，後首當係描述遭荷人所據的澎湖，
它的地理特質和海防的重要性。此一期間，南之門生兼幕僚的
池顯方，亦曾陪同他和總兵謝弘儀，微服前往鼓浪嶼視察（附
圖七：鼓浪嶼今貌，筆者攝。），此際，池便曾留下詩作〈陪南
思受謝簡之登鼓浪嶼和中丞韻〉兩首，[58]詩云：「雖小[指鼓浪嶼]
亦門戶，如何不一登？新城盤曲折，古寺俯稜層。易服瞞邨老，
尋香妒墅僧。渡澎諸戰艦，帆展候風乘」；「殘石伐將盡，惟餘
一古邱。烟開生遠岫，潮至亂平疇。去歲如遭虎【曾被紅夷[指
荷人]燒屋】，今年再狎鷗。全憑藩屏力，吾得臥滄洲」。[59]至於，

57　周凱，《廈門志》（南投市：臺灣省文獻委員會，1993 年），卷 9，〈藝文略‧詩〉，
　　頁 344。

58　南思受即南居益，謝簡之即總兵謝弘儀。

59　周凱，《廈門志》，卷 9，〈藝文略‧詩〉，頁 355。上文中括號"【】"內文字係原
　　書之按語，特此說明。

南居益親赴前線視導一事，葉向高亦曾言道：

> 夷[指荷人]犯內地，諸將觀望莫敢進，公[指南居益]欲躬
> 至海上督師，余念開府嚴重，若親在行間，一不如意，
> 勢且決裂，移書阻公而公已行矣，竟以成功，此又余之
> 所為心折公也。[60]

由上可知，南為瞭解軍隊攻澎準備的情形，同時，並為鼓舞官
兵士氣，提振將領驅逐荷人之信心，親身往赴前線廈門等地視
導。葉得悉此事，似為安全因素之考量，本欲寫信勸阻其南下，
但南已出發，而且，事後證明此舉發揮其效果，令他十分地佩
服！

　　南居益在視導前線軍務，鼓勵將弁士氣之後，接下來，便
是派兵渡海攻打遭到荷人盤據的澎湖。至於，南此次會不顧一
切的困難，派遣大軍征伐的原因，主要是因為荷人頑強堅守的
態度，促使他不得不採取此一手段，有關此，史書載道：

> 惟據彭島築城，三載以來，進退有恃；兼以彭湖風濤洶
> 湧難戰，官兵憚涉，雖有中左之創[即廈門誘殺事件]，
> 夷[指荷人]無退志。[61]

鑑此，南遂不計一切困難，決意要壺底抽薪，徹底解決問題，

60　葉向高，《蒼霞草全集・蒼霞餘草》，卷5，〈平夷疏序〉，頁19。
61　沈國元，《兩朝從信錄》，卷23，頁39。

遂派遣大軍直接登岸澎湖，擣毀荷人的巢窟。至於，明軍渡海征澎的詳細經過，明人沈國元《兩朝從信錄》卷二十三中，曾載道：

> 南撫臺[即閩撫南居益]力主渡彭擣巢之舉，移會漳、泉募兵買船，選委守備王夢熊諸將士開駕，於天啟四年正月初二日由吉貝（島）[位在今日白沙島北方海上]突入鎮海港[位在白沙島上南側]，且擊且築，壘一石城為營；屢出奮攻，各有斬獲，夷[指荷人]退守風櫃一城。是月，南（撫）院[即南居益]發二次策應舟師，委加銜都司顧思忠等統領至彭湖鎮海會齊；嗣是攻打無虛，而夷猶然不去。南軍門[即閩撫南居益]慮師老財匱，於四月內又行巡、海二道親歷海上，會同漳、泉二道督發第三次接應舟師；（南撫臺）委（巡）海道孫國禎督同水標劉遊擊[即水標遊擊劉應寵]、彭湖（遊）把總洪際元、洪應斗[時任水標遊左右翼把總]駕船於五月二十八日到娘媽宮前，相度夷城地勢。風櫃三面臨海，惟蒔上嶼一線可通；掘斷深溝，夷舟列守。宜先攻舟、後攻城，舟不可泊，城必不能守矣；遂於六月十五（日）誓師進攻。夷恐羈留商民內應，盡數放還。南軍門又授方略，齎火藥、火器接應，即日運火銃登陸，令守備王夢熊等直趨中墩紮營，分佈要害，絕其汲道、禦其登岸，擊其銃城、夷舟；

　　又令把總洪際元等移策應兵船泊鎮海營前海洋，直逼夷
舟，候風水、陸齊進。[62]

　　由上文中的「南軍門又授方略」，可知此次征澎戰守攻略的規
劃，亦由南居益本人所主導。此外，明人黃克纘在〈平夷崇勳
圖詠序〉中還語及，第一波入澎的王夢熊部隊在出發之前，南
還曾特別囑咐王：「爾往登山立寨，籠石為墻，與之對峙，吾泛
舟輸餉以飽爾師。絕其樵汲，彼將自困」。[63]不久，第二波都司
顧思忠部隊要出發時，南便曾交待顧本人曰：「汝攜火藥及諸攻
具，（王夢）熊若出兵，爾往援之，勿隳計中」。[64]期間，王夢
熊曾出兵攻打荷人堡壘，荷人卻分兵二〇〇人繞到王兵後面，
欲襲取之，後望見顧思忠兵來援，隨即遁去。[65]

　　因為，中、荷雙方在澎湖相持了四個月，南居益見此，遂
檄文南路副總兵俞咨皋、水標遊擊劉應龍曰：「師老矣，何不渡

62　同前註。上文中的「娘媽宮」，即媽祖宮（又稱媽祖廟），位在媽宮澳，即今日
　　馬公港碼頭一帶。至於，「中墩」，明代文獻又稱「中墩」、「大中墩」或「中墩
　　山」，據研究即大城山，今日拱北山一帶，並非指清代的「中墩嶼」或「中墩」
　　（今白沙島的「中屯」）。請參見吳培基、賴阿蕊，〈澎湖的天啟明城—鎮海城、
　　暗澳城、大中墩城〉，《硓𥑮石：澎湖縣政府文化局季刊》第 50 期（2008 年 3
　　月），頁 14。

63　黃克纘，〈平夷崇勳圖詠序〉，收入葉向高誌，《凱歌副墨》，〈序〉，頁 9-10。

64　同前註，頁 10。文中的「隳」，通「墮」字。

65　請參見黃克纘，〈平夷崇勳圖詠序〉，收入葉向高等序，《凱歌副墨》，〈序〉，頁
　　10。

海督戰？」[66]並且，「下令副將軍[即副總兵俞咨皋]：『汝亟渡彭（湖），毋縱寇』，以遊擊將軍劉應寵佐之禆將王夢熊等（並下令）：『汝以偏師從，不殄夷[指荷人]，不得歸』，諸軍遂畢渡，大帥統焉」。[67]不僅如此，無論是俞咨皋率領的三波渡海明軍，或是駐鎮廈門居中調遣的總兵謝弘儀，皆需接受南本人的指揮。[68]由上可知，南居益不僅督促俞咨皋的主力軍儘速渡海赴澎，與先前部隊會合破敵外，他還親為前線將領授與方略，諸如構石立寨與敵對峙，斷敵補給彼將自困，火藥攻具助援我軍，……。甚至，還要求王夢熊「不殄夷，不得歸！」總而言之，明軍此次渡海復澎之役，係由南本人一手來主導的，確實是毫無疑問的。

（二）南居益在復澎役中貢獻之評析

此次，明政府為了驅逐在澎湖築城據地的荷人，本身亦付

66　黃克纘，〈平夷崇勳圖詠序〉，收入葉向高誌，《凱歌副墨》，〈序〉，頁 10。

67　葉向高，《蒼霞草全集‧蒼霞餘草》，卷 1，〈中丞二太南公平紅夷碑〉，頁 2。本文刊載於《硓𥑮石：澎湖縣政府文化局季刊》第 77 期時，原句為：「下令副將軍[即副總兵俞咨皋]：……，以遊擊將軍劉應寵、彭湖（遊兵）把總洪際元佐之；（並下令）禆將王夢熊等：『汝以偏師從，不殄夷[指荷人]，不得歸』，……」。因上述部分文字誤植增列，今將內容做一修正，如下：「下令副將軍[即副總兵俞咨皋]：……，以遊擊將軍劉應寵之禆將王夢熊等（並下令）：『汝以偏師從，不殄夷[指荷人]，不得歸』，……」，特此說明。

68　有關此，請參見兵部尚書趙彥（等），〈為舟師連渡賊勢漸窮壁壘初營汛島垂復懇乞聖明稍重將權以收全勝事〉，收入臺灣史料集成編輯委員會編，《明清臺灣檔案彙編》，第一輯第一冊，頁 223-224。

出相當大的代價，單僅是調兵、增餉的部分，即動支福建布政司的庫銀，便高達一七〇,〇〇〇兩之多；[69]而且，南居益自己在事後奏疏中，還承認他接受副總兵俞咨皋「用間」之建議，利用被繫在獄的奸民許心素，去遊說「久在倭用事」的李旦為明政府效命，從中協助斡旋，致使「倭船果稍稍引去，寇盜皆鳥散，夷[指荷人]孑立寡援。及大兵甫臨，棄城遯矣」，[70]遂能在不大動干戈情況下，讓困頓勢窮的荷人離開了澎湖。亦因如此，天啟六年（1626）時任福建巡按的周昌晉，[71]還曾為此事，不屑地言道：

> 數年前，紅夷[指荷人]結聚彭湖，調兵遣將，糜金錢以十餘萬計。其後，但搆紅夷令之拆城以去，非有卻敵斬馘之舉也，而俞咨皋以被論副將儼然登壇 [指陞任總兵一事] 矣。咨皋精神伎倆不用於血戰死綏，而用之約和招寇。[72]

---

[69] 請參見臺灣銀行經濟研究室編，《明實錄閩海關係史料》，〈熹宗實錄〉，天啟六年七月丁亥條，頁140。

[70] 臺灣銀行經濟研究室，《明季荷蘭人侵據彭湖殘檔》，〈兵部題行「條陳彭湖善後事宜」殘稿（二）〉，頁26-27。

[71] 周昌晉，浙江鄞縣人，萬曆四十一年進士。史載，周按閩期間風采懍然，墨吏望風解授去，凡有司薦舉者，例有餽金，悉卻不受；後，家居數十年，灌圃自給，人高其節操。請參見陳壽祺，《福建通志》（臺北市：華文書局，1968年），卷129，〈宦績‧明‧巡按監察御史〉，頁20。

[72] 中央研究院歷史語言研究所編，《明清史料（戊編第一本）》（臺北市：維新書局，1972年），〈兵部題行「兵科抄出江西道御史周昌晉題」稿〉，頁5。

認為，明政府花費鉅款調動軍隊，「但搆紅夷令之拆城以去，非有卻敵斬馘之舉也」，荷人離開澎湖是雙方妥協說合的結果，連毫無戰功的俞咨皐，亦因此而高陞，當上了福建總兵！

　　其實，不僅周昌晉有此看法，今日吾人亦知，明軍最後能收復失地，主要係透過李旦等人從中的斡旋和協調，而非經由實際的征戰或攻破城池，去逼迫荷人拆除城堡離開了澎湖。但不可否認的是，因為，南居益堅定收復澎湖的態度，不僅讓地方文武官員感受到領導者的決心，同時，亦因為他個人的努力，營造出一種「不惜任何代價和方法，務必收復澎湖失地」的氛圍和環境，並盡力使此一理念，成為閩地官、民大家共同努力奮鬥的目標。因為，荷人船巨砲利明軍不易力敵，漳、泉官紳又恐用兵導致地方被禍，加上，澎湖又遠在海外、交通往來不便，……。這些的因素，致使明政府不敢對據澎築城的荷人貿然用兵，它的艱難景況，一如池顯方所描述的：

> 和蘭[指荷人]結窠彭（湖）島，勢必飛蠆，既不可諭，復未能剿；既還銃（炮）以長其驕，復助杉（木）以固其穴；既築（堡）壘以明不去，復勾倭（人）以示必來。搗于彭（湖）則孤師既懼深入，逆于海（上）則舟（船、火）器復難相當；造戰具則無米難望熟釜，募壯士則持豚妄意邪車。勸之難如此。……[73]

尤其是，上文中的「搗于彭則孤師既懼深入，逆于海則舟器復難相當」，此語道盡明人用兵澎湖驅逐荷人之困難問題所在！而上述這些的因素，致使綏撫通市的主張喧囂塵上，不少人對勸導荷人離開澎湖仍抱存著希望……。但是，南居益到任巡撫之後，即努力去引導大家完全地放棄上述的想法，並去接受自己武力驅逐荷人的主張，他還透過前述的作為，包括警告人們「敢言撫者，斬！」並公開搗碎荷人所贈的珍寶，處決代荷求市的池、洪二人，甚至於不擇方式或手段，在廈門用計襲殺前來求市的荷人。……不僅如此，南本人還親赴前線廈門等地視導軍務，鼓舞將弁戰鬥士氣，同時，並積極籌劃武力征討荷人的工作，而且，更不計一切的困難和代價，派遣大軍分批渡海攻打遭竊佔的澎湖。

然而，此時不僅只有部分的閩地官、民，甚至於，連荷人亦低估了南居益收復澎湖的決心和企圖！例如天啟三年（1623）十一月時，荷蘭傭兵的利邦（Élie Ripon）上尉，還曾樂觀地指道：「（一六二四年）一月十二日[即天啟三年十一月二十二日]，平底船『特拖勒號』（Tole）從澎湖開抵（大員）堡壘，帶來的消息是中國人帶了一支大軍來到北面的島上[疑指明軍登陸吉貝島一事]，開始建堡。我們不太擔心中國人，因為我很瞭解他們，他們不會留下來。我不需要跟他們消耗時間，便能將他們

毒蟲。此外，「持豚」意指禮聘；妄意邪車，則指召募壯士有良莠不齊之問題。請參見同前書註釋的部分。

趕出去」。[74]但是，就在次年（1624）正月隨著明軍兩梯次共二，
一〇〇人登陸澎湖之後，荷人此時似乎才驚覺到明政府收復澎
湖的堅定態度，遂於二月初被迫將大員（Tayouan，今日臺南安
平）的堡壘破壞，並把人員撤回到澎湖，以便協助抵禦敵人的
攻擊。有關此，利邦（Élie Ripon）亦曾說道：

> 這個月[即一六二四年三月]十九日[即天啟四年二月一
> 日]，快艇「勝利號」（Victoire）抵達（大員），帶來訊
> 息和命令，下令將大員堡壘夷為平地。因為來到澎湖群
> 島的中國人愈來愈多，看起來很強大。我們沒有能力固
> 守兩個堡壘，最好是盡全力保住一個。中國人已經決定
> 在自己的土地上開戰，我們卻沒有意願。因為他們人數
> 眾多，一百個打我們一個。更糟的是，我們有很多人生
> 病，因此不願意開戰，寧可在堡壘按兵不動。拆毀大員
> 堡壘之後，我們就從大員前往澎湖，二十六人全員安全
> 抵達。[75]

其中，上文「因為來到澎湖群島的中國人愈來愈多，看起
來很強大。……中國人已經決定在自己的土地上開戰，我們卻
沒有意願。……」的內容，即可說明，荷人已充分地感受到明
政府準備作戰的決心，而此大軍壓境背後所呈現的意涵，便是

---

74 艾利・利邦（Éile Ripon）著、賴慧芸譯，《利邦上尉東印度航海歷險記：一位傭
　　兵的日誌 1617-1627》（臺北市，遠流出版社，2012 年），頁 132。
75 同前註，頁 133。

南居益個人所堅持的意念－－荷人若不離開澎湖，誓必不肯善
罷干休！而且，在幾個月後，明軍又有第三梯次的主力部隊接
續渡海而來，此一總數達三,〇〇〇餘人的強大兵力，集結在澎
湖，自然會對「我們有很多人生病，因此不願意開戰，寧可在
堡壘按兵不動」的荷人，產生極具震懾的效果！加上，此一期
間，李旦等人又從旁協助明政府進行斡旋的工作，上述這些多
方的因素，皆促使荷人萌生知難而退的想法！亦因如此，荷人
遂於同年（1624）七月時被迫放棄澎湖，前往臺灣謀求發展！
至於，中、荷雙方和議的內容為何，以及渡海而來的明軍，究
竟給即將離澎的荷人多大壓力，利邦（Élie Ripon）便曾言道：

> 這個月[即一六二四年八月]二十四日[即天啟四年七月十
> 一日]，我們開會討論是否拆毀澎湖的堡壘。看過我們和
> 對方訂立的合約後，大部分人都認為應該拆毀，因為中
> 國人不希望我們繼續留在那裡。合約是這麼訂的：首先，
> 我們應離開澎湖，前往福爾摩沙島的大員。我們也應離
> 開中國海岸，我們的船隻除因風浪飄抵，不得再前往。
> 還有，他們每年將派遣三、四艘船到巴達維亞，載滿各
> 種常見商品帶到大員。……這項協約必須等到澎湖的堡
> 壘完全拆毀、人員撤退，始能生效。而且依據和平協約
> 第一條，如果他們有能力，會逼我們執行。因為停戰期
> 間，他們進駐大批人馬，也帶進大量火砲，安置在堡壘

四周，等於以千人攻我們一人。為了保有荷蘭政府與（東
印度）公司的財產，我們只好服從協約。[76]

由上文知，明軍欲促使談和的荷人順利地撤離澎湖，曾在風櫃
尾堡壘的周邊，佈署大批的兵力和火砲，來監督此事的進行！
而且，明人為斷絕荷人日後可能在此捲土重來，還特別動用人
力將該座堡壘拆除掉！例如，利邦（Élie Ripon）在七月二十八
日（陽曆九月十日）的日誌中便寫道：「中國人主動來找我們，
要幫我們拆毀、夷平堡壘；我們也接受了。他們來了兩、三百
人，都是技術純熟的工人，幫我們做了所有該做的事，他們的
上尉也在場督促工事」。[77]至於，明軍上述的這些作為，不管是
用強大武力監督荷人撤離澎湖，或是拆除風櫃尾的荷蘭堡壘，
都可說是在貫徹南居益所堅持的意念和主張，亦即荷人必須要
離開澎湖！

結　語

　　明天啟二年（1622），東來求市的荷人二度佔領澎湖，在風
櫃尾構築堡壘，並騷擾劫掠漳、泉沿海。因為，荷人船巨砲利，
明軍難以力敵，漳、泉官紳又恐軍事衝突擴大波及地方，加上，
澎湖又孤處海中，交通往來不便，……這些的因素，不僅造成

76　同前註，頁135-136。
77　同前註，頁136。

明政府不敢對荷人貿然用兵，同時，亦使不少人產生欲透過通市來勸使荷人離開澎湖的想法。但是，閩撫南居益上任後，卻秉持「不惜任何代價，務必收復澎湖」的信念，努力去引導人們改變綏撫通市的想法，並且，堅定地主張採取武力，去驅逐佔據澎湖的荷人。因為，南個人的想法、決心和意志，以及一連串努力的作為，諸如警告「敢言撫者，斬！」搗碎荷人珍寶，斬殺求市荷使，廈門襲殺荷人，親赴前線視察，鼓舞將弁士氣，籌備征澎計劃，督促明軍分梯渡海，親授將領作戰方略，……。尤其是，大軍在登陸澎湖後，它提供給被包圍的荷人一股強烈的訊息，就是擺在他們面前三,○○○餘名的武裝軍隊，即是在嚴正地警告他們，一定要離開澎湖，否則決不善罷干休，縱使因此而爆發大規模的戰爭，明政府亦在所不惜！而此一現象的背後，便是在貫徹南居益所堅持的理念——「荷人必須離開澎湖」；而且，在如此的氛圍下，亦間接地幫助李旦等人和談斡旋工作的進行，致使遭圍困的荷人知難而退，被迫離開了澎湖。總而言之，南居益堅定驅逐荷人離開澎湖的決心和作為，可稱是明政府此次收復澎湖致勝的重要關鍵之一。

（原始文章刊載於《硓𥑮石：澎湖縣政府文化局季刊》第 77 期，澎湖縣政府文化局，2014 年 12 月，頁 55-84。）

附圖一：澎湖天后宮「沈有容諭退紅毛番韋麻郎等」殘碑，筆者攝。

附圖二：今日風櫃尾的荷人堡壘遺跡，筆者攝。

附圖三：風櫃尾荷軍登陸紀念碑，筆者攝。

附圖四：風櫃尾荷人堡壘的告示圖，筆者攝。

附圖五：安平古堡文物陳列館內的荷蘭大砲，筆者攝。

附圖六：廈門今貌，筆者攝。

附圖七：鼓浪嶼今貌，筆者攝。

據　險　伺　敵：
明代澎湖築城議論之研究

前　　言

夫彭湖[按：即澎湖]遠在海外，去泉州二千餘里，其山
迂迴有三十六嶼，羅列如排衙，然內澳可容千艘，又周
遭平山為障止一隘口，進不得方舟。令賊得先據，所謂
「一人守險，千人不能過者也」。矧（彭湖）山水多礁，
風信不常，吾之戰艦難久泊矣。而曰：「可以攻者？否也。
往民居恃險為不軌，乃徙而虛其地，今不可以民實之，
明矣。若分兵以守，則兵分者於法為弱，遠輸者於法為
貧，且絕島[指澎湖]孤懸混芒萬影，脫輸不足而援後時，
是委軍以予敵也。」而曰：「可以守者？否也。亦嘗測其
水勢，沈舟則不盡其深，輸石則難扞其急。」而曰：「可

以塞者？亦非也。夫地利我與賊共者也。塞不可，守不可，攻又不可，則將委之（賊）乎？惟謹修內治而已。」

—明·章潢《圖書編》

上述的內容，[1]是明神宗萬曆（1573-1620）年間《圖書編》一書中，對當時的澎湖防務有關之主張！而此四百年前的海防見解，今日讀來仍對撰者的識見十分地佩服，因為，它不僅對此一孤懸海外島嶼的地理特質、歷史背景、敵我分析和補給交通等問題，做了全面性的深入剖析，並提出一套頗為中肯、合理的應對措置，亦即「塞不可，守不可，攻又不可，則將委之乎？惟謹修內治而已」的海防對策主張。

澎湖，位處今日臺灣海峽之中，係由數十個大小島嶼所組成，而早在南宋時便有漢人來此捕魚居住，入元之後更設立了巡檢司，負責該地治安工作，同時亦納入中國版圖，歸泉州晉江縣轄管。明帝國成立不久後，倭寇便騷擾東南沿海，洪武帝為防止澎湖島民與倭寇私通，影響邊防的安全，遂將其強制遷回到福建內地，並撤廢了島上的巡檢司。久之，澎湖漸成為明人生疏、淡忘的遠方孤島，並衍生成為倭

1　章潢，《圖書編》（臺北市：臺灣商務印書館，1983 年），卷 40，〈福建海寇〉，頁 38-39。文中的「刉」，況且之意。附帶一提的是，筆者為使文章前後語意更為清晰，方便讀者的閱讀，會在文中的引用句內「」加入文字，並用（）加以括圈，例如上文的「刉（彭湖）山水多礁」。另外，上文中出現[按：即澎湖]者，係筆者所加的按語，本文以下的內容中若再出現按語，則省略為[即澎湖]，特此說明。

寇、海盜和私販的活動處所。世宗嘉靖（1522-1566）中葉，倭寇之亂荼毒東南沿海，澎湖是倭船進犯內地重要的集結處所，該地因戰略的重要性而引起世人注意，而此際，已距離明初洪武（1368-1398）墟地徙民的時間亦已一百六十年了。之後，隨著外在環境的演變，倭寇、海盜和荷蘭人對明帝國邊防威脅日益地加劇，澎湖在軍事上的重要性，益加地被凸顯出來！於是，「如何去鞏固海上前線的澎湖？」至遲在萬曆初年時，已成為明人討論的課題之一。至於，鞏固澎湖防務的方法，「構築城堡，屯兵固守」是其中的重要選項之一，有關此，早在萬曆二十年（1592）中日朝鮮之役爆發，福建沿海情勢告警後，明政府便一度曾思考過澎湖築城的有關措置，但是，之後卻不了了之。然而，澎湖築城的課題，繼續隨著外在環境的變化，亦即外敵－－主要是日本倭人所給予明人的壓力大小而高低起落著，……直至三十年之後，亦即熹宗天啟二年（1622），因荷蘭人佔領澎湖，且在島上構築城堡，並騷擾泉、漳沿海，時間且長達兩年之久！明政府經此重大刺激之下，在驅逐荷人離開之後，才立定了極大的決心，在澎湖構築城垣，並且佈署了重兵，來長年戍守此一「失而復得」的海外要地！

　　因為，本文的內容，主要是在探索有明一代澎湖築城議論的來龍去脈，並論述明人在澎湖築城，為何需經歷了三十年才得完成的源由和經過。亦因如此，本文主要係透過「嘉靖倭寇之亂　澎湖引人注意」、「中日壬辰役起　澎湖愈受矚目」、「倭

窺臺灣期間　澎湖築城之議」和「荷蘭築城澎湖　對明人之影響」等四個章節，亦即按年代演進的先後，對上述的問題逐次地做一分析和說明。至於，本文主標題為何稱做「據險伺敵」？筆者主要是在強調，澎湖的戰略重要性，亦即澎湖是海中的險要地，係倭船乘風入犯的重要集結處，明代史書稱其為「島夷所必窺」之地！[2]假若明人能實踐澎湖築城的議論，據地固守並伺機而破敵，便有可能達到前述正引文所稱的兵防目標－－亦即「彭湖……，其山迂迴有三十六嶼，羅列如排衙，然內澳可容千艘，又周遭平山為障止一隘口，進不得方舟。……所謂『一人守險，千人不能過者也』。」然而，卻因澎湖築城存有許多不易克服的問題，導致明政府一再拖延此事，時間竟長達了三十年之久，有關此，亦是本文討論內容的重點之一。最後，希望本文的心得結論，能提供給明代海防研究者的參考，此為筆者最大的心願。倘若文中有論點誤謬不足之處，尚祈學界方家批評指正之。

2　文中的「島夷所必窺」一語，係出自萬曆年間章潢的《圖書編》，內容如下：「海中有三山，彭湖其一也，山界海洋之外，突兀迂迴，居然天險，實與南澳、海壇並峙為三，島夷所必窺也。」見該書，卷57，〈海防・福建事宜〉，頁21。至於，上文的「島夷」二字，主要是指每年春、冬二季乘北風南下入犯的日本倭人。

一、嘉靖倭寇之亂　澎湖引人注意

　　吾人要論述澎湖築城議論的源由起始，必須先從明人注意到澎湖的戰略重要性一事談起。至於，明人會注意到澎湖對海防的重要性，目前從史料看來，當與嘉靖中晚期倭寇之亂有直接的關聯。嘉靖倭亂，這場讓東南沿海生靈塗炭、時間延續十餘年的大動亂，[3]期間讓受創甚深的明人，主動去摸索、尋求如何有效地對付日本倭人（包括其同夥的本土海盜和私販）的方法，舉凡備倭戰略、禦倭戰術、兵防佈署、武器配備、倭犯時間路線、倭犯大事紀年、倭國風土民情、中日外交歷史、……皆在討論研究範圍之內，[4]希望透過此，來達到知己知彼、有效地扼阻倭、盜寇掠的目標。其中，有關倭人進犯時間和路線的問題，與本文的研究主題息息相關。首先是倭犯時間的部分，

---

[3] 明時，倭寇對中國沿海的侵擾，至嘉靖中期以後有愈演愈烈的趨勢，主要是渴求通商的日本倭人，在沿海的勢豪、私販和海盜的勾引下，進行大規模的武裝搶掠行動。此種情況漸趨嚴重，約始於嘉靖二十八年巡視浙江兼管福建海道副都御史朱紈，因勢家構陷，遭到明政府罷職後，憤而仰藥自殺，自此，「（明政府亦）罷巡視大臣不設，中外搖手不敢言海禁事，……撤備弛禁。未幾，海寇大作，（荼）毒東南者十餘年」（見張其昀編校，《明史》（臺北市：國防研究院，1963 年），卷 205，〈列傳九十三·朱紈〉，頁 2378。），直到嘉靖四十二年四月，福建倭患才被明將戚繼光、俞大猷和劉顯大破於興化平海衛，十一月嘉靖帝以寇退祭告郊廟（見同前書，附錄，〈明史大事年表·嘉靖四十二年（一五六三）〉，頁 4051。），倭寇之亂才逐漸步入尾聲……。

[4] 以上相關的內容，請參見胡宗憲《籌海圖編》、卜大同《備倭記》、鄭若曾《鄭開陽雜著》、唐順之《武編》、唐順之《奉使集》、李遂《禦倭軍事條款》、譚綸《譚襄敏奏議》、戚繼光《紀效新書（十八卷本）》、不著撰者《嘉靖倭亂備抄》……諸書。

例如嘉靖時兵部尚書胡宗憲的《籌海圖編》，[5]及其幕府鄭若曾的《鄭開陽雜著》，[6]皆述及此，其中，《籌》書即有如下的說明：

> 大抵倭舶之來恒在清明之後，前乎此，風候不常，屆期方有東北風，多日而不變也。過五月，風自南來，倭不利於行矣。重陽後，風亦有東北者。過十月風，自西北來，亦非倭所利矣。故防春者以三、四、五月為大汛，九、十月為小汛。其[指倭人]停橈之處、焚劫之權，若倭得而主之，而其帆檣所向一視乎風，實有天意存乎其間，倭不得而主之也。[7]

倭人來犯皆有固定時間，通常係利用海上吹東北風的季節，亦因如此，每年風起時，明政府都會派遣兵船前往要地戒備，以備倭犯，時間約在三月清明節後的三個月（亦即上文的「大汛」，又稱「春汛」），以及九月初重陽節後的兩個月（即「小汛」，又稱「冬汛」或「秋汛」），此亦為水師春、冬汛期的由來。

5 　請參見胡宗憲，《籌海圖編》（臺北市：臺灣商務印書館，1983），卷2，〈倭國事畧〉，頁35。附帶一提的是，上述《籌》書實際作者應為鄭若曾，鄭曾任胡宗憲幕府，撰寫該書始於嘉靖三十三年，鄭自行撰刻於嘉靖四十年，並重刻刊於隆慶六年。之後，又再三刻刊於天啟四年，而此亦即胡維極所重梓、竄改作者為其曾祖父胡宗憲之版本。見王庸，〈明代海防圖籍錄〉一文，收錄在孟森，《明代邊防》（臺北市：臺灣學生書局，1968年），頁206-208。

6 　請參見鄭若曾，《鄭開陽雜著》（臺北市：臺灣商務印書館，1983年），卷4，〈日本紀略〉，頁11。

7 　胡宗憲，《籌海圖編》，卷2，〈倭國事畧〉，頁35。

其次是，倭犯路線的部分，上面的《籌》、《鄭》二書亦曾述及此，書中並附有倭人入犯中國的路徑圖，[8]且在圖上「小琉球」即今日臺灣的旁側，標示著「倭寇至閩廣總路」。然而，《籌》書——這部刊印於嘉靖四十年（1561）的海防巨著，更在卷二〈倭國事畧〉中，明白地指出，位處福建泉、漳二府外海的澎湖，便即在倭人進犯福建的路徑上，且在其中扮演重要的角色，情形如下：

> 日本即古倭奴國也，去中土甚遠，隔大海，依山島為國邑，《隋書》記在百濟、新羅東南，其地形類琵琶，……。若其入寇，則隨風所之。東北風猛，則由（日本）薩摩（州）或由五島[位在平戶之西]至大、小琉球[大琉球即今日琉球，小琉球即今日臺灣]而視風之變遷，北多則犯廣東，東多則犯福建【（若欲入犯時，倭船便在）彭湖島分綜，或之泉州（府）等處，或之（福州府之）梅花（守禦千戶）所、長樂縣等處】。[9]

上文說道，倭人乘東北風南犯福建的路線，先以澎湖做為船隊

---

[8] 有關此，請參見胡宗憲，《籌海圖編》（臺北市：臺灣商務印書館，1983 年），卷 1，圖 74，〈日本島夷入寇之圖〉，無頁碼；鄭若曾，《鄭開陽雜著》，卷 4，〈日本圖纂・日本三・日本入寇圖〉，頁 3-4。

[9] 胡宗憲，《籌海圖編》，卷 2，〈倭國事畧〉，頁 31-34。文中的「綜」，係指船隻集結成隊之意。特別補充說明是，類似上文的內容，亦出現鄭若曾《鄭開陽雜著》卷 4〈日本紀略〉中，見該書，卷 4，頁 7-10。另外，上文中括號"【】"內文字係原書之按語，下文若再出現此，意同。

集結的處所，之後，再由此分路進攻泉州等地，以及福州省城
周邊要地的長樂、梅花等處，其中，長樂縣是福州府東南海上
之屏障，梅花守禦千戶所是福州省城東面岸邊的兵防要地。由
此可知，最遲在嘉靖中晚期以前，明人已經知道，澎湖是倭寇
進犯福建的重要關鍵處所。雖說如此，且此時亦已有在海中備
禦倭人戰略主張的提出，[10]但因明人對澎湖瞭解甚為有限，此
際，明人僅注意到澎湖戰略地位而已，卻似未有在此海中要島
佈防的構想，去進行所謂的「先其[指倭人]未至而待之」，[11]或
「擊寇洋中而勿使登岸」的軍事行動！[12]至於，此時明人會對
澎湖陌生所知有限，其原因主要有二：一是澎湖早在明初洪武

10　有關此，請參見胡宗憲，《籌海圖編》，卷 12，〈經略二‧禦海洋〉，頁 1-15。整
　　體言之，海中備倭的主張，其目標在於發揮先敵未至而待之，擊倭洋中而勿使
　　登岸的效果，鄭若曾友人茅坤底下一席話，頗具代表性，如下：「予[指茅坤]所
　　最愛者，（日本）諸島所入寇之路，既已稍為擘畫，而一切風候又能按其潮浚所
　　向以布斥候。使瞭海者采君[指鄭若曾]之言若臺官占渾天故事，無間寒暑晝夜，
　　然則國家所以東却倭奴者，可以先其未至而待之，較之收功于及岸而鬥者多
　　矣」。見張大芝、張夢新點校，《茅坤集（下）》（杭州市：浙江古籍出版社，1993
　　年），〈日本圖纂刻題辭〉，頁 812。

11　文中的「先其未至而待之」，係引自前註中茅坤語。

12　文中的「擊寇洋中而勿使登岸」，係明人主張對付倭寇方法的見解之一，例如施
　　永圖便嘗言道：「西北之邊塞，東南之江海，其為險要一也。西北尚有關塞之可
　　守，士馬之雲屯，江帆則片帆可至，隨處可登，更有豪猾神奸為之鄉導，以中
　　國之虛實告之，以中國之路徑導之，以中國之情形達之，寇之所以蠢然思逞也。
　　嘉靖時，真寇不滿百人附和而為假寇者幾千萬人，職是故耳。為今急務，必嚴
　　絕鄉導而勿使附寇，先除小寇而勿使合從，擊寇洋中而勿使登岸，則江海安瀾
　　矣」。見施永圖，《武備》（北京市：北京出版社，2000 年），〈心晷地利卷之二‧
　　海防署〉，頁 2。

時便遭墟地徙民，至此已超過一百五十年，與內地隔絕疏離甚
久。二是澎湖孤懸大海之中，距離泉、漳二府十分遙遠，外人
不容易來到此地！

　　到了嘉靖末年時，此際，倭亂已接近尾聲，明政府為了彌
補泉州的水師－－浯嶼水寨遷入廈門後，[13]難以偵知外海動態
的缺失情形下，便抽調該寨以及漳州的銅山水寨中部分的水
軍，於春、冬汛期前往泉、漳外海巡防，此時的澎湖海域亦是
其一。此一景況，由嘉靖末年起，經穆宗隆慶（1567-1572）再
到萬曆初年，情況改變並不大，就其型態而言，不管是浯嶼、
銅山二水寨或之後的浯銅遊兵，[14]汛防澎湖皆僅係屬臨時調
派、任務編組的性質，故容易流於形式，難以發揮實際的效果！
因為，上述期間，澎湖依然是倭、盜、私販活動頻繁的處所，
例如嘉、萬以後，海盜曾一本等人在此嘯聚為寇。[15]又如萬曆

13　浯嶼水寨，洪武二十年左右創建於漳泉交界、九龍江河口外的浯嶼，之後，至
　　遲在孝宗弘治二年時被明政府遷入廈門。「水寨」一詞，用現今術語來說，性質
　　類似今日海軍基地。因為，備倭禦盜之需要，明代福建的水師設有兵船，於海
　　上執行哨巡、征戰等任務。水寨，不僅是水軍及其兵船航返岸泊的母港，同時，
　　亦是兵船補給整備、修繕保養的基地，以及官兵平日訓練和生活起居的處所。
　　請參見何孟興，《浯嶼水寨：一個明代閩海水師重鎮的觀察（修訂版）》（臺北市：
　　蘭臺出版社，2006年），頁11-12。

14　浯銅遊兵，根據筆者推估，應由浯嶼、銅山二水寨汛防泉、漳外海的官軍演繹
　　而來。該遊，於隆慶四年時正式成軍，春、冬汛期進駐金門料羅，聽候明政府
　　機動調度，出海執勤任務，汛期結束後，兵船則駛入母港基地－廈門的中左所
　　泊靠。

15　請參黃叔璥，《臺海使槎錄》（南投市：臺灣省文獻委員會，1996年），卷2，〈赤
　　嵌筆談・武備〉，頁24。

十年（1582）時，倭寇船隊在澎湖、東湧（今日馬祖東引島）
海域意圖劫掠，遭到明軍水師撲殺。[16]不僅如此，萬曆初年時，
泉州同安人洪朝選還指出，倭船曾「竊據彭湖，旬月方去」，[17]
且有漳州人假以販貿西洋為名，往東洋進行走私交易，卻因倭
銀不能帶回國，這些私販遂在澎湖進行煎銷，並將用來私貿的
通海大船鑿沉，再用小船將熔銀偷運返鄉。[18]總之，隆、萬年
間的澎湖，扮演多重複雜之角色，是倭寇、海盜和私販活動的
處所及其盤據的巢窟。

　　雖然，上述明軍汛防澎湖流於形式，但是，澎湖戰略重要
性卻讓人難以輕忽！尤其是，隨著萬曆四年（1576）五寨三遊
海防建構的完成，[19]水寨、遊兵改為「畫地分汛，以相應援」
之後，[20]此時的澎湖已非屬浯銅遊兵的轄區範圍，部分人士見
此現象感到憂慮不已！例如完成於萬曆五年（1577）的章潢《圖

16　臺灣銀行經濟研究室編，《明實錄閩海關係史料》（南投市：臺灣省文獻委員會，
　　1997年），頁83-84。

17　洪朝選，《洪芳洲公文集・洪芳洲先生讀禮稿》（臺北市：優文印刷廠，1989年），
　　卷3，〈雜著・代本縣回勞軍門咨訪事宜〉，頁78。

18　請參見同前註。

19　所謂的「五寨」，係指明初時，在福建邊海岸島共設有五座水寨，若依地理位置
　　分佈，由北向南依序為福寧州的烽火門水寨、福州府的小埕水寨、興化府的南
　　日水寨、泉州府的浯嶼水寨和漳州府的銅山水寨，明、清史書常稱其為福建「五
　　寨」或「五水寨」。至於，「三遊」則指隆慶四年時，設立的海壇遊兵和浯銅遊
　　兵，以及萬曆四年增設的玄鐘遊兵。

20　請參見鄭大郁，《經國雄略》（北京市：商務印書館，2003年），〈海防攷・卷之
　　一・海防〉，頁7。

書編》中，便為曾言道：

> 海中有三山，彭湖其一也，山界海洋之外，突兀迂迴，
> 居然天險，實與南澳、海壇並峙為三，島夷[指倭人]所
> 必窺也。往林鳳、何遷輝跳梁海上，潛伏于此。比倭夷
> 入寇亦往往藉為水國焉，險要可知矣。今南海[疑誤，宜
> 「澳」字]有重帥，海壇有遊兵，獨委此海賊，豈計之得
> 乎？愚謂，不必更為益兵以滋紛擾，惟就浯（嶼水寨）、
> 銅（山水寨）兩部各量損其艦十之三、調其兵十之四，
> 慎簡材官，部署其眾往守之，又就漁人中擇其點而力者
> 署數人為長，以助我兵聲援，遇有俘獲，賞倍內地，其
> 遇寇而不援助者及觀望助寇者罪亦倍之，則有所覬而其
> 氣激、有所畏而其志堅，漁人皆兵矣。三山[即澎湖、南
> 澳和海壇三島]之犄角既成，五（水）寨之門戶不益固哉。
> [21]

文中敘及，澎湖和海壇、南澳是海中的三要島，但是，海壇在
隆慶四年（1570）已設有遊兵，至於，南澳亦在萬曆四年（1576）
時增設漳潮副總兵（一稱「南澳副總兵」），卻惟獨澎湖，此「島
夷所必窺」之地卻未有固定之兵力，令人心生「獨委此海賊，
豈計之得乎？」之憂慮，撰者並建議，僅需由銅山、浯嶼二水
寨處調遣兵船，揀選良將前往戍守，並將當地漁民加以組織，

---

[21] 章潢，《圖書編》，卷57，〈海防・福建事宜〉，頁21-22。

透過倍賞嚴罰的方式，使其協助聲援官軍，達到防守澎湖又毋需增兵靡費之困擾，如此，便可達到「三山之犄角既成，五寨之門戶益固」之理想目標。萬曆初時，明政府似亦見到相同的問題，加上，倭、盜又猖獗，遂又抽調銅山、浯嶼二水寨的兵船，於汛期時輪流分班，遠赴澎湖巡防，然而，史書卻稱此舉，「亦僅春、秋（汛期）巡警，有名無實」而已。[22]

雖然，上述《圖》書中渴望透過澎湖設有兵力，來鎮懾倭盜、鞏固海防的前線，然而，該書亦不否認澎湖在防務的推動上，卻有其實際層面上的困難！有關此，筆者已在前言一開頭正引文中，曾引用過它的說法：「彭湖遠在海外，去泉州二千餘里，其山迂迴有三十六嶼，羅列如排衙，然內澳可容千艘，又周遭平山為障止一隘口，進不得方舟。」[23] 亦即遠處海外的澎湖，擁有優越的港澳，係「一人守險，千人不能過」之要地，[24]但因該地環境不理想，「山水多礁，風信不常，吾之戰艦難久泊矣」，[25]至於，該如何處理澎湖防務？撰者並認為，澎湖不適合攻取，亦不適宜防守，更不適用木石堵塞其出入港口，其理由如下——「而曰：『可以攻者？否也。往（彭湖）民居恃險為不軌，乃徙而虛其地[指洪武澎湖墟地徙民一事]，今不可以民實之，明矣。若分兵以守，則兵分者於法為弱，遠輸者於法為貧，

22　林豪，《澎湖廳志》（南投市：臺灣省文獻委員會，1993 年），卷 5，頁 136。
23　章潢，《圖書編》，卷 40，〈福建海寇〉，頁 38-39。
24　同前註，頁 39。
25　同前註。

且絕島[指澎湖]孤懸混芒萬影，脫輸不足而援後時，是委軍以予敵也。』而曰：『可以守者？否也。亦嘗測其[指澎湖]水勢，沈舟則不盡其深，輸石則難扞其急。』而曰：『可以塞者？亦非也。夫（彭湖）地利我與賊共者也。塞不可，守不可，攻又不可，則將委之（賊）乎？惟謹修內治而已。』」[26] 其結論是謹修內治，如何地做到此？撰者有以下的建議：

> 賊之所資者糧食、所給者硝礦也，惟峻接濟之防而敷陳整旅以需其至，則賊既失其所恃，而海上軍事又絕不相聞，雖舳艫軋芬詎能為久頓謀哉？以我之逸待賊之勞，以我之飽待賊之饑，稍逼內地，則或給接濟以掩擒，或假漁商而襲擊，此營平致敵之術也。法有不以兵勝而以計困者，此之謂也。[27]

由上可知，嚴禁接濟倭、盜，斷其補給來源，同時，要整軍備武以逸待勞，再伺機用計擒襲犯賊，而毋須分兵去固守補給不易的澎湖，是撰者對該地防務的看法！其實，不僅《圖》書有上述的看法，隆慶初年時，閩撫塗澤民亦有相關的見解，當時明政府正在搜捕海盜曾一本，塗便認為，曾假若遁逃到澎湖，是走下策之路，此一問題便容易解決，因為，「彭湖死地，水、米難繼」，僅「為官兵數月之憂」而已。[28]

---

[26] 同前註。

[27] 同前註，頁39-40。

[28] 請參見塗澤民，〈與俞、李二總兵書〉，收入臺灣銀行經濟研究室編，《明經世文

　　總之，在萬曆初年時，明人知道戰略地位重要的澎湖，需要有兵力來鎮懾當地不法的活動，但碰觸到實際運作的層面時，卻又考量到距離遙遠、兵分寡少、補給困難、地理環境不佳等問題時而有所遲疑，並且，認為只要做到「謹修內治」——亦即嚴禁接濟斷賊補給，整軍備武伺機破敵即可，不一定非要駐防澎湖不可！

二、中日壬辰役起　澎湖愈受矚目

　　前節敘及，澎湖的戰略重要性，在嘉靖倭亂時，引起明人的注意，但是，對於澎湖防務處理的問題上，此際，並未出現在築城駐守的建議或主張，主要是一般人對澎湖仍十分地生疏，連當時鑽研海防的胡宗憲《籌海圖編》以及鄭若曾的《鄭開陽雜著》，皆將澎湖標繪在興化府莆田縣平海衛的海中，[29]而非泉、漳二府交界的外海，即可知一二。不只是嘉靖晚年而已，甚至於，直至三十年後，亦即萬曆二十年（1592），鄧鐘重輯的鄭若曾《籌海重編》海圖中的「彭湖山」，旁側註解有一行小字，曰：

　　　　此彭湖山，離內地頗遠。[30]

編選錄》（臺北市：臺灣銀行經濟研究室，1971 年），頁 139-140。

[29] 有關此，請參見胡宗憲，《籌海圖編》，卷 1，圖 17，〈福建五〉，無頁碼；鄭若曾，《鄭開陽雜著》，卷 1，〈圖・福建五〉，頁 28。

[30] 鄭若曾，《籌海重編》（臺南縣：莊嚴文化事業有限公司，1997 年），卷之 1，〈萬

此一小段的語句，反映著當時人們對澎湖的直接印象，它是一座距離陸地很遙遠且很生疏的海島。而且，就在同一年（1592），因日本豐臣秀吉出兵侵犯朝鮮，明政府派軍援助朝鮮，中日朝鮮之役（該年歲次「壬辰」，又稱壬辰之役）於是爆發！明政府為防範日軍聲東擊西，[31]由海上突襲東南諸省，福建沿海情勢亦跟著緊張起來。

　　由於，中、日雙方在朝鮮衝突未解，情勢持續地混沌不明，為此，明政府大力整飭武備以應可能之變局，例如將春、冬汛期駐在漳州南部銅山的南路參將，北調改駐廈門中左所，方便居中指揮軍隊，快速因應可能之變局，史載，「萬曆二十年倭躪朝鮮，議者謂銅山偏處一方，（南路叅將）始兼移駐中左所，居中調度焉」，[32]便是指此；又如同年（1592）

里海圖・福建三・卷十八〉，無頁碼。

[31] 有關倭人欲假藉侵略朝鮮而襲犯中國的傳言，早在前一年即萬曆十九年便已存在！內容如下：「萬曆十九年五月，福建長樂縣民與琉球夷人，偕來赴（福建）巡撫趙公參魯臺報云：『倭首關白者名平秀吉[即豐臣秀吉]驍勇多謀，數年以來已併海中六十餘島，今已調兵刻期，約明年併朝鮮及遼東』等情，聲勢甚猛，時巡撫[指閩撫趙參魯]與各守臣尚在疑信之間，及巡撫再訊夷人，責之曰：『汝琉球已愆貢期二載，故以此抵塞而恫喝我乎？』訊縣民云：『汝往海勾引，故以此互為奸乎？』易夷人與縣民俱執對如初詞，然而巡撫在閩，悉心鎮守，威惠兼施，猶恐其聲東而寇西也，于是戒飭水、陸二兵，各時訓練，嚴部伍，簡將校，繕城堡，且召福清致仕叅將秦經國等至省會，其議防守戰攻之策，諸凡兵政確有廟算矣。」請參見鄭大郁，《經國雄略》，〈四夷攷・卷之二・日本〉，頁35-36。

[32] 袁業泗等撰，《漳州府志》（臺北市：漢學研究中心，1990 年；明崇禎元年刊本），卷15，〈兵防志・兵防考〉，頁14。

時，明政府又在泉州增添客兵一營，額數約五七五名，設有把總一員、哨官四員領之，同時，並在泉州城北門外構築營房百餘間，供此由浙江調來的陸師居住。[33]其中，更重要的是，先前被擱置的澎湖置兵議題，此際，又被拿出來討論，並還語及欲在該地築城屯守的主張，時間是在萬曆二十三年（1595）。該年四月，閩撫許孚遠上疏朝廷，希望能開放軍民往赴澎湖、海壇、南日……等海島墾殖屯守，對抗由此入犯的倭人，[34]其內容詳細如下：

> 該臣[即閩撫許孚遠]看得東南環海一帶諸山嶼、錯峙海中、大小遠近、不可枚數，其近內地而當衝要如……閩之彭湖、海壇、南日、嵛山等處皆是也，諸山在前代多為沿海軍民率聚其間，至 國初人煙村落頗盛，當時武臣建議，慮為盜藪，撤還內地[指洪武墟地徙民一事]，今諸山所遺民居故址，磚石坊井之類往往有之……。臣[即閩撫許孚遠]……及查彭湖屬（泉州府）晉江（縣）地面，遙峙海中，為東西二洋暹羅、呂宋、琉球、日本必經之地。其山周遭五、六百里，中多平原曠野，膏腴之田度可十萬（畝）。若於此設將屯兵、

---

33 請參見陽思謙，《萬曆重修泉州府志》（臺北市：臺灣學生書局，1987 年），卷11，〈武衛志上·客兵〉，頁8-9。

34 請參見許孚遠，《敬和堂集》（臺北市：明萬曆二十二年序刊本，國家圖書館善本書室微卷片），〈疏卷·議處海壇疏〉，〈疏卷〉，頁 50-60；臺灣銀行經濟研究室編，《明實錄閩海關係史料》，〈神宗實錄〉，萬曆二十三年四月丁卯條，頁88-89。

> 築城置營，且耕且守；據海洋之要害，斷諸夷之往來，
> 則尤為長駕遠馭之策。但彭湖去內地稍遠，見無民居，
> 未易輕議；須待海壇經理已有成效，然後次第查議而
> 行之。[35]

許孚遠認為，若能在澎湖築城置營，屯兵耕守，「據海洋之
要害，斷諸夷之往來」，來犯的倭人便難在此立足或活動！
但是，此一構想，許卻又因「彭湖去內地稍遠，見無民居，
未易輕議」的理由而裹足不前！其實，澎湖屯兵的問題不只
「去內地稍遠，見無民居」一項而已，其他尚有土田貧瘠、
水量不豐、風力強大、險要迂迴不易航駛、風濤洶湧官兵憚
涉⋯⋯等更嚴重，且不易克服的問題！[36]更離譜的是，許疏
中還提及澎湖「其山周遭五、六百里，中多平原曠野，膏腴
之田度可十萬（畝）」，可見許本人對地力瘠薄的澎湖十分地
生疏！其實，與許上疏同年（1595）刊刻的謝杰《虔臺倭纂》，
書中對上述的問題，有較務實的看法和建議，內容如下：

> （問）曰：「閩而苦無食也，則彭湖也者，可寨[指構
> 築城寨]而亦可田者也，何為而棄之者也？其險可據，
> 據之以為城；其田可耕，耕之以為食，獨非計乎？」
> （答）曰：「是見其一，而未睹其二者也。彭湖，石田

35　許孚遠，《敬和堂集》，〈疏卷・議處海壇疏〉，〈疏卷〉，頁 57-59。

36　有關此，請參見何孟興，〈兩難的抉擇：看明萬曆中期澎湖遊兵的設立（上）〉，
　　《硓𥑮石：澎湖縣政府文化局季刊》第 57 期（2009 年 12 月），頁 96-101。

也，非南澳、海壇比也。雖云（彭湖）山環數百里，
澳容千餘艘，然去內地既遠，既不可實之以民，又不
可守之以兵。絕島孤懸，混茫萬頃，縱使得而田之，
而養兵之費猶將十倍於此，所云利什而害伯[誤字，應
「佰」]者也，其棄之非得已也。」（問）曰：「民不可
實矣，兵則何為不可守？」（答）曰：「分兵者於法為
弱，遠輸者於法為貧，是皆兵之所當禁也。剡寇大至，
糧輸兵援一或後時，且委軍以予敵，何論貧與弱也！」
（問）曰：「然則棄以資敵，可乎？」（答）曰：「內脩
既修，外禁既嚴，其在彭湖猶其在日本耳，漢棄珠崖
亦其故事也。昔余之論廣[指廣東]曰：『元氣既固，濠
鏡非腹心之憂。』今余之論閩亦曰：『內治既嚴，彭湖
非門庭之患。』故善論治者，治內而已。」[37]

《虔》書上面指出，澎湖是貧瘠的「石田」，遠非南澳、海
壇等島所能相比，其見解和前節所述的章潢《圖書編》相似，
澎湖灣澳雖可泊船千艘，但因距離遙遠、兵分力寡、補給困
難等因素，所以並不適合築城固守，同時，亦不方便屯田養
兵，因為，「絕島孤懸，混茫萬頃，縱使得而田之，而養兵
之費猶將十倍於此」，係利十害百之舉措，所以，棄守澎湖
乃情非得已！不僅如此，它的結論亦和《圖》書的「謹修內

---

[37] 謝杰，《虔臺倭纂》（北京市：書目文獻出版社，1993 年），下卷，〈倭議‧閩事〉，
頁 48-49。文中的「濠鏡」，係指葡萄牙人租借廣東澳門一事。

治」近似－－「治內而已」，亦即整飭內備、以應敵犯，「內
治既嚴，彭湖非門庭之患」。另外，類似《虔》書的看法，
亦見於萬曆二十年（1592）鄧鐘重輯鄭若曾的《籌海重編》，
該書便嘗言道：

> 然則，南澳何為而守也？（答）曰：「不同也。南澳雖
> 在大海之中，與內地僅隔一水，……彭湖去內地也遠，
> 風順尚有日半之程，惟漁舟出沒耳，販海之舟不必經
> 也，故彭湖譬之石田，棄之可也。」然使，倭寇結艐
> 而來，則彭湖其巢穴矣，又將何如？（答）曰：「修內
> 地之防，嚴接濟之禁，而後相機以撲滅之耳。」[38]

亦即主張應放棄防守澎湖，因為，該地土田貧瘠，生活條件
不佳，只要斬斷倭、盜物資接濟的門路，巢居此者，久必不
支而遁走，亦即做到「修內地之防，嚴接濟之禁，而後相機
以撲滅」，即可！

　　雖然，謝杰《虔》書基於上述多方的考慮，不贊成在澎
湖築城，但並不否認澎湖的重要性，且嘗言道：「謀廣者，
必欲去濠鏡之夷[即葡萄牙人]。謀閩者，必欲據彭湖之
險。……」[39]而且，就在兩年之後，亦即萬曆二十五年（1597）
時，伴隨日軍又大舉再犯朝鮮，整個情勢愈加地繃緊，時任

---

[38] 鄭若曾，《籌海重編》，卷之4，〈福建事宜・寨遊要害〉，頁139。

[39] 謝杰，《虔臺倭纂》，下卷，〈倭議二・議會哨〉，頁85。

閩撫的金學曾，因恐倭人可能襲據澎湖，做為進犯內地的跳板，遂奏准朝廷由南路參將派遣轄下的遊擊部隊，於春、冬汛期時前往戍守之，[40]此亦是澎湖遊兵設立的由來。澎湖遊兵，由名色把總領之，官軍共有八○○餘人，冬、鳥二型兵船合計二十艘。次年（1598）春天，明政府認為澎湖孤島寡援，上述兵力似有不足，遂再增加一倍兵力，[41]總共「鎮以（左、右）二遊（兵把總），列以（兵船）四十艘，屯以（一）千六百餘兵」；[42]不僅如此，同時還又要求海壇遊兵、南日水寨、浯嶼水寨、浯銅遊兵、銅山水寨和南澳遊兵，各抽調一名哨官，於春、冬二汛時自領兵船三艘，總共六寨遊、十八艘兵船遠哨澎湖，[43]來壯大澎湖遊兵的聲勢，以備可能南犯的日軍，用以鞏固海上藩籬。

　　此次，明政府雖知澎湖有地理環境、距離因素、兵力補給……等諸多的難題，但恐倭人以此為跳板進襲福建，仍不顧一切排除萬難在此置兵，希望透過澎湖守軍，先行堵截遠來疲憊的倭人，不令其有喘息的機會，就將其殲滅在海中，不使其有在澎湖聚艅整備進犯內地的機會。但是，隨著豐臣

---

[40] 請參見中央研究院歷史語言研究所校，《明實錄》（臺北市：中央研究院歷史語言研究所，1962 年），〈明神宗實錄〉卷 312，頁 11。

[41] 以上的內容，請參見顧亭林，《天下郡國利病書》（臺北市：商務印書館，1976年），原編第 26 冊，〈福建・彭湖遊兵〉，頁 113-114。

[42] 黃承玄，《盟鷗堂集》（臺北市：國家圖書館善本書室微卷片，明萬曆序刊本），卷之二，〈條議海防事宜疏〉，頁 7。

[43] 請參見顧亭林，《天下郡國利病書》，原編第 26 冊，〈福建・彭湖遊兵〉，頁 114。

秀吉於萬曆二十六年（1598）八月病故，十二月日軍陸續撤離朝鮮後，閩海局勢穩定下來，明政府先前因應倭犯諸多措舉隨之廢弛，而澎湖遊兵亦跟著走上裁軍之路，亦即「裁去一遊，而海壇（遊兵）、南日（水寨）、南澳（遊兵）三處遠哨船，漸各停發」。[44] 由此可知，澎湖遊兵的設立，可稱是外在環境逼迫下的產物，是明政府一時權宜、被動應急的措施，而非其主動的意願作為！

三、倭窺臺灣期間　澎湖築城之議

　　日本撤兵朝鮮後，澎湖遊兵隨後被裁減半數的兵力，僅剩下一支遊兵八〇〇餘人和船二十艘，以及前來支援的浯嶼、浯銅、銅山三寨遊的六艘船而已。然而，明政府卻未停止裁軍的舉動，至萬曆二十九年（1601）時，澎湖遊兵僅剩下約五〇〇人而已，「實領船十三隻，而（協守）寨、遊遠哨者無當實用」，[45] 連時任南路參將的施德政，都為澎湖兵力寡少而感到憂慮。[46] 亦因澎遊兵力不足，三十年（1602）明軍往赴東番（即今日臺灣）勦除盤據的倭寇，以及三十二年

---

[44]　顧亭林，《天下郡國利病書》，原編第 26 冊，〈福建‧彭湖遊兵〉，頁 114。

[45]　王在晉，《蘭江集》（北京市：北京出版社，2005 年），卷 19，〈上撫臺省吾金公揭十三首（其九）〉，頁 14。文中的「寨、遊遠哨者」，係指浯銅遊兵，以及浯嶼、銅山二水寨支援的官軍。

[46]　請參見王在晉，《蘭江集》，卷 19，〈上撫臺省吾金公揭十三首（其九）〉，頁 14。

（1604）勸說荷蘭人離開澎湖，明政府被迫捨近求遠，改徵調負責泉州沿海防務的浯嶼水寨，由其指揮官沈有容負責執行，便可知一二。

至於，此時本文探索澎湖築城的問題，有否因日軍撤離朝鮮而沉寂下來，因相關史料難覓，目前難以知曉，然而，卻有一幅藏於北京中國科學院圖書館的〈明代福建海防圖〉提供了重要的訊息，這幅完成於萬曆三十年（1602）以後的彩色珍貴古圖，[47]在其圖上的「澎湖」處，便有十一行的文字註記，詳細如下：

> 按，澎湖環山而列者三十六島，蓋巨浸中一形勝也。（澎湖）山，週圍四百餘里，其中可容千艘，我所守之以制倭，倭據之以擾我，此必爭之地，前後建議籌之詳矣。近□[字跡不清，疑「因」]官兵遠涉（澎湖），藉口風時不順躲泊別處；或謂議當建城，又慮大費，遂寢其謀也。然要在將令得人，則兵不患其偷安，城之有□[字跡不清，疑「無」]可毋論矣。惟是（澎湖）延袤恢野，向來議守，委而棄之，既設遊屯兵防禦，

---

47 目前，作者不詳的〈明代福建海防圖〉，有部分內容收入曹婉如所編《中國古代地圖集：明代》（北京市：文物出版社，1995 年）一書中。曹在該書中指稱，該圖係明萬曆中後期的作品，有關此，筆者亦贊同此說，並且，進一步認為，該圖是在萬曆三十年以後所繪製的，因為，圖中的廈門中左所，僅見浯銅遊兵而未見有浯嶼水寨，而該水寨係在萬曆三十年時由廈門北遷至泉州灣的石湖，由此加以推斷，故之。

可惜山地廣闊，若能開墾則田有收厚利有實，倘有賢
能把守，募沿海□[字跡不清，疑「漁」]民為兵守汛，
畫地分疆，□[字跡不清，疑「舊」]基興作，倡人開
墾，三年之外計畝量收其三分之一，行有成效則置兵
墾田，相資而食，共守險地，兩者俱得之矣。[48]

上述內容指出，澎湖係「我所守之以制倭，倭據之以擾我，
此必爭之地」，而且，「或謂議當建城，又慮大費，遂寢其謀
也」，亦即曾有人建議在此築城來固守，但因明政府考慮經
費過於龐大，而放棄此一構想！文中並語及，澎湖的汛防工
作成效不彰，[49]「官兵遠涉（澎湖），藉口風時不順，躲泊別
處」，並認為，澎湖防務重點在將令得人，不讓官軍偷安懶
散，至於，是否需要構築城堡，並非是重點之所在！此外，
文中還提議，澎湖當有賢能之人把守，並能募集邊民來此為
兵，置兵墾田，糧食有源，藉以守護此一海中險要地！

　　萬曆三十七年（1609），日本入侵琉球中山國，福建沿海
局勢又隨之產生變化，同年德川幕府又命有馬晴信，率兵前

---

[48] 以上的內容，請見曹婉如，《中國古代地圖集：明代》，第 74 幅，〈福建海防圖
局部‧澎湖部分〉。

[49] 澎湖防務成效不佳的現象，例如倭寇曾於萬曆三十年九、十月間，流竄至澎湖
旁側的臺灣，在此盤據為巢窟，並四出打劫沿海商、漁船隻，而此際正是鄰岸
澎湖遊兵的冬汛時節，倭寇竟然視該地汛兵為無物！有關此，請參見姚永森，〈明
季保臺英雄沈有容及新發現的《洪林沈氏宗譜》〉，《臺灣研究集刊》，1986 年第
4 期，頁 88。

來臺灣招諭原住民，調查當地的地理及土產，並選擇中、日商人合適互市的地點。[50]倭人窺伺臺灣的舉動，亦讓旁側的澎湖－－福建海中最前線的防務工作，增添了更大的壓力！之後，明政府便在澎湖增兵，以因應此一新的形勢。因為，萬曆四十年（1612）刊印的《泉州府志》，書中所載的澎湖遊兵額數卻已較前增加了不少，官軍有八五○名和兵船二十艘，[51]類似上述澎遊兵、船額數的記載，亦出現在次年（1613），由漳州知府袁業泗所修的《漳州府志》之中。[52]另外，值得注意的是，在袁業泗《漳》書中卷三〈輿地志下〉，亦曾約略提及有關澎湖築城一事，內容如下：

> 南澳，雖多屬廣（東）潮（州），而與玄鍾（守禦千戶）所對峙，……。若彭湖窵遠，不便城守，為漳海之外鑰，亦得并載焉。[53]

該文認為，澎湖係出入漳州海域的鎖鑰，戰略地位雖然重要，卻因礙於距離內地遙遠，而不方便在此築城防守！但是，澎湖築城之議論，卻未因諸如上述「彭湖窵遠，不便城

50　請參見岩生成一，〈十七世紀日本人之臺灣侵略行動〉，臺灣銀行季刊第 10 卷第 1 期（1958 年 9 月），頁 169。

51　請參見陽思謙，《萬曆重修泉州府志》，卷 11，〈武衛志上・水寨官、水寨軍兵和兵船〉，頁 10。

52　請參見袁業泗等，《漳州府志》（臺北市：漢學研究中心，1990 年；明崇禎元年刊本），卷 15，〈兵防志・彭湖遊兵〉，頁 19。

53　同前註，卷 3，〈輿地志下・海〉，頁 19。文中的「窵遠」，意即遠隔的樣子。

守」的理由受挫，完全消逝不見，……之後，又有人提出相近的主張，亦即建議設置高階將領鎮守澎湖，時間大約在萬曆四十四年（1616），亦即倭人船隊南犯臺灣的前後。

　　萬曆四十四年（1616）四月，日本官員村山等安派遣船隊，南下遠征臺灣。[54]此一舉措，又讓閩海的局勢再度地緊張起來，同時，進而促使明政府重新去思考，如何有效地監控掌握今日的臺灣海峽，以及有效地運用海峽兩側的兵力，剋制臺灣島上的不法活動，藉以屏障內地百姓的安全。為此，閩撫黃承玄便在同年（1616）八月上疏朝廷，奏准整合今日臺灣海峽兩側原先的兵力－－包括駐守廈門的浯銅遊兵和汛防澎湖的澎湖遊兵，將其合組成一支橫跨海峽兩岸的新水師，名為浯澎遊兵。透過此，將廈、澎兩地的兵力和防區做一整併，用以增強澎湖的防務，對抗入侵臺灣的倭人。

---

[54] 萬曆四十四年，長崎代官村山等安派遣其子村山秋安、部屬明石道友率領士卒分乘十餘艘兵船，南航遠征臺灣，想藉此獲得渡航南方的立足點，並以確保倭人和中國船在臺貿易的港口。村山的日本船隊出發後，先在琉球遇到颶風被吹散，其中，兩艘村山次安的船隻失去了聯絡，另外兩艘的明石道友船隻，五月航行到福州外海的東湧（今日馬祖東引島），值遇前來偵探倭情的董伯起，遂挾走董回到日本；其他的七艘船隻，因航行速度落後，在進入中國水域後，五月初遭遇到浙江的兵船，雙方爆發了海戰。之後，這些倭船亦於同年返回了日本。不過，根據傳聞，村山的船隊中，最後有一艘抵達了目的地臺灣，但是，船上人員卻遭到當地土民襲擊而切腹自殺。以上的內容，請參見生成一，〈在臺灣的日本人〉，收入許賢瑤譯，《荷蘭時代臺灣史論文集》（宜蘭縣：佛光人文社會學院，2001 年），頁 150；臺灣銀行經濟研究室編，《明實錄閩海關係史料》，〈神宗實錄〉，萬曆四十四年十一月癸酉條，頁 118。；岩生成一，〈十七世紀日本人之台灣侵略行動〉，台灣銀行季刊第 10 卷第 1 期（1958 年 9 月），頁 172。

[55]然而，就在黃承玄上疏提出此一構想之前，即有人提出設立參將鎮守澎湖的主張，黃疏中亦提及此事，內容詳細如下：

> 閩海中，絕島以數十計，而彭湖最大；設防諸島以十餘計，而彭湖最險遠。……往年平酋作難，有謀犯雞籠[即今日臺灣基隆]、淡水之耗，當事者始建議戍之（彭湖），鎮以二遊、列以四十艘、屯以（一）千六百餘兵；而今裁其大半矣。一旅偏師，窮荒遠戍：居常則內外遼絕，聲息不得相通；遇敵則眾寡莫支，救援不得相及。以故守其地者，往往畏途視之；後汛而往，先汛而歸。至有以風潮不順為辭，而偷泊別澳者；則有守之名，無守之實矣。雞籠地屬東番，倭既狡焉思逞；則此彭湖一島正其所垂涎者。萬一乘吾之隙，據而有之；彼進可分道內訌、退可結巢假息，全閩其得安枕乎！近有議（彭湖）設參將以鎮守者，有議（彭湖）添設一遊互相救援者，臣[指閩撫黃承玄]以為皆不必也。彭湖之險，患在寡援。而浯銅一遊實與彭湖（遊兵）東西對峙，地分為二，則秦、越相視；事聯為一，則骨齒相依。今合以彭湖（遊兵）並隸浯銅（遊

---

[55] 關浯澎遊兵設立的詳細經過，請參見何孟興，〈明末浯澎遊兵的建立與廢除（1616-1621年）〉，《興大人文學報》第46期（2011年3月），頁139-146。

兵），改為浯彭遊（兵）；請設 欽依把總一員，專一面
而兼統焉。[56]

上文認為，澎湖遠處海外，聯絡監督不易，當地防務存有一
些不易解決的問題，諸如「一旅偏師，窮荒遠戍」的情形下，
有事可能導致「遇敵則眾寡莫支，救援不得相及」的窘況，
平時則容易產生「後汛而往，先汛而歸」、「有以風潮不順為
辭，而偷泊別澳者」……等弊端的產生。至於，該如何地來
佈署澎湖的防務？黃承玄認為，最近有人提議在澎湖島上設
立參將以為鎮守，或主張再增加一支澎湖遊兵，但他以為上
述二者皆屬不必要，因為，問題是出在「彭湖之險，患在寡
援」，只要整合原先的浯銅遊兵和澎湖遊兵，成立橫跨海峽
兩岸的浯澎遊兵，即可。

　至於，上述新成立的浯澎遊兵，共有兵約一,五〇〇人，
船四十二艘，[57]設有指揮官欽依把總一人，駐防在廈門，下

---

[56]　黃承玄，《盟鷗堂集》，卷之二，〈條議海防事宜疏〉，頁 7-8。文中的「平酋」，
　　　指倭酋平秀吉，即豐臣秀吉。

[57]　有關浯澎遊兵的兵、船額數，包括原先浯銅遊剩餘的十船，澎湖遊的二十船（包
　　　括原設的十六船和鄰寨協守的四船，兵約八〇五人）以及新添增供衝鋒遊使用
　　　的十二船（兵共四〇〇名）。至於，浯銅遊剩餘的兵力究竟多少？因為，其原設
　　　有兵船二十二艘，而且，「浯銅遊兵五百三十六名【（餉）糧俱（福建）布政司
　　　發給】，貼駕軍三百名」（見陽思謙，《萬曆重修泉州府志》，卷11，〈武衛志上・
　　　水寨軍兵〉，頁 10。）。之後，因明政府抽調浯銅遊其中十二艘兵船，去籌設閩
　　　撫直轄的水標遊擊艦隊（又稱「水標遊」），故僅剩下十艘兵船，若依此數額，
　　　並扣除春、冬汛期前來支援的貼駕征操軍來加以估算，則其實際兵力亦應僅剩

轄有澎湖遊和衝鋒遊協總各一人，其中，澎湖遊兵汛防澎湖信地，衝鋒遊兵往來澎、廈海域巡防，浯澎遊欽總則負責原先浯銅遊兵的海防轄區。由上可知，雖然，黃承玄本人反對在澎湖設立比把總高階許多的參將來鎮守此地，然而，可確定的是，澎湖築城設將的主張，一直到萬曆晚期時並未消聲匿跡，亦是當時澎湖防務構思的可能方案之一。

四、荷蘭築城澎湖 對明人之影響

　　雖然，前述澎湖築城設將的主張，在閩撫黃承玄反對下無法實現，……但是，歷史的發展常讓人難以預料，在之後不到十年的時間，上述的目標，卻因荷蘭人佔領澎湖、築城自據的嚴重刺激下而提前實現！因為，天啟二年（1622）六月，東來求市的荷人二度佔領了澎湖，並在今日馬公島上的西南末端處，亦即今日風櫃尾的蛇頭山構築堡壘（附圖一：澎湖風櫃尾荷人堡壘遺址今貌，筆者攝；附圖二：澎湖風櫃尾荷人堡壘解說圖，筆者攝。），以為久居的打算。荷人據澎期間，因要求進行直接貿易不遂，便改採武力欲迫使明政府就範，派遣船艦至泉、漳沿岸騷擾劫掠，並在海上搶劫中國船隻，且將擄獲的民眾，送往澎湖充作築城苦力而死於非命。[58]尤其是，

不到二五○人！故，浯澎遊兵總兵力應不超過一，五○○人左右。

58　請參見林昌華譯著，《黃金時代：一個荷蘭船長的亞洲探險》（臺北市：果實出版，2003年），頁121；甘為霖(W. M. Campbell)英註、李雄揮漢譯，《荷據下的

據澎築城的荷人，具有強大的武力，「進足以攻，退足以守，儼然一敵國矣」，[59]而且，澎湖位處重要航道之上，荷人據此可以截控中流造成嚴重的後果，它的景況如時任南京湖廣道御史的游鳳翔所言：

> 今彭湖盈盈一水，去興化一日水程，去漳（州）、泉（州）二郡只四、五十里；於此互市，而且因山為城、據海為池，可不為之寒心哉！且閩以漁船為利，往浙、往粵市溫（州）、潮（州）米穀，又知幾千萬石？今（紅）夷[即荷人]據中流，漁船不通，米價騰貴：可虞一也。漳（州）、泉（州）二府負海，居民專以給（商）引通夷為生，往回道經彭湖；今格於紅夷，內不敢出、外不敢歸，無籍雄有力之徒不能坐而待斃，勢必以通屬夷者轉通紅夷，恐從此而內地皆盜：可虞二也。[60]

由上可知，因為荷人據澎築城、截控中流的舉措，不僅威脅沿岸百姓的安全，造成內地米價高漲，海上交通往來斷絕，商販被迫與荷人走私買賣……等一連串嚴重的問題。之後，

福爾摩莎》（臺北市：前衛出版社，2003年），頁45；臺灣銀行經濟研究室編，《明季荷蘭人侵據彭湖殘檔》（南投市：臺灣省文獻委員會，1997年），〈南京湖廣道御史游鳳翔奏（天啟三年八月二十九日）〉，頁3。

[59] 臺灣銀行經濟研究室編，《明季荷蘭人侵據彭湖殘檔》，〈南京湖廣道御史游鳳翔奏（天啟三年八月二十九日）〉，頁3。

[60] 臺灣銀行經濟研究室編，《明實錄閩海關係史料》，〈熹宗實錄〉，天啟三年八月丁亥條，頁132。

明政府花費了許多的心力，直至天啟四年（1624）七月時，才好不容易地將荷人趕往臺灣。

荷人佔領澎湖二年所帶來的苦痛教訓，令明政府深切地體會到，澎湖對沿岸安危和交通往來的重要性，不可以等閒視之，故在逐走荷人之後，便以大規模行動來重新佈署澎湖的防務，決定設立澎湖遊擊長年鎮守於此，用以取代先前僅春、冬二季汛防的澎湖遊兵，[61]藉以保護內地百姓的安全；同時，並規劃澎湖遊擊共轄有水、陸額兵二,一○四人。其中，遊擊轄下的中標守備，有水兵八五七人，兵船四十九隻，分屯媽宮（即今日澎湖馬公市）等處；又設左翼把總一員，有陸兵六二四人，屯守媽宮後和暗澳，分顧太武、案山、龍門港諸處；又設右翼把總一員，有陸兵六二三人，屯守風櫃仔，兼顧蒔上澳、西嶼頭，看守鎮海營等處（附圖三：明天啟年間澎湖地名示意圖，筆者製。）。上述水、陸官軍，俱聽澎湖遊擊調度指揮，[62]透過此，「水陸分佈，首尾相聯，亦可以壯

---

[61]　前文提及的浯澎遊兵，已於天啟元年時遭裁撤。因為，該年十一月，中央朝廷同意福建巡按鄭宗周的建議，增設泉南遊擊一職，用以指揮泉州府轄境內的水、陸兵力，並將浯澎遊兵撤除掉，改回原先的浯銅、澎湖遊兵。其中，浯銅遊兵指揮官職階改回原先的名色把總，並保留增設不久的衝鋒遊兵，亦即澎湖、衝鋒二遊不再似先前，歸由廈門的浯澎遊管轄，澎、衝二遊和回設的浯銅遊兵（亦駐在廈門），彼此亦不再有相互隸屬的關係；至於，澎、衝二遊指揮官的職階，似亦改為名色把總，澎遊日後並晉陞為欽依把總。以上的浯、澎、衝三遊，皆改歸新設的泉南遊擊管轄。

[62]　以上的內容，請參見臺灣銀行經濟研究室編，《明季荷蘭人侵據彭湖殘檔》，〈兵部題行「條陳彭湖善後事宜」殘稿（二）〉，頁 21。附帶需說明的是，上文中述

軍容而保藩離矣」。[63]另外，關於本文論述主題——築城的部分，根據天啟五年（1625）閩撫南居益上奏的內容，得知計劃大略如下：

> 一、議彭湖築城濬池，建立官舍營房。查得彭湖築城去處，惟媽宮少寬，與風櫃水陸犄角，最稱形勝。合無於此地築城一座，四面各潤三十丈，高一丈五尺，厚半之，約用銀五百兩。城內起（彭湖）遊擊衙門一座，約用銀一百五十兩；（左、右翼）把總衙（門）二座約用銀一百兩。又風櫃仔守備衙（門）一座，約用銀五十兩。遊擊衙門外起蓋倉廠二座，收貯預備米糧，約用銀三十兩。陸兵計一千二百餘名，大約以五名為一間，該營房二百二十餘間，每間約銀四兩。哨官房舍約起（造）二十餘間，工料各加營房一倍，每間約銀八兩。以上通計用銀二千餘兩，應於餉銀內動支。[64]

明政府計劃於媽宮構築城垣一座，[65]該城「四面各潤三十丈，

及「屯守媽宮後和暗澳，⋯⋯」的「媽宮後」，其中的「後」字疑因字跡不清，《明》書用以符號"□"表示，但明人沈國元《兩朝從信錄》卻提供了答案，係「後」字無誤，見該書（北京市：北京出版社，1995 年），卷 26，頁 1。

63　臺灣銀行經濟研究室編，《明季荷蘭人侵據彭湖殘檔》，〈兵部題行「條陳彭湖善後事宜」殘稿（二）〉，頁 21。

64　同前註，頁 22。

65　馬公原作媽宮，其地名係源自該地的媽祖廟而來，因為媽祖廟又名「媽祖宮」或「娘媽宮」，此處所指的媽祖廟應為今日國家一級古蹟——澎湖天后宮。另外，

高一丈五尺，厚半之」，並於城中起造澎湖遊擊衙門一座、左右翼把總衙門共二座、貯備米糧的倉廠二座和陸兵營房二二○餘間，另外，又在島上的風櫃仔起造中標守備衙門一座，以上通計用銀二,○○○餘兩，應於餉銀內動支。根據筆者的推估，明政府此一澎湖築城計劃，除了受前述荷人據地築城、截控中流造成嚴重後果的刺激外，部分的原因，亦可能來自於明軍圍攻荷人的經驗。

　　因為，自天啟四年（1624）正月至五月間，明軍分成三個梯次登陸澎湖，第一波由守備王夢熊領軍一,三○○人，渡海由吉貝島南下，登岸白沙島並構築工事。第二波是由都司顧思忠率兵八○○人，至鎮海和王的前鋒部隊會齊，第三波則由副總兵俞咨臯、遊擊劉應寵和澎湖遊把總洪際元所率領的攻荷主力軍，亦於五月抵達澎湖，於是，明大軍畢集總數共約三,○○○人。[66]期間，明軍不僅利用兵船，來窺伺荷人在澎的動態，同時，亦在白沙島的鎮海構築城壘工事，以為

一九二○年時日本人雖將媽宮改稱做馬公，但是，今日澎湖居民仍以臺語發音的「媽宮」來稱呼馬公。請參見施添福總編纂，《臺灣地名辭書：澎湖縣》（南投市：國史館臺灣文獻館，2003年），頁27。

[66]　請參見兵部尚書趙彥（等），〈為舟師連渡賊勢漸窮壁壘初營汛島垂復懇乞聖明稍重將權以收全勝事〉，收入臺灣史料集成編輯委員會編，《明清臺灣檔案彙編》（臺北市：遠流出版社，2004年），第一輯第一冊，頁223；黃克纘，〈平夷崇勳圖詠序〉，收入葉向高等序，《凱歌副墨》（名古屋：蓬左文庫，疑明天啟刊本），〈序〉，頁9-10；葉向高，《蒼霞草全集·蒼霞餘草》（揚州市：江蘇廣陵古籍刻印社，1994年），卷9，〈中丞二太南公平紅夷碑〉，頁2。

進擊的灘頭堡。有關此，明人陳仁錫在《皇明世法錄》中，亦嘗語及道：

> 紅夷船高銃烈，我舟雖乘風潮之利，恃強直進，終難阻遏，宜設城一座，內屯兵列銃，以與舟師犄角為勢。而陸兵露處終非久計，宜於城中搭蓋營房，令其屯聚為便，……。[67]

明軍在面對船巨炮利的荷人，假若恃強直進則不易取勝，故「宜設城一座，內屯兵列銃，以與舟師犄角為勢」，亦即一面在陸地構築城壘，一面在海上佈署戰船，水陸並進，步步進逼，來迫使荷人低頭就範，但同時亦認為，戍守城壘的官軍終日曝露於外並不妥當，「宜於城中搭蓋營房，令其屯聚為便」。此外，漳州詔安人的沈鈇，[68]亦對澎湖逐荷善後的工作提供建言，主張應設立公署、營舍和糧倉，來妥善安頓澎

---

[67] 陳仁錫，《皇明世法錄》（臺北市：臺灣學生書局，1965 年），卷 75，〈各省海防‧備紅夷議〉，頁 14。

[68] 沈鈇，號介庵，漳州詔安人，萬曆初年曾任廣東順德縣令一職，其相關生平如下：「沈鈇，號介庵，清航不投時好，年二十五成進士，令順德多惠聲，有觸笠樓妻、毀田抵糧諸殊政，兩舉卓異，嘗慕海剛峰[即海瑞]為人，服食淡泊，終身未嘗服一纊、嚼佳味、居一高廈，陋室、藍縷恬如也。……居家倡置學田以贍儒生，創橋、路以便行旅，建文昌、文公[即韓愈]諸祠，以興文學，置亭觀以開福田，接引承學，教誨子弟，所著有大學古本、浮湘、鍾離、蘭省、石皷諸集，彭湖、紅夷[即荷蘭人]諸議，年八十有四」。見秦炯撰修，《詔安縣志》（臺北市：清康熙三十三年重刊本，國家圖書館善本書室微卷片），卷 11，〈人物‧沈鈇〉，頁 10。

湖的戍兵寓民。其文如下：

> 若官既守海，必有公廨居之；戍兵寓民，亦須藉營房
> 寮舍為藏身計。今議蓋（彭湖）遊擊府公署，或在鎮
> 海港口，或在娘媽宮前，當查舊基拓充之。（遊擊）標
> 兵量撥百名，環劄左右。仍設倉廒數間，為貯糧之所，
> 擇寬廣為教場，以備操練。而暗澳口相對二銃城及東
> 北面大中墩各量置營舍，以為守禦，方免各兵暴露。[69]

吾人綜合上述陳、沈二人的主張，可知不讓官軍暴露在外，
有藏棲之所應是明政府澎湖築城的首要考量。畢竟，若能在
島上構築城垣，內置廨舍倉儲，不僅方便官軍集結屯聚以及
掩蔽守禦，而且，有利於長時間的軍事佈署及其相關行動的
推展。

　　至於，上述澎湖築城的計劃，明政府實際執行狀況究竟
如何，陳仁錫《皇》書曾有相關的記載，內容如下：

> 娘宮嶼[即今日馬公島]……，涵虛平縠、無海潮淜奔
> 激射之勢，其狀如湖，故彭以湖名，湖面寬轉可里許，
> 深穩可泊，南、北風我舟汛守皆頓其中[即馬公內灣]，
> 故夷人窺以為窟穴。面為案山仔，右為西安，原無戍

69　沈鈇，〈上南撫臺暨巡海公祖請建彭湖城堡置將屯兵永為重鎮書〉，收入臺灣銀
　　行經濟研究室，《清一統志臺灣府》（南投市：臺灣省文獻委員會，1993 年），頁
　　50。

守，今各新置銃城。案山則以中標（把總）舟師守。
西安則右翼哨兵（防）守。又左為風櫃，夷[指荷人]
所築銃城處也，……今毀，然亦略因其舊，多列巨銃，
仍分撥右翼把總一員，哨官二員，兵三百餘名守此。（風
櫃）蓋與案山、西安相犄角，……更築銃城一所[即風
櫃銃城]。……娘宮稍後可二里為穩澳山，山形頗紆
坦，自紅夷遁去，奉議開築城基，通用大石壘砌，東、
西、南共留三門，直北設銃臺一座。內蓋衙宇營房及
鑿井一口，左翼官兵置此，以控制娘宮者也。[70]

由上可知，此次澎湖善後工作的推動中，明政府確曾在鼎足
而立的西安、案山和風櫃尾三處築造了銃城，其中，西、案
二銃城是新設的，風櫃尾銃城則是修復荷人城堡再加利用
者。至於，前文提及，明政府計劃於馬公築城一座，以及澎
湖遊擊、兩翼把總衙門、糧倉和營房於城中，而其實際築城
地點則在穩澳山，該城共有東、西、南三座城門，北面設有
炮臺一座（附圖三：明天啟年間澎湖地名示意圖，筆者製。），
「左翼官兵置此，以控制娘宮者也」。其中，構築城基的建
材，「其疊砌通用湖中巨石，高可（一）丈有七（尺），厚可
（一）丈有八（尺），廣可（一）丈三百有奇」。[71]穩澳山堡
城的位置，應在今日馬公市東北側的朝陽里一帶，有學者曾

70　陳仁錫，《皇明世法錄》，卷75，〈海防・彭湖圖說〉，頁11-13。
71　同前註，〈各省海防・備紅夷議〉，頁14。

推測，該地武聖廟的後方（附圖四：馬公市朝陽里武聖廟一帶景觀，筆者攝。），今日猶遺留古井一座，此應是上文穩澳山築城「內蓋衙宇營房及鑿井一口」的水井。[72]由上述內容可知，新建的穩澳山堡城，設有城門和炮臺，內置衙署、營舍和糧倉，並將新置的陸兵左翼部隊駐守於此，來負責保衛馬公澳（即媽宮澳，今日馬公港碼頭一帶），藉以增強澎湖本島的防務工作。

結　　論

明初時，倭寇騷擾東南沿海，洪武帝推動墟地徙民措施以反制之，澎湖亦在其中，該地島民被遷回內地，澎湖巡檢司亦遭明政府撤廢，久之，該地不但漸為明人所淡忘，並漸衍生為倭寇、海盜和私販的活動處所。至於，明人開始注意到澎湖的戰略重要性，應源起於嘉靖倭寇之亂時，此際，並得悉澎湖是海中險要地，是倭船進犯福建的重要集結處――亦即倭人船隊乘東北風南犯時，會先在澎湖集結，之後，再由此分路進攻泉州以及福州省城周邊要地的長樂、梅花等地。雖說，此時明人已有在海中備禦倭人相關主張的提出，但因對澎湖瞭解甚為有限，故僅注意到它的戰略地位重要而已，卻似未有在此佈防的構想。

---

72 以上的內容，請參見吳培基、賴阿蕊，〈澎湖的天啟明城－鎮海城、暗澳城、大中墩城〉，《硓𥑮石：澎湖縣政府文化局季刊》第 50 期（2008 年 3 月），頁 13。

　　嘉靖末年，倭亂已近尾聲時，明政府為彌補浯嶼水寨遷入廈門後，不易偵知外海的動態，曾經調派水師兵船汛防泉、漳外海，而澎湖海域亦在其中，此一景況，由嘉靖經隆慶再到萬曆初年，改變似乎並不大，亦因澎湖的汛防工作流於形式，上述期間，澎湖依然是倭、盜、私販活動頻繁的處所。雖然如此，但澎湖戰略重要性，依然讓人難以輕忽！尤其是，隨著萬曆四年（1576）福建五寨三遊的海防建構完成後，部分人士對澎湖未佈署兵力感到憂心不已，希望能有派駐守軍來鎮懾該地不法的活動，但是，實際要運作此事時，卻又因距離遙遠、兵分寡少、補給困難、地理環境不佳……等問題的考量而打退堂鼓，轉而認為，只要做到「謹修內治」－－亦即嚴禁接濟、斷賊補給，整軍備武、伺機破敵即可，不一定要在澎湖駐防不可！

　　萬曆二十三年（1595）時，因先前中日朝鮮之役爆發後，中、日雙方衝突未解，情況混沌未明，閩海情勢亦持續地緊張，明政府除整飭武備以應可能變局外，先前被擱置的澎湖置兵議題又被提出討論，並還語及在該地築城屯守的構想。閩撫許孚遠便認為，若能在澎湖築城屯守，便可「據海洋之要害，斷諸夷之往來」，但此構想，卻又因「彭湖去內地稍遠，見無民居，未易輕議」而裹足不前！兩年後即萬曆二十五年（1597），因日軍又大舉再犯朝鮮，情勢愈加地繃緊，閩撫金學曾因恐倭人襲據澎湖，做為進犯內地的跳板，遂排除一切的困難，設立了澎湖遊兵，於春、冬汛期時前往戍守

澎湖。

萬曆二十六年（1598），日軍因豐臣秀吉亡故撤兵朝鮮，閩海局勢亦隨之穩定下來，澎湖遊兵之後亦遭到明政府裁軍！然而，澎湖築城的問題，有否因日軍撤離而沉寂，因史料不足而難以知曉，目前僅知，在萬曆三十年（1602）以後曾有人建議，在澎湖構築城垣來固守此一海外要島，但因明政府考慮經費過於龐大，而放棄此一構想，加上，此時的澎湖汛防工作成效又不彰，有人便認為，該地防務重點在將令得人，官軍努力盡責，至於，構築城堡與否，並非是重點之所在！另外，萬曆四十一年（1613）纂修的《漳州府志》亦提及，澎湖係出入漳州海域的鎖鑰，戰略地位重要，但因距離內地遙遠，而不便築城防守！但是，澎湖築城之議論，卻未因上述諸多的理由受挫而消逝不見，⋯⋯之後，又有人提出相近的主張，亦即建議設立參將鎮守澎湖，時間約在萬曆四十四年（1616），但此議卻遭到閩撫黃承玄所否決！黃認為，設立參將鎮守澎湖或主張再增加一支澎湖遊兵，皆屬不必要，只要去整合澎湖遊兵和廈門的浯銅遊兵，成立一支橫跨海峽兩岸的浯澎遊兵，即可解決問題。由上可知，雖然黃個人反對高階將領鎮守澎湖，但澎湖築城設將的主張，應為當時澎湖防務構想的方案之一。

天啟二年（1622），東來求市的荷人二度佔領澎湖，並在馬公島上構築堡壘，因其要求進行直接貿易不可得，遂至泉、漳沿岸劫掠騷擾。尤其是，荷人佔據航道上的澎湖，造

成漁船不通、米價騰貴、沿岸百姓不安……等嚴重後果的教訓，令明政府深刻地體會到，澎湖對沿岸安危和交通往來十分地重要，故在逐走荷人之後，亦即天啟五年（1625）時，便以龐大行動來重新佈署澎湖的防務，除了設立澎湖遊擊，率領水、陸官兵二,〇〇〇餘人長年鎮守澎湖外，同時，並在島上穩澳山構築堡城，內設衙署、營舍和糧倉，方便官軍屯居守禦，以利軍事佈防工作的進行，該城共有東、西、南三座城門，北面設有炮臺一座；此外，又在的西安、案山和風櫃尾等地築建銃城，用以加強澎湖本島的防務工作。明政府希望透過上述的行動，讓澎湖此一失而復得的海外要島，成為固若金湯的前線堡壘，未來能抵擋得住外來者的侵略，藉以保護內地百姓的安全。至於，明政府會下定如此的決心，排除萬難在澎湖築城置兵，其原因除了一部分可能是源自明軍圍攻澎湖荷人的經驗外，更重要的是，應為受到荷人據澎築城、截控中流所產生嚴重後果刺激所造成的。

總而言之，吾人若回顧有明一代澎湖築城的議題，便可發現到，由萬曆二十三年（1595）閩撫許孚遠提出此一構想，到天啟五年（1625）以後穩澳山堡城的出現，明人經歷了三十年的時間才得以完成，而築城風櫃尾的荷人，又在其中扮演著十分關鍵的角色。

（原始文章刊載於《止善學報》第 16 期，朝陽科技大學通識教育中心，2014 年 6 月，頁 56-81。）

附圖一：澎湖風櫃尾荷人堡壘遺址今貌，筆者攝。

附圖二：澎湖風櫃尾荷人堡壘解說圖，筆者攝。

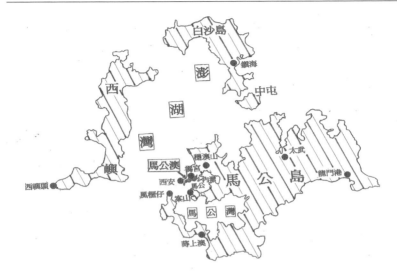

附圖三：明天啟年間澎湖地名示意圖，筆者製。

附圖四：馬公市朝陽里武聖廟一帶景觀，筆者攝。

防 海 固 圍：
論明代澎湖和臺灣兵防角色之差異性

一、前　　言

本年[按：明萬曆四十五年]四月十九日，有臺山遊兵船
一隻送回董伯起，隨為官兵阻於黃岐。（福建）海道副使
韓仲雍馳至小埕，召倭目明石道友、通事高子美等譯審
之。……道臣[即韓仲雍]因諭以「（汝）所經浙（江轄）
境，乃天朝之首藩也。迤南而為臺山、為礵山、為東湧、
為烏坵、為彭湖[即今日澎湖]，皆我閩門庭之內，豈容
汝涉一跡！……但汝為飄風所引，暫時依泊，不許無故
登岸；或為曠日所誤，望山取汲，不許作意淹留。我兵
各有信地，防禦驅逐，自難弛縱，汝所過之處明聲稟而
速颺去，可矣」。……旋（道臣）又諭以「上年疏[誤字，
應「琉」]球之報，謂汝欲窺占[疑誤，應「佔」]東番北

港[即今日臺灣]，傳豈盡妄？……其實每歲引販呂宋[即今日菲律賓]者一十六船，此等唐貨豈盡呂宋小夷自買而自用之乎！又各遠嶼窮棍挾微貲、涉大洋，走死鶩利於汝地者，弘綱闊目，尚未盡絕。汝若戀住東番，則我寸板不許下海、寸絲難以過番，兵交之利鈍未分，市販之得喪可睹矣」。明石道友等各指天拱手，連稱「不敢」！

以上的這段文字，[1]是四百年前即明神宗萬曆四十五年（1617）福建巡海道副使韓仲雍和倭人明石道友的一段對話。[2]此時，因

---

[1] 臺灣銀行經濟研究室編，《明實錄閩海關係史料》（南投市：臺灣省文獻委員會，1997年），萬曆四十五年八月癸巳朔條，頁118-120。文中的東番北港，泛指今日的臺灣。其中，「東番」即明時臺灣的稱呼，至於，「北港」主要有兩個說法，一係泛指今日臺灣，例如明人張燮《東西洋考》所稱：「雞籠山、淡水洋，在彭湖嶼之東北，故名北港，又名東番云」。見該書（北京市：中華書局，2000年），卷5，〈東番考・雞籠淡水〉，頁104-105。二是專指今日臺南安平一帶，即荷蘭人所稱的「大員」（或作大灣、臺員、臺灣，Tayouan），並非今日雲林的北港，例如顧祖禹《讀史方輿紀要》便嘗指道：「天啟二年六月，有高文律者乘戎兵單弱，以十餘船突據彭（湖）島，遂因山為城、環海為池，破浪長驅，肆毒於漳、泉沿海一帶，要求互市欲如粵東香山澳夷[指葡萄牙人]例。（福建）總兵俞咨皋者用間移紅夷[指荷人]於北港，乃得復彭湖；……北港，蓋在彭湖之東南，亦謂之臺灣」。見該書（臺北市：新興書局，1956年），卷99，〈福建五・彭湖嶼〉，頁4096-4097。另外，附帶一提的是，上文中出現"[按：萬曆四十五年]"者，係筆者所加的按語，本文以下內容中若再出現按語，則省略如上文的"[即韓仲雍]"。此外，筆者為使本文前後語意更為清晰，方便讀者閱讀的起見，有時會在文中引用句內「」加入文字，並用符號"（）"加以括圈，例如上文的「（福建）海道副使韓仲雍馳至小埕」，特此說明。

[2] 韓仲雍，南直隸高淳人，萬曆三十二年進士，此時，係以福建按察司副使出任巡海道一職。可參見陳壽祺，《福建通志》（臺北市：華文書局，1968年），卷

前一年（1616）村山秋安南犯臺灣，明政府派去偵探日方行蹤
卻在東湧（今日馬祖東引島）遭擄的董伯起，被明石等人從日
本送回中國，[3]韓仲雍得悉此，親赴福州海防重地小埕處理此
事。由上述的對話中，可以清楚地看出，韓身為福建海防相關
業務的主要負責人－－巡海道，[4]提出他對澎湖和臺灣二地，在
海防上所扮演之角色及其不同程度重要性的看法。首先是，澎
湖的部分，認為該地係「我閩門庭之內，豈容汝涉一跡」，意即
澎湖在福建門庭之內，係明帝國水師防區之信地，日本不可越
雷池一步！至於，臺灣雖不在福建門庭之內，該地卻直接關係
到福建沿岸的安危，「汝若戀住東番，則我寸板不許下海、寸絲
難以過番，兵交之利鈍未分，市販之得喪可睹矣」，則指倭人若
想染指或侵據此處的話，明政府一定會有所反應，讓其付出一
些的代價！因為，韓仲雍所任職務之重要性，筆者個人認為，
其上述見解應可代表明政府對於此一問題的態度和立場，同

96，〈明職官〉，頁 23。此外，附帶需提的是，筆者為行文之順暢，沿用明時稱
　　日本人為「倭」之說法，並無其他特別之涵意，專此說明。

3　萬曆四十四年四月，日本長崎代官村山等安派遣其子村山秋安、部屬明石道友
　　率領士卒分乘十餘艘船艦，南下欲遠征臺灣。然而，村山的船隊出發後，卻在
　　琉球遇到颶風而被吹散，其中，有兩艘明石道友的船隻，於五月航行到福州外
　　海的東湧，進退兩難之際，值遇前來偵探倭情的董伯起，明石遂挾走董，返回
　　日本。

4　巡海道，隸屬於福建提刑按察使司，主要負責福建海防相關之業務，並兼管貿
　　易、對外關係等工作，此職多由按察司的副使或僉事擔任之，故一般又稱為「海
　　道」、「巡海道」或「海道副使」。有關明代福建任職巡海道者之相關資料，可參
　　見陳壽祺，《福建通志》，卷 96，〈明職官〉，頁 18-31。

時，亦可看出澎湖和臺灣二地在明代晚期福建海防中所扮演的
角色及其不同程度之重要性。

　　今日，吾人常將臺灣和旁側的澎湖視為一體合稱為「臺
澎」，如同對岸泉州相鄰的金門、廈門二島稱做「金廈」般，但
是，臺、澎二地在鄭成功入臺之前，各自有其歷史發展的脈絡，
兩者難以混為一談！不僅如此，連在明代福建海防中所扮演的
角色亦不相同。其中，澎湖是水師防禦之信地，[5]必須要牢牢地
守住它！而臺灣則非屬明軍防禦的信地範圍之內，但因該地距
離福建不遠，關係內地百姓安危甚深，卻是明政府不敢大意的

---

[5]　明初時，福建沿海設立五座水師兵船基地——水寨，而且，並依水域劃分界限
　　以及各自防守之範圍，亦即各水寨官軍分防之地，謂之「信地」。此外，春、冬
　　二季時因恐倭寇乘北風入犯，水寨兵船會前往各自信地之要處屯駐以備敵犯，
　　例如泉州的浯嶼水寨屯駐金門的料羅，即屬之；而此一春、冬汛期固守的備禦
　　要地，又稱為「汛地」，由上可知，水寨有信地，亦有汛地。明代中葉即穆宗隆
　　慶以後，明政府開始在沿海佈署海上機動的打擊部隊——遊兵，起初，遊兵並
　　無汛地亦無信地，僅扮演「機動聽調，伏援策應」之角色。之後，遊兵開始有
　　自身的汛地即春、冬二汛駐防的要地，加上，明政府又以經費不足等因素而採
　　取「析寨為遊」之政策，「如烽火（門水寨）析為臺山（遊兵）、礵山（遊兵）、
　　崳山（遊兵）矣，……小埕（水寨）析為海壇（遊兵）、五虎（遊兵）」（見董應
　　舉，《崇相集選錄》（南投市：臺灣省文獻委員會，1994年），〈福海寨遊說〉，頁
　　63。），在沿海增設不少遊兵，同時，水寨似亦將其部分信地分給遊兵，至此，
　　遊兵亦有自己的信地。於是，水寨和遊兵皆有信地和汛地，此一現象，亦導致
　　明代晚期以後「信地」和「汛地」兩者混用不清情況之發生，例如前言正引文
　　中有語「我兵各有信地，防禦驅逐，自難弛縱」，然而明人張燮在《東西洋考》
　　卷十二〈逸事考〉中，卻作「我兵各有汛地，防圍驅逐，自難弛縱」（見該書，
　　卷12，頁251。）。以上的內容，係筆者目前對「信地」和「汛地」二者有關之
　　見解，提供給讀者做為參考，並請學術界先進有以賜教之。

地方！亦因上述的澎、臺二地，一為福建水師防守之重地，一者攸關福建沿岸之安危，它們的重要性，絕非是一般地島礁所能相比的！為此，筆者想從明代福建海防的角度，來探討澎、臺二地在兵防上所扮演的角色及其兩者間之差異性，而文章論述之內容，主要分成以下兩個部分－－即「澎湖和臺灣在明福建海防中的角色本質」和「明政府對澎湖和臺灣佈防上的態度差異」。其中，有關「澎湖和臺灣在明福建海防中的角色本質」的部分，以「『閩有海防，以禦倭也。』」、「明初泉州海防佈署情況」和「海防前線的澎湖和臺灣」三個小子題，來對明代澎、臺兵防角色差異性之背景，包括福建海防的源由、泉州海防佈署狀況、福建海防的本質……等問題做一說明。至於，「明政府對澎湖和臺灣佈防上的態度差異」的篇章，主要是分成「澎湖在明帝國掌控中，臺灣則非如此」、「澎湖是明軍防禦信地，臺灣則非屬之」、「臺灣雖非明水師信地，卻是門外要地」、「臺灣攸關福建安危，明需進一步監控」和「明時，澎湖海防的重要性遠大於臺灣」等五個小節，來做進一步的論述。

　　最後，要附帶說明的是，本文主標題「防海固圍」四字之意涵由來，「防海」係明人對海防事務之用詞，「固圍」則指鞏固邊防如澎湖者。因為，熹宗天啟四年（1624）時，先前侵據澎湖兩年的荷蘭人，在遭受明軍圍困之後，被迫撤去臺灣，而此期間隨著明人用兵留下一些相關之奏稿篇章，在其文中曾出

現過諸如「防海而掃鯨鯢之窟」、[6]「以海洋之稅供防海之用」、[7]「防海之難難於防陸」、[8]「固圉而兼轉餉之績」、[9]「以為經久固圉之圖」……等語句，[10]而這些的內容便是本文標題靈感之由來所在。

二、澎湖和臺灣在明福建海防中的角色本質

（一）「閩有海防，以禦倭也。」

　　吾人要探討澎湖和臺灣在明代福建海防中的角色之前，有必要先對澎、臺對岸的泉州兵防佈署情況進行說明。中國史上開始出現明顯具體且有系統的海防措置，始自於明代，而海防佈署變得較為嚴密，則從世宗嘉靖（1522-1566）年間開始的。清仁宗嘉慶（1796-1820）刊本《同安縣志》海防篇中，便曾指出：「古未聞有海防也，有之，自明代始；而防之嚴也，則自

6　臺灣銀行經濟研究室，《明季荷蘭人侵據彭湖殘檔》（南投市：臺灣省文獻委員會，1997 年），〈彭湖平夷功次殘稿（二）〉，頁 17。

7　臺灣銀行經濟研究室，《明季荷蘭人侵據彭湖殘檔》，〈兵部題行「條陳彭湖善後事宜」殘稿（二）〉，頁 22。

8　同前註，頁 28。

9　臺灣銀行經濟研究室，《明季荷蘭人侵據彭湖殘檔》，〈彭湖平夷功次殘稿（二）〉，頁 17。

10　臺灣銀行經濟研究室，《明季荷蘭人侵據彭湖殘檔》，〈兵部題行「條陳彭湖善後事宜」殘稿（二）〉，頁 20。

嘉靖始」，[11]上述的內容，係指明初太祖洪武帝為了對付倭寇、海盜的騷擾，沿海地區特設軍衛、守禦千戶所、巡檢司和水寨，星羅棋佈，以禦敵犯；至中葉嘉靖時，因倭寇之亂荼毒沿海十餘年，導致沿海兵防佈署較前愈加地嚴密，兵制亦愈加地細密化。[12]由上知，不管是明初太祖洪武（1368-1398）時或中葉嘉靖年間，倭人入犯是明帝國邊海的首要問題，而本文探索主題所在地的福建，因位處東南沿海，北鄰江浙，南接廣東，加上，該地又西北負山，東南濱海，海岸線綿長，船帆入境便捷，故亦成為明代倭犯的「重災區」，亦因如此，福建的海防亦針對倭犯問題來進行佈署，明人曹學佺曾語曰：「閩有海防，以禦倭也」，[13]即是指此。不僅如此，明代亦因倭犯的問題，防倭工作有時被視為是治理福建的第一要務，尤其是，遇上中、日關係緊張之時。例如萬曆二十年（1592）豐臣秀吉侵犯朝鮮，中、日雙方爆發朝鮮之役，明人恐日方採聲東擊西之計，襲取東南沿海，為此，福建沿海戒嚴，並大修武備以應之，期間，曹學佺便曾言道：

---

11 林學增等修，《同安縣志》（臺北市：成文出版社，1989年），卷42，〈舊志小引・嘉慶志小引〉，頁10。

12 以福建總兵為例，總兵在嘉靖以前為暫遣，之後才改為駐鎮。又如在嘉靖二十八年，福建總兵底下增置參將一員；三十五年時，參將改增為水、陸二路；至三十八年，再改水、陸二路為北、中、南三路。

13 曹學佺，《石倉全集・湘西紀行》（臺北市：漢學資料研究中心，景照明刊本），下卷，〈海防〉，頁24。曹學佺，字能始，福州侯官人，萬曆二十三年進士，官至四川按察使。

閩自中倭以來，撫閩者以防倭為第一義而肯綮之，未嘗
曷殊射覆哉！[14]

上述的「撫閩者以防倭為第一義」，確實有其道理。畢竟，明政
府防倭工作有做好，才能保障福建百姓身家之安全，然而，如
何才能有效地防禦倭人之襲犯，卻是對明政府的一大挑戰！

（二）明初泉州海防佈署情況

　　因為，明時倭人皆從海上進犯中國，故防倭的兵防佈署亦
從海上來著手。例如嘉靖倭亂時，總督胡宗憲便認為，[15]「防
海之制謂之海防，則必宜防之於海，猶江防者必防之於江，此
定論也」。[16]至於，防倭宜防之於海的原因，不外乎「我兵長於
水戰短於陸戰，而倭奴則長於陸短於水，故禦之莫要於海中」；
[17]「賊在海中，舟船、火器皆不能敵我也，又多飢乏，惟是上

---

[14]　曹學佺，《石倉集》（北京市：北京出版社，2005 年），〈聽泉閣・開府省吾金公
　　　政紀錄序〉，頁 3。文中的「肯綮」，指肋肉相結處，喻為緊要的地方。「曷」，指
　　　為什麼。「射覆」，即舊時文人的遊戲，用字句隱寓事物，使人猜出答案。上語
　　　的「未嘗曷殊射覆哉」，意指防倭的重要性，是毋庸置疑的，無須去猜測存疑的！

[15]　胡宗憲，字汝貞，安徽績溪人，嘉靖十七年進士。曾知益都、餘姚二縣，擢為
　　　御史，巡按宣大。之後，歷任浙江巡按、兵部右侍郎、兵部尚書……等要職，
　　　係嘉靖年間平定倭亂的重要領導者。嘉靖四十一年，胡因黨嚴嵩及奸欺貪淫等
　　　罪而遭逮問，四十四年卒於獄中。至萬曆初年時，明政府始追復其官，諡號襄
　　　懋。

[16]　胡宗憲，《籌海圖編》（臺北市：臺灣商務印書館，1983 年），卷 12，〈經略二・
　　　禦海洋〉，頁 1。

[17]　同前註，頁 7。

岸則不可禦矣」；[18]「禦倭當于海，毋于陸，海而擊之以逸待勞，以大舟衝（犁）小舟，我得便利；陸則跳盪雄行，彼之長技得逞，未易制也」……等，[19]雖說如此，但防倭海中並不是件容易的事，問題主要係出在「防海之難難於防陸，以海滋延袤，受敵多也。且大洋浩渺，往來飄忽，乘風駕汛，莫知其時」。[20]亦因如此，理論上雖稱防倭宜於海中，但是明人海防佈署工作之進行，一開始亦是從海岸處推動，而非在大海之中，亦即從陸岸上的衛、所、巡檢司，以及岸邊或近岸島嶼的水師兵船基地──「水寨」之擘建開始的，然後，才一步步地走向大海的。本文研究主題澎、臺二地隔海相望的泉州，便是一好例。

　　有關明代泉州的海防佈署情況，大致情形如下。明初時，泉州便設有軍衛、守禦千戶所、巡檢司和水寨，包括有兩個軍衛──泉州衛和永寧衛，[21]以及崇武、福全、金門、高浦和中左等五個守禦千戶所；[22]其中，永寧衛及崇武等五個千戶所之

18　卜大同，《備倭記》（濟南市：齊魯書社，1995年），卷下，〈禦倭議〉（濟南市：齊魯書社，1995年），頁18。

19　葉向高，《蒼霞草全集‧蒼霞續草》（揚州市：江蘇廣陵古籍刻印社，1994年），卷之15，〈秦將軍傳〉，頁31。

20　臺灣銀行經濟研究室，《明季荷蘭人侵據彭湖殘檔》，〈兵部題行「條陳彭湖善後事宜」殘稿（二）〉，頁28。

21　泉州衛，在太祖洪武元年時由信國公湯和設立，領有左、右、中、前、後五千戶所，衛城與泉州府城同處。至於，永寧衛則在洪武二十年（另作二十一年）由江夏侯周德興設立，底下亦轄有左、右、中、前、後千戶所。

22　崇武、福全、金門等三個千戶所在洪武二十年（另作二十一年）由江夏侯周德興設立，高浦千戶所則於洪武二十三年（另作二十一年）移永寧衛的中、右千

堡城與地名同處，且多位在沿海兵防要衝之地，例如永寧位在
晉江縣城東南五十里處，「東濱大海，北界祥芝、浯嶼寨，南連
深滬、福全，為泉州襟裾」；[23]崇武，則位在惠安縣之極東處，
扼控泉州之上游。至於，巡檢司的部分，明初時為彌補衛、所
防禦無法周遍之不足，於沿海要地設有為數不少的巡檢司，司
設巡檢，下置有弓兵，做為治安捕盜、哨探盤詰之用，以洪武
年間為例，泉州便有峯尾、黃崎、小岞、獺窟、祥芝、深滬、
烏潯、圍頭、官澳、田浦、峯上、陳坑、烈嶼、塔頭和高浦等
十五處巡檢司，[24]而巡檢司亦如衛、所，皆建有堡城。最後是，
水寨的部分。洪武二十（1387）、二十一（1388）年間，明政府
在九龍江河口外的浯嶼設立水寨即水師兵船之基地，而該寨水
師亦成為泉州海上主要的軍事武力。因為，浯嶼水寨的創建，
兵船方便遊弋海上，此一措置，不僅可使明帝國的防線得以向
東邊大海沿伸出去，而且，若遇敵寇由海上入犯時，不僅可在

戶所官軍創建。至於，中左千戶所則在洪武二十七年時，由都指揮謝柱徙建寧
衛的中、左千戶所創建。

23　何喬遠，《閩書》（福州市：福建人民出版社，1994年），卷之40，〈扞圉志‧都
　　司衛所〉，頁985。上文中的「浯嶼寨」，即指晉江石湖，係因浯嶼水寨初設於浯
　　嶼，後遷入廈門中左所，至萬曆三十年時再北遷到泉州灣南岸的石湖，故之。

24　明初，福建沿海地方共置巡檢司四十四處，時在洪武二十年，請參見卜大同，《備
　　倭記》，卷上，〈置制〉，頁2。然而，有關此，《明太祖實錄》卻稱，福建「增置
　　巡檢司有四十五（處），分隸諸衛，以為防禦」（見中央研究院歷史語言研究所
　　校，《明實錄》（臺北市：中央研究院歷史語言研究所，1962年），〈明太祖實錄〉，
　　卷181，洪武二十年四月戊子條，頁3。），上述二者說法何者正確，此有待日
　　後進一步考證。

海中先行阻截、遲緩其登岸之行動，同時，亦讓陸上衛、所、巡檢司應變的時間得以延長，增加克敵之勝算。換言之，明初設置水寨於近岸島嶼，使得明政府軍事佈署的防線，由原先的海岸線內（即衛、所和巡檢司），推進到近岸的海中，此舉對海防佈署上確實有其正面之意義及其功效，以上為明初泉州海防佈署工作之大略情況。至於，本文探討主題之一的澎湖，卻和閩海大多數島嶼的命運相同，在明政府推動海禁政策中，慘遭墟地徙民，島民全數被遷回內地，連島上巡檢司亦一併廢掉，時間是在洪武二十年（1387）。

（三）海防前線的澎湖和臺灣

因為，明政府利用水寨的兵船哨守於海上，衛、所和巡檢司的軍兵則固守於陸上，因此形成了海、陸兩道的防線，以應付外來敵寇的挑戰；同時，又因搭配墟地徙民的措舉，將沿海島民遷回內地，來切斷外敵的耳目、嚮導和補給，避免給其任何可乘之機。亦因上述有效之措置，為明代前期沿海百姓帶來昇平和樂的景象。但是，隨著海疆寧謐日久，人心怠玩、軍備廢弛等弊端漸生，明政府內部問題叢生，對邊海的控制力亦逐次地減弱下來，此不僅給不法者提供活動之機會，同時，亦讓海上走私活動猖獗起來！除了有本土的走私者外，倭人和葡萄牙人亦加入其中，之後，本土不法者勾結倭人，由海商變成海盜，劫掠沿海百姓財貨，演成了嘉靖中晚期的倭寇之亂。其中，值得注意的是，在這場明代閩海前所未見的大動亂中，不僅讓

明政府認識到，失聯許久且為人所淡忘的澎湖，竟是倭、盜乘風入犯的跳板和劫掠活動的巢窟；同時，又因浯嶼水寨遷入廈門後，[25]官軍不易偵知外海動態的缺失下，明政府遂在亂平之後，派遣水師於春、冬汛期往赴澎湖巡弋，以因應此處不法的活動。此一舉措，讓明軍事佈署的防線，由原先近岸的海域，往大海之中方向移動，澎湖成為泉州海防最前線的雛型，已逐漸地生成……。之後，又過了三十餘年，因日本大舉進犯朝鮮，明政府派軍赴援，中日間爆發戰爭，至萬曆二十五年（1597）時，亦因形勢益加地嚴峻，「惟彭湖去泉州程僅一日，綿亘延袤，恐為倭據；議以南路遊擊（春、冬）汛期往守」，[26]亦即福建當局被迫排除萬難在澎湖設立了遊兵，由南路參將轄下的遊擊部隊前往戍守，以因應倭人可能之襲犯！此舉亦使海中的澎湖，成為監控泉、漳海域的最前線，明代閩海的防線跨越過了今日的臺灣海峽；不僅如此，澎湖亦正式地成為福建水師防禦的信地，此後官兵於每年春、冬五個月汛期時往赴駐防，[27]即「春

---

25 浯嶼水寨，早在孝宗弘治二年以前，便由九龍江口海中的浯嶼，遷入岸邊內港的廈門。明政府不思祖宗設寨於此，有「守外扼險，禦敵海上」之深意，輕易地將該寨遷入廈門，此一主動放棄浯嶼的舉動，不僅是日後倭盜巢據浯嶼的肇始原因，同時，亦是嘉靖年間倭盜巢據後再四出劫掠的問題根源。有關此，請參見何孟興，〈明嘉靖年間閩海賊巢浯嶼島〉，《興大人文學報》，第 32 期（2002年 6 月），頁 792-802。

26 臺灣銀行經濟研究室編，《明實錄閩海關係史料》，萬曆二十五年七月乙巳條，頁 89。

27 大體言之，澎湖遊兵春汛共三個月，約每年陽曆三月二十五日起至六月二十五日，冬汛則有兩個月，約自陽曆十月十日至十二月十日為止。此為一般情況而

汛以清明前十日為期，駐三箇月。冬汛以霜降前十日為期，駐二箇月」，[28]以備可能乘北風入犯之敵倭。

之後，經過不到十多年時間，福建沿海情勢又發生了重大變化，萬曆三十七年（1609）春天，日本九州薩摩藩進犯琉球，控制中山國，而且，又在同一年（1609），幕府德川家康命令有馬晴信派人前來臺灣招諭原住民，並選擇中、日商人合適互市的地點，調查當地的地理及土產。[29]不僅如此，七年之後即萬曆四十四年（1616）時，又發生前言所述的村山秋安南犯臺灣事件，……。這一連串的事件，不僅引起明政府的留意關心，同時，亦讓明人深刻地體會到，地近福建的臺灣，對內地百姓安危的重要性！故在不久後，明政府便對此問題有相因應之作為，諸如涪澎遊兵的設立以及屯田臺灣之議，甚至於設縣臺灣之構想，……等，而這些都是在加強對臺灣之監控，用以保護

言，但每年春、冬二汛發汛和收汛的日期及其執行的天數上會所出入，例如萬曆三十年前後，福建分巡興泉道兼巡海道的王在晉，便曾言道：「（水師）收汛日期，初議六月上旬為止，昨按院[指福建巡按監察禦史]遺劄，欲多守一月，仍行總鎮[指福建總兵]酌議，另為請詳。……」（見王在晉，《蘭江集》（北京市：北京出版社，2005年），卷19，〈上撫臺省吾金公揭十三首（其七）〉，頁12-13。），即是一例。

28 何喬遠，《閩書》，卷之40，〈扞圉志‧鎮守、寨、游‧彭湖游〉，頁989。傳統中國的節氣中，清明是農曆三月的第一個節氣，而霜降是農曆九月中期的節氣，以二〇一五年為例，農曆九月十二日（陽曆十月二十四日）是霜降。另外，又因冬汛是在霜降前十日出發，係屬深秋，故冬汛又稱「秋汛」。

29 請參見岩生成一，〈十七世紀日本人之臺灣侵略行動〉，臺灣銀行季刊第10卷第1期（1958年9月），頁169。

內地百姓身家的安全！至於，上述措置和構思的內容，底下的章節會做進一步的說明。

　　吾人若回顧上述內容可知，福建海防佈署之用意，主要係針對倭犯而來的。至於，泉州海防佈署之目的，亦在保衛福建內地不被外敵所侵犯。所以，不管是明初設立泉州和永寧二衛、崇武等五個守禦千戶所、峯尾等十五處的巡檢司，或是創建於海上的浯嶼水寨，甚或明中葉萬曆時佈署遊兵春、冬二季汛守澎湖，還是之後加強對臺灣的監控，諸如屯田臺灣甚或設縣臺灣之構思……，甚至於，說的再更大一點，包括明政府的海禁政策之推動、[30]墟地徙民措施之實施、「省城第一，重北輕南」之兵防佈署思維、[31]天啟年間澎湖築城並改長戍之措舉……

---

[30]　明初海禁政策形成的背後原因，是十分複雜的。其中，根絕邊海居民潛通倭、盜，只是實施海禁浮面的原因。若深入去探究海禁的背後的動機因素，則當不止如此而已。明代實施海禁有其思想根源的，除了傳統的重本抑末思想之外，如何嚴防外力（如先前的蒙古人）再度侵入中國，便成為洪武帝立法定制的重點，為此，百姓出入國境或海上往來必須透過法令來加以嚴格限制，此舉亦是其鞏固政權和國家安全的重要措施。請參見吳緝華，〈明代海禁與對外封鎖政策的連環性－海禁政策成因新探〉，收入吳智和主編，《明史研究論叢（第二輯）》（臺北市：大立出版社，1985 年），頁 131-135；晁中辰，〈朱元璋為什麼要實行海禁？〉，《歷史月刊》，第 104 期（1996 年 5 月），頁 81 及 85。

[31]　福州城是省會所在地，不僅是福建政治、經濟、文教和軍事的中樞，同時，亦是明帝國在福建兵防佈署的最要處，其原因在於先前外敵入侵福建的習性——即採取「經由海道入閩」，「攻取福州城」和「佔領福建全省」等三個步驟。洪武二十年時，江夏侯周德興奉命前往福建佈署海防時，除考慮福州城及其周邊的地理形勢外，即參酌前敵之習性，對福州城進行兵防的強力佈署，其著力的重點有四：一、增設鎮東、福寧和福州右三衛，以及梅花、萬安、大金和定海

等，[32]上述這些所有措置的目的都只有一個，就是保障福建百姓安全，此為福建海防的本質之所在！亦即明政府不管是採取固守澎湖之措置或是監控臺灣之動態－－此亦為本文底下所要探討的內容，都是為了達成福建不被外敵所侵犯的目標，此同時亦是澎、臺二地在福建海防中所扮演之主要角色。

三、明政府對澎湖和臺灣佈防上的態度差異

在前一章內容中提及，澎湖和臺灣在明代福建海防中所扮

四守禦千戶所，並構築堡城，而其兵源則來自於強徵沿海民戶，「三丁取一，納編軍籍」。二、福州城東北方的福寧州，增設水澳等六個巡檢司，並構建了五座堡城，以增強該處禦敵的能力。三、調整並擴大福州衛的編制，用以強固福州城防衛能力，並將北鄉、西白巡檢司改為梅花、大金守禦千戶所，使其充分發揮扼敵阻寇的功能。四、在近海島上設立南日水寨，在此佈署寨軍和兵船，負責福州海域偵敵作戰的任務，並和陸岸上的平海衛以及莆禧、萬安守禦千戶所相配合，水寨兵船控海，衛、所官軍制陸，聯手對付對抗進犯福州的敵人。有關此，請參見何孟興，〈明初周德興佈防福州城之研究〉，《止善學報》第 14 期（2013 年 6 月），頁 109-110。其次是，福建兵防「重北輕南」之佈署思維，則源自於日本位處福建東北方，其多乘北風順著浙江洋面，南下進犯福建！為此，福建北面與浙江為鄰的福寧格外地重要，明政府除在此設有福寧衛外，前後並佈署有烽火門水寨，以及礵山、崳山和臺山三支遊兵，以扼由浙南犯之賊衝；此外，又在福寧南面即福州省城的東北方岸邊，設有小埕水寨和定海守禦千戶所，一海一陸扼控北面南犯省城的敵寇，不僅如此，春、冬汛期時並調福建總兵駐守定海所，坐鎮北面前線，以方便調度指揮抵禦外敵，……以上這些的措舉，都是明政府兵防佈署「重北輕南」觀念下之產物，特此說明。

32　有關此，請參見下一章「明政府對澎湖和臺灣佈防上的態度差異」中的「5.明時，澎湖海防的重要性遠大於臺灣」之說明內容。

演的主要角色，就是在保護對岸的內地百姓不被外敵所侵犯！
然而，就明政府而言，澎、臺這兩座為大海所隔絕的島嶼，不
僅對福建海防重要之程度有所差異，連對其佈防的態度上亦不
大相同。接下來，主要便是要針對上述的現象，進行深入的探
討和說明。

（一）澎湖在明帝國掌控中，臺灣則非如此。

　　首先是，有關澎、臺二地對福建海防重要性有所不同的原
因，主要係源自於澎湖是在明帝國直接控制範圍之內，而臺灣
在明人的眼中，卻是海島野夷居住的處所。澎湖，早自元代起
即設有巡檢司管理，明開國後亦繼承元制，「彭湖巡檢司：在（泉
州）府城東南三十五都海島中。元時建，國朝洪武二十年徙其
民於（府城）近郭，巡檢司遂廢。」[33] 亦即明政府在邊海推動
墟地徙民措施之後，澎湖和其他絕大多數的閩海島嶼（如崙山、
竿塘山、海壇山、南日和湄洲島……等）情況相同，島民被強
遷回內地，巡檢司亦遭到撤廢。但是，此舉卻無礙於明繼續擁
有該地的統治權，因為，實施墟地徙民背後的動機，是為了更
有效地掌握這些海上島嶼的動態，用以斷絕島民私通倭、盜的
機會，增強海防禦敵之功效。[34]

---

[33] 黃仲昭，《（弘治）八閩通志》（北京市：書目文獻出版社，1988 年），卷之 80，
〈古蹟‧泉州府‧晉江縣〉，頁 12。

[34] 整體而言，墟地徙民政策的實施，確實有助於福建海防措施的推動，對於斷絕
瀕海島民私通倭寇的機會，削弱倭寇侵擾邊海上，具有正面的功效。其次，平

　　至於，臺灣的情況則大不相同，明初洪武帝《皇明祖訓》的〈祖訓首章〉中，便將它視為為是「限山隔海，僻在一隅，得其地不足以供給，得其民不足以令」的「四方諸夷」，[35]並上文下方指稱，名為「小琉球」的臺灣在明帝國的「正南偏東」，[36]同時，在底下寫道：

> 小琉球國【不通往來，不曾朝貢。】。[37]

由上文可知，臺灣在明初時，和對岸的明帝國並沒有什麼往來，而且，在接下來的漫長時間裡，似乎亦無多大的改變！例如嘉靖時，曾喚作「小東」島的臺灣，明人鄭舜功在《日本一鑑・桴海圖經》卷之一〈萬里長歌〉中便曾語道：

心而論，明政府若不推動墟地徙民來斷絕島民私通倭、盜的話，以當時的情況來看，似乎並不容易找出更好的辦法來解決此一問題。因為，在此航海、偵測等技術不發達的時代，明政府面對漫長的海岸線，確實無法完全或有效地來封堵倭盜突擊式、不定點的騷擾劫掠，而且，沿岸的島嶼若繼續給民眾墾殖居留，一旦倭、盜進佔，剛好可資糧於賊眾，該地不僅可充當其進犯內地的跳板，島民更會被挾持成為提供其內犯情資的供應者。有關此，請參見何孟興，〈洗島靖海：論明初福建的「墟地徙民」措施〉，《興大歷史學報》第 22 期（2010 年 2 月），頁 17-18。

35　朱元璋，《皇明祖訓》（永康市：莊嚴文化事業有限公司，1996 年），〈祖訓首章〉，頁 5。

36　同前註，頁 6。

37　同前註。另外，上述引文中括號"【】"內文字係原書之按語，下文若再出現，意同，特此說明。

一自回[疑誤字，應「圉」]頭定小東，前望七島白雲峰。
38

其下有按語云：「夫小東之域，有雞籠之山，山乃石峰，特高於
眾，中有淡水出焉，而我取道雞籠等山之上，徑取七島。七島
之間，為日本、琉球之界。……」，另在該書附圖〈滄海津鏡〉
中所繪的「雞籠山」旁側，又有註記寫著：「小東島，即小琉球，
彼云大惠國」（請參見附圖一。）。

　　因為，明帝國長期實施海禁政策，百姓不得隨意出海，在
如此情況下，導致一般人對臺灣的認識十分地有限，而將它視
為是海島野夷居住之地，[39]例如萬曆三十三（1605）年時，屠
隆在〈平東番記〉中便曾言道：

38　鄭舜功，《日本一鑑‧桴海圖經》（出版者不詳，1937 年；國立臺灣大學圖書館
　　楊雲萍文庫珍藏），卷之 1，〈萬里長歌〉，頁 407。鄭舜功，布衣出身，疑為熟
　　悉日本國情的商人，嘉靖三十五年時奉南直浙福總督楊宜之命，赴日哨探夷情
　　動態，半年之後返國；此時，新任的總督胡宗憲，不僅對鄭為國赴日工作不予
　　採信，而且，還陷害他入獄被關。以上是鄭的個人部分事蹟，請參見鄭樑生，〈鄭
　　舜功《日本一鑒》之倭寇史料〉，收入陳支平主編，《第九屆明史國際學術研討
　　會暨傅衣凌教授誕辰九十周年紀念論文集》（廈門市：廈門大學出版社，2003
　　年），頁 285-286。

39　例如明人葉向高在〈改建浯嶼水寨碑〉便曾言道：「東番者，海上夷也。去內地
　　稍近而絕不通，亦不為寇暴。……」見沈有容輯，《閩海贈言》（南投市：臺灣
　　省文獻委員會，1994 年），卷之 1，頁 5。其他，又如明人黃鳳翔的〈靖海碑〉
　　亦稱：「東番距彭湖可劃夜程，其夷性如鳥獸，……」見同前書，卷之 1，頁 5。

> 東番者，彭湖外洋海島中夷也。橫亙千里，種類甚繁；
> 仰食漁獵，所需鹿麂，亦頗嗜擊鮮。惟性畏航海，故不
> 與諸夷來往，自雄島中。華人商、漁者，時往與之貿易。
> 40

　　甚至於，連十餘年後的福建巡海道韓仲雍，都還存在著「（大琉球國）稍南，則雞籠、淡水，俗呼小琉球焉；去我臺（山）、礵（山）、東湧等地，不過數更水程。東番諸山，益與我彭湖相望。此其人皆盛聚落而無君長，習鏢弩而少舟楫」的看法，[41] 尤其是，他用蠻荒部落的相關字眼來形容臺灣，並強調它與我方的澎湖隔海相望，令人印象特別地深刻。

　　由前述內容可知，明帝國和澎、臺二地的互動關係，或是對待它們的處理方式是截然不同的，但值得注意的是，最遲至嘉靖年間，明人已認識到這兩座位處福建海外的島嶼，皆攸關著帝國邊境的安全。例如嘉靖四十年（1561）時刻印的《籌海圖編》便指道，「小琉球」即今臺灣位處在倭人乘風南犯的路徑上，戰略地位重要（附圖二：日本島夷入寇之圖，引自《籌海圖編》。），其文詳細如下：

> 日本即古倭奴國也，去中土甚遠，隔大海，依山島為國
> 邑。……若其入寇，則隨風所之。東北風猛，則由（日

40　屠隆，〈平東番記〉，收入沈有容輯，《閩海贈言》，卷之2，頁21。

41　黃承玄，〈題琉球咨報倭情疏〉，收入臺灣銀行經濟研究室，《明經世文編選錄》
　　（臺北市：臺灣銀行，1971年），頁227。

本）薩摩（州）或由五島至大、小琉球[大琉球即今日琉
球]而視風之變遷，北多則犯廣東，東多則犯福建【（若
欲入犯時，倭船便在）彭湖島分綜，或之泉州（府）等
處，或之（福州府之）梅花（守禦千戶）所、長樂縣等
處。】。[42]

而且，上文中又透露另一重要的訊息，亦即對沿岸百姓安危而
言，澎湖的重要性似又較臺灣有過之而無不及，便是倭人假若
從海上進犯泉州或福州等地，會先以澎湖作為船隊進擊的集結
處（附圖三：《籌海圖編》倭人乘風由澎湖進犯福建路線示意圖，
筆者製。）！由此可知，澎湖在明人閩海防倭作戰上是扮演何
等重要之角色，同時，此亦是萬曆二十五年（1597）明政府會
在此地佈署遊兵的主要原因之一，萬曆晚期時纂修的《泉州府
志》便嘗載道：「彭湖，絕島。舊為盜賊淵藪，今設有遊兵防守，
則賊至無所巢穴，又泉郡藩籬之固也」，[43]即是在說明此一現象。

（二）澎湖是明軍防禦信地，臺灣則非屬之。

其次是，要從明軍佈防範圍的角度，來談澎湖、臺灣二地
的差異性。前已提及，澎湖係在明帝國的直接控制範圍之內，

42　胡宗憲，《籌海圖編》，卷2，〈倭國事畧〉，頁31-34。文中的「綜」，係指船隻集
　　結成隊之意。
43　陽思謙，《萬曆重修泉州府志》（臺北市：臺灣學生書局，1987年），卷11，〈武
　　衛志上・信地〉，頁12。附帶一提，上述《萬》書係由泉州知府陽思謙於萬曆四
　　十年時所纂修的。

沿海水師對該地有防守保衛之義務，故必須被劃入水寨或遊兵
的防守範圍即「信地」之中，至於，臺灣則是野夷居住之處所，
不在水師防禦轄區之內。明時，福建水師係歸總兵所統轄，總
兵之下分為北、中、南三路，各設有參將、守備或遊擊一人來
指揮，而前述的澎湖遊兵便是歸南路參將所管轄。因為，福建
海岸線綿長，加上，倭、盜問題嚴重，沿海水師的數量並不少，
例如在萬曆三十年（1602）時便有所謂的「五寨七遊」，[44]亦即
包括有烽火門、小埕、南日、浯嶼和銅山等五座的水寨，以及
崳山、臺山、海壇、湄洲、浯銅、澎湖和南澳等七支的遊兵（附
圖四：萬曆三十年福建水寨遊兵分佈圖，筆者製。），它們由北
而南分佈於福建沿岸地帶或海中島嶼，而且，有各自的防禦轄
區。[45]不僅如此，上述各寨、遊的兵船，於每年春、冬汛期時
需前往信地之要處（即「汛地」）駐防，以備敵人的進犯，若以
泉州的水師即浯嶼、浯銅和澎湖三寨遊為例，前述的萬曆《泉
州府志》卷十一〈武衛志上・信地〉條中，便曾指道：

---

[44] 有關五寨七遊兵船出哨巡防之情況，可參見王在晉，《蘭江集》，卷之17，〈南烏船號色議〉，頁7-8。

[45] 以嘉靖四十二年時情形為例，福建五水寨各自的信地範圍，大致如下：「烽火（門水）寨北界浙江，南界西洋（山）；小埕（水）寨北界西洋（山），南界南茭；南日（水）寨北界南茭，南界平海（衛）；浯嶼（水）寨北界平海（衛），南界擔嶼[即今日大、二擔島]；銅山（水）寨北界擔嶼，南界柘林。五（水）寨在海中，如處弓弦之上。每寨兵船分二艗，屯劄外洋，會哨交界，聲勢聯絡，互相應援」。見周之夔，《棄草集》（揚州市：江蘇廣陵古籍刻印社，1997年），文集卷之3，〈海寇策（福建武錄）〉，頁53。）。

　　浯嶼（水）寨兵分四哨，出汛時一屯料羅、一屯圍頭、
一屯崇武、一屯永寧，每汛與銅山、南日兩（水）寨及
浯銅遊兵合哨，稽風傳籌。浯銅遊兵分二哨，出汛時一
屯舊浯嶼、一屯擔嶼，每汛與浯嶼（水）寨兵合哨。惟
彭湖遊兵，專過彭湖防守。[46]

　　由上文中除可瞭解，泉州水師汛期屯防要地並與相鄰寨、遊合
哨巡防外，吾人亦可由「惟彭湖遊兵，專過彭湖防守」中得悉，
澎湖遊兵是專責保衛澎湖此一信地的，春、冬二汛五個月必須
要渡海前往駐防。另外，其他非汛之時節，澎遊兵船則返回母
港基地——廈門中左所或是漳州的海澄泊駐。[47]至於，澎湖遊
兵汛期的佈防狀況，刊印於明萬曆中後期的〈明代福建海防

<hr />

46　陽思謙，《萬曆重修泉州府志》，卷11，〈武衛志上・信地〉，頁11。上文中的「舊
　　浯嶼」，即浯嶼。至於，浯嶼為何要稱做「舊」浯嶼？主要是，因明初設水寨於
　　浯嶼，「浯嶼」二字常是浯嶼水寨和浯嶼島嶼的簡稱。但是，浯嶼水寨後來遷去
　　廈門，後又再北遷至晉江的石湖，此時也有以「浯嶼」二字繼續稱已遷至去廈
　　門或石湖的浯嶼水寨。至於，原本的島嶼浯嶼，而為使清楚區別，改稱為舊浯
　　嶼，此是「舊浯嶼」名稱的由來。

47　澎湖遊兵的母港基地，主要有兩處，一是在廈門中左所。史稱，「澎湖遊擊：萬
　　曆二十五年增設，屬南路參將，駐廈門，而澎湖其遙領也」（見周凱，《廈門志》
　　（南投市：臺灣省文獻委員會，1993年），卷10，〈職官表・澎湖遊擊〉，頁365。）。
　　另一處是在漳州的海澄，史載如下：「彭湖嶼附：在巨浸中，屬（泉）晉江界，
　　其令兵往戍，則漳（州）與泉（州）共之者也。遊戍[即澎湖遊兵]汛畢，駐（海）
　　澄為多，先是只設一旅，春、秋防汛，萬曆癸卯紅夷突擊、以互市請，當事力
　　拒，乃去……」。見梁兆陽修，《海澄縣志》（出版地不詳：中國書店，1992年；
　　明崇禎六年刻本影印），卷1，〈輿地志・山・彭湖嶼附〉，頁22。文中的萬曆「癸
　　卯」，即萬曆三十一年，有誤，應為萬曆「甲辰」即三十二年，特此說明。

圖〉，曾提供了相關的訊息，該圖的澎湖處曾載道：

> 此係澎湖遊（兵）右哨信地，北風守薛內，南風移泊風
> 櫃仔；左哨（信地），北風守獅嶼頭[即西嶼頭]，南風移
> 泊大菓葉澳防守。[48]

澎遊是以今日馬公島做為兵防佈署的重心，哨防佈署的地點多
係戰略要地，而且，哨防地點又受風向的影響而改變！其中，
澎遊指揮官坐鎮媽宮澳，[49]吹北風時，右哨負責防守媽宮澳至
南面的薛內的水域，[50]左哨則負責防守媽宮澳至西嶼西南角的
西嶼頭水域；[51]若吹南風時，右哨便轉而防守媽宮澳至東南風

---

[48] 曹婉如，《中國古代地圖集：明代》（北京市：文物出版社，1995年），第74幅，〈福建海防圖局部‧澎湖部分〉。

[49] 例如清人杜臻的《澎湖臺灣紀略》，便曾載道：「（澎湖）居中大澳曰：『娘娘宮』[即媽宮澳]，可泊南北兵船五、六十艘，（澎湖）遊（兵把）總處之。其餘諸島，重疊相包，無大高山，望之不過如覆釜。……自娘娘宮而西至西嶼頭，曰左哨；（自娘娘宮而）稍南至薛上澳[即薛內]，曰右哨。二哨去（遊總）中營，各水程四十里；二哨自相去，水程三十里」。見該書（南投市：臺灣省文獻委員會，1993年），頁2-3。至於，媽宮澳位在今日馬公港碼頭一帶，附近目前遺有天后宮、施公祠、萬軍井、四眼井……等古蹟的存在。此外，媽祖廟又名媽祖宮、娘媽宮或娘娘宮，媽宮澳之地名係源自該澳內的媽祖廟而來，該廟似應為今日澎湖天后宮之前身。

[50] 薛內，即今日馬公島上的薛裡。至於，明時澎湖遊兵汛防右哨的薛內，其佈防的位置以現今薛裡前港一帶可能性較大，主要是該處面朝外海，並和虎井、桶盤二島遙遙相望，可防止敵人侵入媽宮澳。

[51] 西嶼頭，係吹北風時船隻進入澎湖灣泊之處，係防倭乘風南犯之要地。清人胡建偉的《澎湖紀略》中，便曾載道：「凡船隻到澎湖寄椗停泊者，當南風時，四、五、六、七、八月必於八罩、將軍澳停泊，北風時，九、十月至三月底，必於

櫃仔的水域，[52]左哨則改去防守媽宮澳至西嶼東部大菓葉澳的水域。[53]同時，亦因澎湖是水師信地、澎遊的防禦轄區，吾人可從明代史籍中看到「彭湖信地」之類的語句，例如在天啟明人逐荷復澎之役時，便有「是役也，曾無亡矢遺鏃之費，血刃膏野之慘，而彭湖信地仍歸版圖，海洋商漁，晏然復業」；[54]「今紅夷占據彭湖信地，而將、吏仰奉天威，提兵過海，迅掃長驅，地方不致被禍，功已寄矣。比照平倭功次，委與相符」；[55]「彭湖逼近漳、泉，實稱藩籬重地。……邇年以來，雖有彭湖、彭衝二遊把總領兵防汛，而承平日久，憚於涉險，（春、冬）三汛[誤字，應「二」]徒寄空名，官兵何曾到島，信地鞠為茂草，寇盜任其憑凌，以致奸人勾引紅夷，據為巢穴，臥榻鼾睡，已岌岌乎為香山澳之續矣。今幸大兵渡彭，掃蕩夷氛，信地已復」……等，[56]皆屬之。有關此，它如明人周之夔在稱頌閩撫

西嶼頭、內外塹灣泊。一有錯誤，船即不可保矣」（見該書（南投市：臺灣省文獻委員會，1993 年），卷之二，〈地理紀・海道〉，頁 17。）。至於，西嶼頭的位置，大約位在今日西嶼燈塔附近的西嶼盡頭處一帶。

[52]　風櫃仔，一作風櫃，位在馬公島西南之最尾端，西側濱臨臺灣海峽，東、北面和案山、金龍頭遙遙相望，係一重要的戰略據點。

[53]　大菓葉澳，位在今日西嶼的池東村東南隅，在尚未興建澎湖跨海大橋之前，該處係昔時西嶼前往馬公的主要港口。請參見施添福總編纂，《臺灣地名辭書：澎湖縣》（南投市：國史館臺灣文獻館，2003 年），頁 347 和 351。

[54]　臺灣銀行經濟研究室，《明季荷蘭人侵據彭湖殘檔》，〈彭湖平夷功次殘稿（二）〉，頁 16。

[55]　同前註，頁 18。

[56]　臺灣銀行經濟研究室，《明季荷蘭人侵據彭湖殘檔》，〈兵部題行「條陳彭湖善後事宜」殘稿（一）〉，頁 19。

南居益視師廈門中左所、畫策逐走澎湖荷人的四言古詩中，[57]亦曾言道：「扼彼中左，王師鋪敦。廈門鷺門，駇瞿鯨奔。伐之彭湖，墮其墉垣。拓復我疆，震虩東番。雞籠淡水，肅肅外藩。」[58]文中便以「拓復我疆」來形容澎湖是收復的疆土，至於，臺灣則是外藩之地，並非明帝國所直接管轄之處所。

（三）臺灣雖非明水師信地，卻是門外要地。

再次要談的是，臺灣雖非明帝國水師信地，卻為其門外要地的問題。臺灣，位處漳、泉外海，不僅是明人船舶前往東洋之門戶，[59]又因其地近福建，關係內地安危頗大，故稱其為「門外要地」一點亦不為過。[60]

至於，臺灣在地理位置上，究竟對福建有何威脅性？萬曆四十四年（1616）時，閩撫黃承玄在〈題琉球咨報倭情疏〉中，

---

[57] 南居益，字思受，號二泰（一作二太），陝西渭南人，萬曆二十九年進士，著有《青箱堂集》。南，原職為南京太僕寺卿，以右副都御史巡撫福建，天啟三至五年任。

[58] 周之夔，《棄草詩集》（北京市：北京出版社，2000年），詩集卷之1，〈南中丞平海頌四章〉，頁1。上文中的「鷺門」，即廈門，因廈門又名鷺門、鷺江或鷺島。「駇瞿」，即馬匹受驚嚇狀。「虩」，恐懼之意。「肅肅」，則是指恭敬的樣子。

[59] 明時，東、西二洋皆在臺灣的南方，而以今日的南海為界，日本、雞籠和淡水皆不在東、西洋範圍之內。其中，「東洋若呂宋、蘇祿諸國，西洋（則如）暹羅、占城諸國及安南、交趾，……」。見臺灣銀行經濟研究室，《清一統志臺灣府》（南投市：臺灣省文獻委員會，1993年），頁62。

[60] 明人張燮在《東西洋考》中便曾指出：「雞籠雖未稱國，自門外要地，故列之附庸焉」。見該書，卷5，〈東番考‧雞籠淡水〉，頁108。

[61]便明白地指道：

> 今雞籠實逼我東鄙，距（沿海）汛地僅數更水程。倭若
> 得此而益旁收東番諸山以固其巢穴，然後蹈瑕伺間，惟
> 所欲為：指臺（山）、礵（山）以犯福寧，則閩之上游危；
> 越東湧以趨五虎（門），則閩之門戶危；薄彭湖以瞷泉
> （州）、漳（州），則閩之右臂危。[62]

亦即倭人若控有臺灣，並據此為巢穴，他們可以渡海襲取內地，
北向臺、礵二島，進犯福寧州，危及福建上游之地；亦可往西
北方越過東湧，趨近閩江口的五虎門，如此，則福建門戶的福
州危矣；加上，又因地近澎湖，亦可直接西向窺視泉、漳二府，
危害福建之右臂（附圖五：黃承玄疏議倭人據臺犯閩路線示意
圖，筆者製。）！另外，明人董應舉在〈籌倭管見〉一文中，[63]
亦嘗言道：「雞籠去閩僅三日，倭得雞籠，則閩患不可測；不為
明州，必為平壤！故今日倭犯我，則變急而禍小；倭取雞籠，

---

61 黃承玄，浙江秀水人，萬曆十四年進士，原職為應天府尹，四十三年以右副都
　御史巡撫福建，四十五年時以母喪內艱去職。撰有《盟鷗堂集》等書。

62 黃承玄，〈題琉球咨報倭情疏〉，收入臺灣銀行經濟研究室，《明經世文編選錄》，
　頁228。

63 董應舉，字崇相，福建閩縣人，萬曆二十六年進士，歷官至工部兼戶部侍郎，
　著有《崇相集》。董，任官期間曾兩度返回鄉里，其中一次在萬曆四十餘年，此
　時，適值在村山船隊南犯臺灣，閩海警起，董遂參與其事，並有禦倭之相關議
　論，以及與黃承玄、韓仲雍、呂昌期、黃琮和沈有容等人論時事書，請參見董
　應舉，《崇相集選錄》（南投市：臺灣省文獻委員會，1994年），〈弁言〉，頁1。

則變遲而禍大：此灼然也。」[64]意指今日臺灣北部基隆一帶，明時亦是臺灣泛稱的「雞籠」，[65]因此處位近福建，假若為倭人所據，則後果不堪設想！其他，又如曾任首輔大學士的葉向高，[66]亦有類似的見解，在他寫給巡海道韓仲雍的信中，便曾指道：

> 惟其[指倭人]據雞籠、淡水求與我市，我應之，則不可；不應之，彼且借為兵端，而其地去我順風僅一日程耳，彼無所不犯，我無所不備，諸凡濱海去處皆不得寧居，而奸民且挾以為重益與之合，此則門庭之寇、腹心之疾，其為閩禍無已時也。[67]

認為，臺灣距對岸順風時僅需一日航程，攸關閩地百姓安危甚鉅，敵人若據此，係「門庭之寇」、「腹心之疾」，而且，還會造成一個嚴重的後果，即「彼無所不犯，我無所不備，諸凡濱海去處皆不得寧居」！

葉向高此一見解，係有其道理的。因為，早在此十餘年前

64　董應舉，《崇相集選錄》，〈籌倭管見（丙辰）〉，頁 11。上文的「丙辰」，係指萬曆四十四年。

65　因在前註中已提及，「雞籠山、淡水洋，在彭湖嶼之東北，故名北港，又名東番云」。見張燮《東西洋考》，卷 5，〈東番考·雞籠淡水〉，頁 104-105。

66　葉向高，字進卿，號臺山，福建福清人，明晚期曾歷官三朝，兩入中樞，獨相七年，首輔四載，係當時政壇的風雲人物，詳見方寶川，〈葉向高及其著述〉，收入葉向高《蒼霞草全集》，〈序文〉，頁 1。

67　葉向高，《蒼霞草全集·蒼霞續草》，卷之 22，〈答韓辟哉〉，頁 16。前語的「韓辟哉」，係指巡海道韓仲雍，至於，此時的葉，正值辭官返鄉，因關心海警而與韓仲雍有書信之往來。

便發生過類似的問題。萬曆三十年（1602）時，有七艘倭盜賊船橫行閩、粵、兩浙之間，之後，轉進臺灣盤據，並四出剽掠，沿海商販、漁民苦惱不已！為此，浯嶼水寨把總沈有容奉命率兵冒著寒風巨浪，[68]涉險渡海加以勦滅之。[69]當時，便有人質疑沈的舉措，稱「賊住東番，非我版圖者」，[70]為何要派兵征討？針對此，隨沈赴臺勦倭的陳第，[71]便加以辯駁道：「賊之所據，誠非版圖，其突而入犯，亦非我之版圖乎？如必局守信地，而以遠洋藉口也，則賊亦終無殄滅之其矣」，認為臺灣雖非明之版圖，明軍若僅局守防禦信地，而以其遠處海外做為藉口，則終究都無法消滅該地之敵寇。畢竟，臺灣距離福建不遠，據此的倭盜若突犯內地的話，將會造成莫大的威脅或傷害，此亦是明政府不敢大意而派軍涉險勦討的主要原因。[72]

---

[68] 沈有容，安徽宣城人，字士宏，號寧海，萬曆七年武舉人，曾任福建海壇遊兵、浯銅遊兵和浯嶼水寨把總，浙江都司僉書和溫處參將，以及福建水標遊擊參將等要職。後，官至山東登萊總兵。卒時，朝廷贈都督同知銜，並賜祭葬，以褒其功。

[69] 有關此事的詳細經過，請參見沈有容個人的回憶錄〈仗劍錄〉，以及他所集輯《閩海贈言》中相關的篇章內容。

[70] 陳第，〈舟師客問〉，收入沈有容輯，《閩海贈言》，卷之2，頁29。

[71] 陳第，字季立，號一齋，福建連江縣人，著有《一齋集》、《毛詩古音考》、《屈宋古音義》……等書，為發明中國古音之第一人。請參見金雲銘，《陳第年譜》（南投市：臺灣省文獻委員會，1994年），頁1。

[72] 附帶一提的是，為順利完成此次軍事行動，明政府曾刻意去保密，而且，此役係由閩撫朱運昌親自密令沈有容負責執行的，期間曾有部分官員得悉此事，認為難度甚高而反對之，不果。有關此，明人屠隆嘗言道：「時，浯嶼（水寨）偏將軍沈君有容……君嘗思奮不顧七尺以報知己。適，朱公[即朱運昌]有密札與

（四）臺灣攸關福建安危，明需進一步監控。

臺灣是福建門外之要地，攸關內地之安危，明政府有必要對其做進一步的監控。首先是，明人開始較為留意臺灣的動態，大約是在萬曆（1573-1620）中葉以後，該地「密邇福建」是主要的原因。[73]例如萬曆三十五年（1607）時，閩撫徐學聚便嘗語及：「日本聲言襲雞籠、淡水，門庭騷動……」。[74]又如兩年後，日本入侵琉球，並派人窺伺臺灣，加上，沿海走私猖獗，閩撫陳子貞亦云：「況今琉球告急，屬國為俘[即琉球國王被俘入日]，而沿海姦民，揚帆無忌，萬一倭奴竊據（琉球），窺及雞籠、淡水，此輩或從而勾引之，門庭之寇可不為大憂乎！」[75]

君，令剿東番倭。君送掀髯奮臂起曰：『報國酬知，此其時矣。』乃陰部署戰艦、兵仗、糗糧，雖內而妻孥、外而親信左右，絕不知其有事東番也。……先是，將軍[即沈有容]發兵，事聞各當道大吏，無不謂功難成，咎將軍輕舉，移檄阻之者如雲，皆無及矣。比大捷聞，中丞朱公舉杯酹地，喜曰：『吾固知沈將軍必辦此。南中大患一朝蕩掃，內不謀妻子、外不聞將士，內斷於心，密謀潛計，冒風波大險而從萬死中竟成大功，功不可謂奇哉！』遂以捷聞於朝」。見屠隆，〈平東番記〉，收入沈有容輯，《閩海贈言》，卷之2，頁21-22。

73　請參見諸家撰，《流求與雞籠山》（南投市：臺灣省文獻委員會，1996年），〈明史稿・外國列傳・琉球〉，頁67。

74　臺灣銀行經濟研究室編，《明實錄閩海關係史料》，萬曆三十五年十一月戊午條，頁101。徐學聚，浙江蘭谿人，萬曆十一年進士，原職為福建左布政使，以右僉都御史巡撫福建，萬曆三十二至三十五年任。

75　顧亭林，《天下郡國利病書》（臺北市：臺灣商務印書館，1976年），原編第二十六冊，〈福建・洋稅考〉，頁104。上文原書僅語「撫臣奏言」，未指明究係何人，然因該奏疏曾提及的申飭沿海清查由引、嚴禁麼冬、不許私造違式大船和引餉事權歸（巡）海道管轄便四事，與萬曆三十八年十月閩撫陳子貞〈海防條議七事〉內容完全相同（見臺灣銀行經濟研究室編，《明實錄閩海關係史料》，萬曆

上述的徐、陳二人以「門庭騷動」、「門庭之寇」，來形容臺灣對
福建安危的威脅性。亦即，相對於沿海的臺山、礵山、東湧、
澎湖……諸島，係屬門庭之內、明軍防禦之信地；至於，臺灣
此一化外海島，卻是進出福建的門外要地，它且已清楚地浮現
在明人的海防視界範圍之上！

因為，臺灣的位置對福建有著潛藏的威脅性，明政府遂開
始對它採取一些必要的防備措施，例如將其旁側先前已裁軍的
澎湖遊兵再行增兵，[76]該遊在萬曆四十年（1612）時已增至官
兵八五〇名人和戰船二十艘。[77]之後，至萬曆四十四年（1616）
村山船隊南犯，臺灣情勢愈加地緊張，當時的福建巡撫黃承玄
和巡按李凌雲，[78]便一致地認為：

---

[76] 三十八年十月丙戌條，頁103-104。），故推論上疏係由陳子貞所奏，原因在此。
萬曆二十五年設立澎湖遊兵時，共有兵八〇〇人、船二十艘。次年，又恐兵力
不足以應倭犯，遂再增加一倍兵力，共有兵一，六〇〇餘名，船四十艘；但是，
同一年卻因豐臣秀吉病故、日軍撤離朝鮮，閩海局勢隨之穩定下來後，明政府
亦開始進行裁軍，將澎遊減去半數的兵力，僅剩兵八〇〇人、船二十艘而已。
之後，明又繼續地裁軍，至萬曆二十九年時，澎遊僅剩兵五〇〇人、船十三艘
而已。有關此，請參見何孟興，〈被動的應對：萬曆年間明政府處理澎湖兵防問
題之探討（1597-1616年）〉，《硓𥑮石：澎湖縣政府文化局季刊》第61期（2010
年12月），頁82-84。

[77] 請參見陽思謙，《萬曆重修泉州府志》，卷11，〈武衛志上‧水寨軍兵和兵船〉，
頁10；袁業泗等，《漳州府志》（臺北市：漢學研究中心，1990年；明崇禎元年
刊本），卷15，〈兵防志‧彭湖遊兵〉，頁19。

[78] 李凌雲，南直隸華亭人，萬曆三十二進士，見陳壽祺，《福建通志》，卷96，〈明
職官〉，頁5。

狡夷[指倭人]匪茹，志吞東番，……。大抵以雞籠、淡
水為名，而以觀望窺探為實。我無備，則伺間內侵；我
有備，則駕言他往：此狡奴故智也。[79]

亦即面對叵測難料、動作頻頻的倭人，明政府必須對「倭若犯
臺」的問題預行因應做準備，不讓其有「伺間內侵」之機會！
不僅如此，吾人亦可由萬曆四十五年（1617）刊印的《東西洋
考》中得悉，[80]因為倭人垂涎臺灣，讓明政府惶恐不安，故「閩
中偵探之使，亦歲一再往」，[81]以便能較有效、精準地掌握該地
的動態。不僅如此，在村山南犯事件之後，明政府尚有其他進
一步監控臺灣的動作，其中，浯澎遊兵的設立以及屯田臺灣的
構思，是目前從史料中可以獲知的。甚至於，到了後來，還有
人建議直接在臺灣設立郡縣，以便能完全地掌控該地來解決問
題。

因為，前已提及，明政府認定村山南犯志在併吞臺灣，澎
湖又是防止倭人由臺入犯內地的要處——「薄彭湖以瞷泉
（州）、漳（州），則閩之右臂危」，因此，決意拉近澎湖和內地
兵防之關係，遂將澎湖遊兵和對岸廈門的浯銅遊兵整合成立了

---

[79] 黃承玄，〈類報倭情疏〉，收入臺灣銀行經濟研究室，《明經世文編選錄》，頁234。

[80] 按，明代史籍《東西洋考》係張燮應海澄縣令陶鎔之請而撰寫的，之後，因事
中輟，再由漳州府督餉別駕王起宗請張繼續完成此書，並於次年即萬曆四十五
年刻印出版。張燮，字紹和，福建龍溪人，萬曆二十二年舉人。以上的內容，
請參見謝方，〈前言〉，收入張燮，《東西洋考》，頁5-7。

[81] 張燮，《東西洋考》，卷5，〈東番考‧雞籠淡水〉，頁106。

浯澎遊兵，並提升其新指揮官職等為欽依把總，使其有較大的
事權，來處理此區未來可能之軍事衝突；同時，又在浯澎遊兵
轄下設立澎湖、衝鋒二遊，其中，澎湖遊係為「正兵」，固守澎
湖正面應敵，衝鋒遊則擔任「奇兵」，負責澎、廈海域哨巡策應，
正、奇並置相互搭配，藉以扼控多事紛擾的臺灣！[82]除上述設
立浯澎遊兵外，明政府還計畫在臺灣進行屯田工作，並且，利
用漁民充任偵倭動態之耳目，來對臺灣做進一步且更有效之掌
控。有關此，主司其事的閩撫黃承玄，在〈條議海防事宜疏〉
中便有如下的說明：

> 茲島[指東番]故稱沃野，向者委而棄之，不無遺利之惜。
> 今若令該總[指浯澎遊兵欽依把總]率舟師屯種其間，且
> 耕且守；將數年以後，胥原有積倉之富，而三單無餱糧
> 之虞，其便三也。至於瀕海之民，以漁為業；其採捕於
> 彭湖、北港之間者，歲無慮數十百艘。倭若奪而駕之，
> 則蹤影可混；我若好而撫之，則喙息可聞：此不可任其
> 自為出沒者。宜並令該總會同有司聯以雜伍、結以恩義、
> 約以號幟；無警聽其合䑸佃漁，有警令其舉號飛報：則
> 不惟耳目有寄，抑且聲勢愈張。茲險之設，永為海上干
> 城矣。[83]

---

[82]　有關此，請參見何孟興，〈明末浯澎遊兵的建立與廢除（1616-1621 年）〉，《興大
人文學報》第 46 期（2011 年 3 月），頁 152-154。

[83]　黃承玄，〈條議海防事宜疏〉，收入臺灣銀行經濟研究室，《明經世文編選錄》，

黃認為，臺灣土壤沃腴，浯澎官兵若能前往屯田，除可嚇阻走私不法者並有效地掌控當地的動態之外，且經過數年的墾殖後，官軍便可自給自足，而無缺糧斷炊之虞。其次是，內地漁民在澎、臺海域作業的人不少，浯澎遊欽總當會同有司與他們建立關係，維繫彼此情誼，並將其編以什伍、給以旗號，來協助官軍偵察此區活動的倭、盜動態。雖然，黃承玄上述的計畫眼光宏遠，對於臺地掌控上具有實質的幫助，然而，可惜的是，他本人卻在隔年即萬曆四十五年（1617）時便因母喪而辭職，[84] 其繼任者是否有繼續地執行他的計劃，因相關史料目前闕如難以得悉，而且，從之後臺灣依然是私販、倭人和海盜活躍的處所來看，[85]有繼續執行此計畫或是計畫執行一段很長時間的可能性並不高！此外，有關屯田臺灣之史載，亦見於明人姚旅的《露書》，該書卷之九〈風篇・中〉曾語道：「閩撫院以其地為

---

[84] 頁 242。文中的「三單」，古者三軍皆有羨卒，若丁夫適滿三軍之數並無羨卒者，謂之三單，此處比喻軍隊之意。至於，「餱糧」即乾糧，意指補給供應的軍糧。有關此，請參見黃承玄的〈乞恩免代疏〉、〈恭謝卹典疏〉、〈歸廬葬母請罪疏〉……等疏，皆收入氏著《盟鷗堂集》（臺北市：國家圖書館善本書室微卷片，明萬曆序刊本）卷之三的內容中。本文刊登於《硓𥑮石：澎湖縣政府文化局季刊》第 85 期時，遺漏此條註釋，今予補入，特此說明。

[85] 例如萬曆末年時，私販林謹吾招攬倭人來臺進行走私貿易；天啟初年時，海盜顏思齊和鄭芝龍在臺聚眾活動，並和倭、荷人進行走私買賣。其他，又如天啟二年時，海盜林辛老嘯聚徒眾萬人，「屯據東番之地，占候風汛，揚帆入犯，沿海數千里無不受害」。見臺灣銀行經濟研究室編，《明實錄閩海關係史料》，天啟二年三月丙午條，頁 127。

東洋門戶，常欲遣數百人屯田其間，以備守禦」。[86]筆者推估上文的「閩撫院」，有可能是指前述的黃承玄！因為，目前尚難覓得有其他位的閩撫屯田臺灣之相關記載。

　　除了上述屯田臺灣外，或許是因萬曆中晚期倭人多次窺伺臺灣，之後，天啟年間又發生荷人佔據澎湖的嚴重事件，臺灣設立郡縣的建議，遂在此一連串問題的刺激下因運而生！有關臺灣設立郡縣一事，明人周嬰在〈東番記〉中，[87]嘗有如下的記載：

> （東番）其國北邊之界，接於淡水之夷。南向望洋，遠矚呂宋。東乃滄溟萬里，以天為岸。流彼東逝，滔滔不歸。潮汐之候，窮於此矣。泉漳間民，漁其海者什七，薪其嶺者什三。……疆場喜事之徒，爰有郡縣彼土之議矣。[88]

上文的「疆場喜事之徒」，應指涉及前線兵防工作的相關人員，

---

[86]　姚旅，《露書》（臺南縣，莊嚴文化事業有限公司，1995 年），卷之 9，〈風篇·中〉，頁 20。

[87]　周嬰，字方叔，福建莆田人，崇禎十三年以明經貢入京，授職知縣，未幾，辭歸家居，著述甚富，尤以駢體文見長。有關此，請參見周嬰，《遠遊篇》（北京市和廈門市：九州出版社和廈門大學出版社，2004 年），頁 2。

[88]　周嬰，《遠遊篇》，卷 12，〈東番記〉，頁 166-167。上文中的「接於淡水之夷」的「夷」，應指西元一六二六年佔領臺灣北部的西班牙人。因為，在〈東番記〉一文中，係以「番人」而不用「夷」來稱呼原住民的！並由此推知，該文應完成於天啟六年以後。

而且，以武職將弁的可能性最高，他們建議明政府在臺灣設置
行政機構，來管轄此一化外之地。至於，周嬰本人為何會得悉
此事，根據研究，應是他在天啟五年（1625）夏天跟隨泉南遊
擊將軍車應山料兵海上時所獲得之訊息。[89]其實，參與兵防工
作之人有此建議，看來是十分合理的！因為，前已述及，萬曆
中期以後倭人對臺灣動作頻頻……，加上，天啟二年（1622）
荷人又佔領明軍信地的澎湖，不僅在島上築城自固，還至福建
沿岸劫掠騷擾，造成極大的傷害，明人用兩年的時間，費了極
大氣力才將他們逐離澎湖，……上述的這些問題，前方臨敵之
將吏感受是最為深刻的！[90]其實，吾人平心而論，此時澎、臺
兵防問題不斷，明政府若能將臺灣正式地納入直接控制之下，
並設置郡縣派官來治理的話，不失是一具開創性且有前瞻性的
作為！因為，它不僅有助於鞏固澎、臺此一兵防之前線，同時，
對於嚇阻島上的不法活動，以及解決倭人窺犯的問題上，一定
有直接之助益！

（五）明時，澎湖海防的重要性遠大於臺灣。

吾人由前面四個小節的內容中，可以歸納出一個結論，就

89　有關此，請參見李祖基，〈周嬰《東番記》研究〉，《臺灣研究集刊》2003 年第 1
　　期，頁 82。

90　例如前述的泉南遊擊車應山，便曾參與明軍逐荷復澎之役，時任都司僉書管南
　　日寨事一職，請參見臺灣銀行經濟研究室，《明季荷蘭人侵據彭湖殘檔》，〈彭湖
　　平夷功次殘稿（二）〉，頁 14 和 17。

是在明人心目中，澎湖在福建海防的重要性上，遠大於鄰側的臺灣。雖然，前文提及臺灣地近福建，攸關閩地百姓安危，而此一問題，在萬曆中期以後隨著倭人的窺伺而浮出了檯面，亦刺激明政府對臺灣做進一步的防備或監控，諸如派人往赴偵探動態、設置浯澎遊兵、屯田臺灣和設立郡縣的構想，……都是此一思維下的產物。雖然，臺灣因情勢改變而受明人的留意重視，但從整個的海防佈署上來看，它的重要性仍然遠不及旁側的澎湖。

因為，在明人的眼中，澎湖是扮演監控臺灣的角色，周嬰在《遠遊篇》中便曾言道：「他若彭湖，內藩南郡，外控東番」，[91]意指澎湖向內屏障漳、泉二府，對外又可監控化外的臺灣，是福建水師的兵防要地。確實如此，萬曆四十四年（1616）八月，閩撫黃承玄在上疏奏設浯澎遊兵時，亦有類似的見解，認為「越販奸民往往託引東番，輸貨日本。今增防設備，扼要詰奸，重門之柝既嚴，一葦之航可察」，[92]意指臺灣走私日本問題嚴重，透過浯澎遊兵轄下新設的澎湖、衝鋒二遊，扼控澎湖和澎、廈海域，對該地的動態能做進一步有效的掌握！

澎湖，除可屏障漳、泉二地，又可監控臺灣的動態，同時，亦是水師唯一汛防今日臺灣海峽東側者，可稱是福建海防的最前線，它的重要性非比尋常！此一特殊的戰略價值，在天啟荷

---

[91]　周嬰，《遠遊篇》，卷9，〈中憲大夫河南彰德府知府丹山林公墓表〉，頁457。

[92]　黃承玄，〈條議海防事宜疏〉，收入臺灣銀行經濟研究室，《明經世文編選錄》，頁242。文中的「柝」，意指打更用的梆子。

人侵據澎湖時便被凸顯出來！因為，澎湖位在漳、泉外海航道之上，荷人據此可以截控中流，「既斷糴船、市舶於諸洋」，[93]造成內地的米價高漲，而且，船隻「今格於紅夷，內不敢出，外不敢歸」，[94]海上交通往來為之斷絕！不僅如此，荷人又在澎湖的風櫃尾構築城堡（附圖六：澎湖風櫃尾紅毛城遺址遠眺今貌，筆者攝。），「進足以攻，退足以守，儼然一敵國矣」，[95]並以此為基地，在海上劫掠中國的船隻，並到漳、泉沿岸進行侵擾和掠奪！明政府費了極大的氣力，經過二年的時間，才將荷人逐去臺灣。經此慘痛之教訓，明政府遂於天啟五年（1625）時下定決心，在土瘠物乏的澎湖，置兵二千餘人長年戍守（不再僅春、冬汛防而已），設置遊擊將軍一員鎮守，下轄有水師和陸營，水、陸兩路佈防，而且，在島上興築城垣、營房以安頓官兵，並鼓勵軍、民屯耕以自給自足，此一獨立、完整性的防務佈署措舉，在福建海防史上可謂是一大壯舉。[96]

---

[93] 臺灣銀行經濟研究室編，《明實錄閩海關係史料》，天啟三年九月壬辰條，頁134。

[94] 同前註，天啟三年八月丁亥條，頁132。

[95] 臺灣銀行經濟研究室編，《明季荷蘭人侵據彭湖殘檔》，〈南京湖廣道御史游鳳翔奏（天啟三年八月二十九日）〉，頁3。

[96] 有關此，請參見何孟興，〈鎮海壯舉：論明天啟年間荷人被逐後的澎湖兵防佈署〉，《東海大學文學院學報》第52期（2011年7月），頁92。然而，上述澎湖大規模佈防的行動，卻經過不到數年的時間，至思宗崇禎初年時，卻因澎湖駐軍弊端重重、隔海監督不易、北邊烽火告警、財政困窘告竭……等諸多問題的糾葛影響之下，讓明政府改變了先前的政策，不僅對澎湖島上的戍軍進行裁減的行動，甚至於，連駐防的型態亦一併被改動，而將此常態性的長年戍防方式，又改回春、冬季節性的汛防，使得先前兵防佈署規劃的構思美意慘遭破壞！

　　明政府對待上述澎湖的態度，它所顯露出來的特質，便是「澎湖是信地，必須牢固地守住！」但吾人若仔細去觀察明人對澎湖兵防的態度，可發覺它是一貫的，亦即離不開「固守澎湖」的原則！例如日侵朝鮮、閩海告警時，萬曆二十三年（1595）閩撫許孚遠的主張——「彭湖遙峙海中，為諸夷必經之地；若於此處築城置營、且耕且守，斷諸夷之往來，據海洋之要害，尤為勝算」；[97]再到二十五年（1597）設立澎湖遊兵的閩撫金學曾，[98]「學曾策其[指倭人入犯事]途徑多在澎湖，乃建閩置戍以遏其衝，倭至即擊，不使聚艍，乘風窺犯」；[99]之後，再到四十五年（1617）亦即前言中巡海道副使韓仲雍所稱的，澎湖「我閩門庭之內，豈容汝涉一跡！」；甚至於，前述天啟五年（1625）驅逐荷人之後，明政府對「失而復得」的澎湖，進行前所未有的兵防佈署，[100]……它們的出發點都是相同的，便是要穩固地

[97]　臺灣銀行經濟研究室編，《明實錄閩海關係史料》，萬曆二十三年四月丁卯條，頁89。許孚遠，字孟中，浙江德清人，嘉靖四十一年進士，由左通政使出任福建巡撫，萬曆二十至二十二年任。

[98]　金學曾，字子魯，浙江錢塘人，隆慶二年進士，原職為湖廣按察使，以右僉都御史巡撫福建，萬曆二十三至二十八年任。

[99]　陳壽祺，《福建通志》，卷129，〈官績・明・巡撫・金學曾〉，頁6。

[100]　天啟五年，福建當局奏請的澎湖善後事宜，共有十款，內容如下：一、澎湖添設遊擊。二、戍守廈門中左所。三、增兵澎湖。四、增餉澎湖。五、澎湖築城濬池，建立官舍營房。六、提升澎湖遊擊的威權。七、屯田澎湖。八、澎湖築造銃臺。九、澎湖將領的擇選。十、內地防禦宜嚴密。上述的十款中，有兩款係針對先前荷人劫掠泉、漳沿岸的經驗而來的，亦即第二款的戍守中左所，以及第十款的內地防禦宜嚴密，用以對付日後再犯的荷人。至於，其餘的八款，則皆完全針對澎湖防務的佈署而設計。有關此，請詳見臺灣銀行經濟研究室編，

守住澎湖，而守住澎湖的目的，是為了保護內地百姓的安危，這是澎湖所需扮演好的角色，亦是它最重要的使命！至於，臺灣則非屬明軍之信地，故無守住或不守住之問題，明政府對待臺灣的態度是「該地，以不妨害內地安全」為首要原則，只要島上的活動不危害或威脅到內地，明政府便不太留意它，兩者彼此相安無事！但又因「門庭之寇，法無不討」之原則，[101]臺灣若有不利內地之動態或狀況，「與其防之已成之後，不若擊之未成之先」，[102]明政府便會先發制人，主動出兵加以處理，萬曆三十年（1602）沈有容東番勦倭即是一好例。另外，至於前述的屯田臺灣或是設立郡縣之構想，則可視為是明政府在面對外敵的威脅和刺激之下，不得不採取之應變措置，藉以進一步監控地理位置對福建有著潛藏威脅性的臺灣。

四、結　論

澎湖，早自元代即設有巡檢司治理，明建國亦承元制，之後，雖因墟地徙民政策之推動而撤廢了巡檢司，島上的民眾亦被遷回內地，然而，這些並無礙明帝國對該地之統治權。因為，位處海中的澎湖，除可屏障漳、泉二地，又可監控臺灣的動態，

《明季荷蘭人侵據彭湖殘檔》，〈兵部題行「條陳彭湖善後事宜」殘稿（二）〉，頁 20-25。

[101] 黃承玄，〈類報倭情疏〉，收入臺灣銀行經濟研究室，《明經世文編選錄》，頁 231。
[102] 同前註。

之後不僅成為泉州水師的防禦轄區－－「信地」，同時，又是福建海防的最前線，它的重要性非沿岸一般島嶼所能相比！亦因如此，明人對待澎湖的態度，便是必須去牢固地守住它，而守住澎湖的目的，是為了保護內地百姓的安全，這是它最重要的使命工作！至於，臺灣的情況則不大相同，它被明人視為是海島野夷居住之地，並不在水師防禦轄區範圍之內。雖然如此，但因臺灣地近福建，假若該地為敵人所控據，則其後果不堪設想！它的情況，即如萬曆四十四年（1616）村山船隊南犯之時，琉球國中山王尚寧所稱的：「雞籠山雖是外島野夷，其咽喉門戶有關閩海居地；藉令（倭人）肆虐雞籠，則福（建）省之濱海居民焉能安堵如故？」[103] 亦即臺灣雖是原住民居處，但因該地位近福建，確是其咽喉門戶，假使倭人肆虐於此，沿海內地百姓如何能夠安居樂業？此一問題，在萬曆中期以後隨著倭人對臺灣動作頻頻而浮上表面，不僅讓明政府感到惶恐不安，同時，亦刺激它對臺灣做進一步的監控或防備，以應未來可能之變局；之後，派人赴臺偵探動態、設置浯澎遊兵、屯田臺灣和設立郡縣的構想，……都是此一思維下的產物。雖然，臺灣因情勢的改變而受明政府的留意重視，但是，在明人整體的海防佈署上，其重要性仍然遠不及旁側的澎湖！亦即對明政府而言，兩者在防務等級上是不相同的，其中，信地澎湖必須要牢固守

---

[103]　黃承玄，〈題琉球咨報倭情疏〉，收入臺灣銀行經濟研究室，《明經世文編選錄》，頁226。

禦，臺灣則以不妨害內地安全為原則。前已提及，明代福建海防的所有措置，目的都為保障內地百姓的安全，此亦為福建海防之本質！所以，不管明政府是採取「固守澎湖」之措置或是「監控臺灣」之動態，都是為了達到福建不被外敵所侵犯之目標，此同時亦是澎、臺二地在福建海防中所扮演之主要角色。

（原始文章刊載於《硓𥑮石：澎湖縣政府文化局季刊》第 85 期，澎湖縣政府文化局，2016 年 12 月，頁 2-30。）

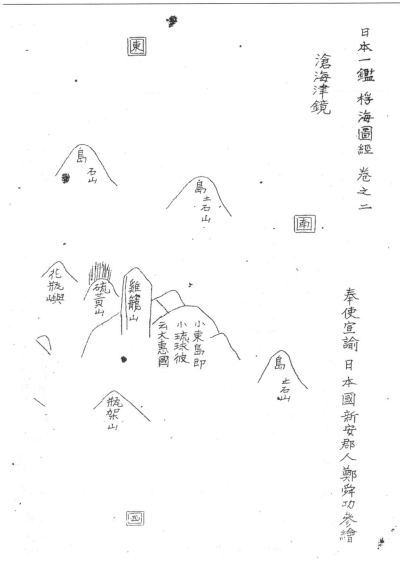

附圖一：明人鄭舜功《日本一鑑》〈滄海津鏡〉的小琉球圖。

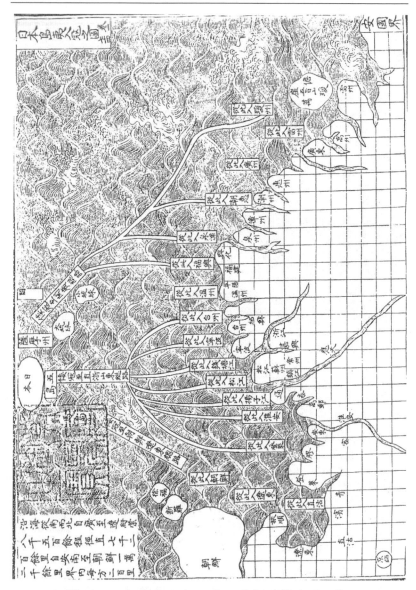

附圖二：日本島夷入寇之圖，引自《籌海圖編》。

附圖三

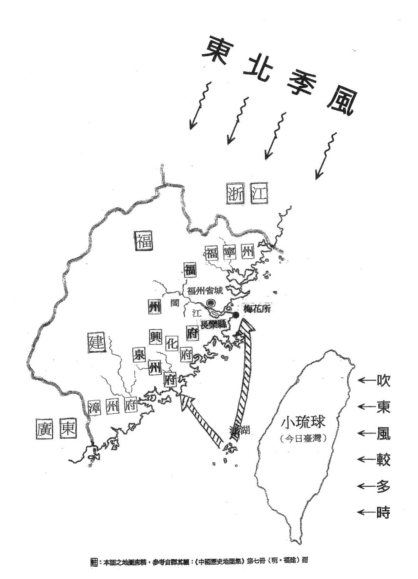

附圖三：《籌海圖編》倭人乘風由澎湖進犯福建路線示意圖，筆者製。

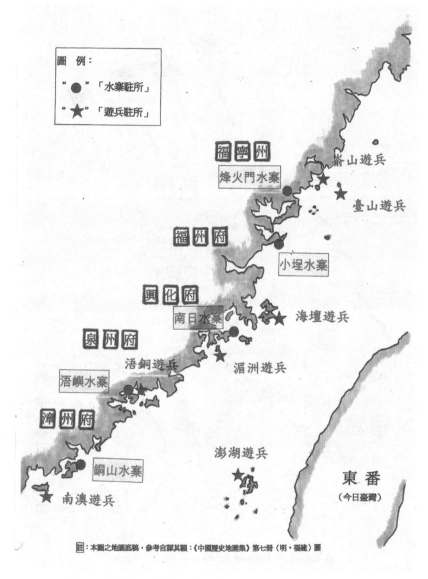

圖例：

"●"「水寨駐所」

"★"「遊兵駐所」

福寧州

烽火門水寨

嵩山遊兵

臺山遊兵

福州府

小埕水寨

興化府

南日水寨

海壇遊兵

泉州府

浯銅遊兵

湄洲遊兵

浯嶼水寨

漳州府

銅山水寨

澎湖遊兵

東番

（今日臺灣）

南澳遊兵

註：本圖之地圖底稿，參考自譚其驤：《中國歷史地圖集》第七冊〈明・福建〉圖

附圖四：萬曆三十年福建水寨遊兵分佈圖，筆者製。

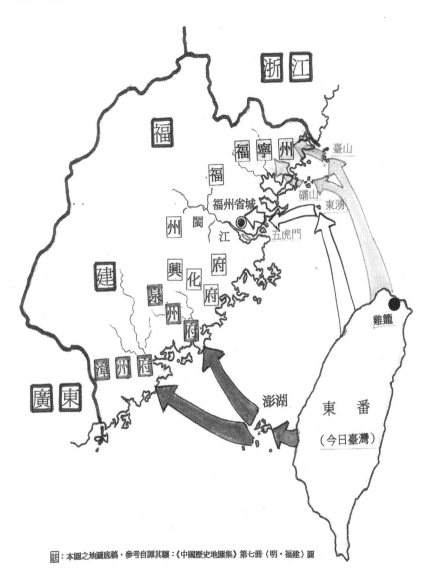

圖：本圖之地圖底稿，參考自譚其驤：《中國歷史地圖集》第七冊〈明·福建〉圖

附圖五：黃承玄疏議倭人據臺犯閩路線示意圖，筆者製。

附圖六：澎湖風櫃尾紅毛城遺址遠眺今貌，筆者攝。

國家圖書館出版品預行編目資料

防海固圍：明代澎湖臺灣兵防之探索 /
何孟興　著　-- 民國 106 年 5 月 初版.-
臺北市：蘭臺出版社 -
ISBN： 978-986-5633-56-1 (平裝)
1.軍事史 2.海防 3.明代 4.澎湖縣
590.9206　　　　　　　　　　　　　106006275

臺灣史研究叢刊 16

防海固圍：明代澎湖臺灣兵防之探索

著　　　者：何孟興

執行主編：高雅婷

封面設計：林育雯

出 版 者：蘭臺出版社

發　　行：蘭臺出版社

地　　址：台北市中正區重慶南路 1 段 121 號 8 樓之 14

電　　話：(02)2331-1675 或(02)2331-1691

傳　　真：(02)2382-6225

E—MAIL：books5w@gmail.com 或 books5w@yahoo.com.tw

網路書店：http://bookstv.com.tw/、http://store.pchome.com.tw/yesbooks/、
　　　　　　http://www.5w.com.tw、華文網路書店、三民書局

劃撥戶名：蘭臺出版社　帳號：18995335

網路書店：博客來網路書店 http://www.books. com.tw

香港代理：香港聯合零售有限公司

地　　址：香港新界大蒲汀麗路 36 號中華商務印刷大樓
　　　　　　C&C Building, 36,Ting, Lai, Road, Tai,Po, New,Territories

電　　話：(852)2150-2100　　　　傳真：(852)2356-0735

總 經 銷：廈門外圖集團有限公司

地　　址：廈門市湖裡區悅華路8 號4 樓

電　　話：(592)2230177　　　　傳　真：(592)-5365089

出版日期：中華民國 106 年 5 月 初版

定　　價：新臺幣 420 元整

ISBN　978-986-5633-56-1